Robin Gessmann

Ein internetbasiertes Gebäudedatenrepositorium als lebenszyklusorientierte Integrationsplattform

Ein internetbasiertes Gebäudedaten-repositorium als lebenszyklusorientierte Integrationsplattform

von
Robin Gessmann

universitätsverlag karlsruhe

Dissertation, Universität Karlsruhe (TH)
Fakultät für Architektur
Tag der mündlichen Prüfung: 19.05.2008

Impressum

Universitätsverlag Karlsruhe
c/o Universitätsbibliothek
Straße am Forum 2
D-76131 Karlsruhe
www.uvka.de

Universitätsverlag Karlsruhe 2008
Print on Demand

ISBN: 978-3-86644-299-3

Ein internetbasiertes Gebäudedatenrepositorium als lebenszyklusorientierte Integrationsplattform

Dissertationsmanuskript

Zur Erlangung des Grades eines

DOKTORS DER INGENIEURWISSENSCHAFTEN

von der Fakultät für Architektur der

Universität Karlsruhe (TH)

genehmigte

DISSERTATION

vorgelegt von

Dipl.-Ing. Robin Gessmann

aus Stuttgart

Genehmigt auf Antrag der Herren

Prof. Dr. ès. sc. techn. Niklaus Kohler

und

Prof. Dr.-Ing. Dipl.-Wi.-Ing. Kunibert Lennerts

Kurzfassung

Die vorliegende Arbeit beschäftigt sich mit der Entwicklung eines Lebenszyklus-umfassenden Gebäudebeschriebes, der von verschiedenen Akteuren benutzt, gepflegt und ausgewertet werden kann. Da bisher keine kontinuierliche Fortschreibung von digitalen Gebäudebeschrieben über die einzelnen Lebenszyklusphasen hinweg stattfindet, erscheint dieser Ansatz gerade im Hinblick auf die Generierung einer Gebäudehistorie als folgerichtig und zweckgemäß. Da Gebäude eine sehr lange Lebensdauer besitzen, können die einmal gewonnenen Daten und Informationen so auch weiter genutzt und verarbeitet werden und dienen nicht nur dem jeweiligen Zweck, wie beispielsweise der Planung. Aufbauend auf der Spezifizierung zentraler Anforderungen an einen lebenszyklusumfassenden Gebäudebeschrieb werden Methoden zur Abbildung erläutert, ein entsprechender Ansatz erarbeitet und ein Modell und dessen prototypische Implementierung hierfür entwickelt.

Als langfristig interessant und zielführend erscheint die raumweise Beschreibung von Bauwerken. Diese können einer Vielzahl von Anwendungen und Bedürfnisse von Akteuren gerecht werden. Aus diesem Grund stellt die Raumbuchmethodik die methodische Grundlage der Erstellung dieses Gebäudemodells dar. Diese setzt auf unterschiedlichen, bestehenden Ansätzen auf und integriert diese zu einem ganzheitlichen Konzept. Die einzelnen Aspekte stellen hierbei das dynamisch variable Objektstrukturmodell sowie das Konfigurationsmanagement und die Unterstützung der Ganzheitlichkeit dar. Für diese Punkte werden jeweils Konzeptionsansätze erarbeitet.

Das so erstellte Konzept eines lebenszyklusorientierten Gebäudedatenrepositoriums wird anhand eines internetbasierten Prototypen realisiert. Dieser basiert auf einer MySQL-Datenbank und der Skriptsprache php. Zur Validierung wurde exemplarisch ein reales Gebäude auf höchster Detaillierungsstufe eingepflegt und dokumentiert. Anhand dieses lassen sich die umfangreichen Auswertungs- und Weiterverarbeitungsmöglichkeiten aufzeigen.

Abschließend wird eine Zusammenfassung der Erkenntnisse mit einer kritischen Betrachtung gegeben und mögliche Fortführungen in einem Ausblick diskutiert.

Inhaltsverzeichnis

Abbildungsverzeichnis

1 Einleitung

1.1 AUSGANGSLAGE

Die Betrachtung des Gebäudes über den kompletten Lebenszyklus rückt immer weiter in den gesellschaftlichen Fokus. Zum einen überschreiten die Unterhaltungskosten bereits nach wenigen Jahren die Investitionskosten des Neubaus und sind somit auch unter dem Aspekt der steigenden Energiekosten von Interesse[1]. Zum anderen besteht steigende Nachfrage bei Bestandsmaßnahmen aufgrund der verstärkten Förderung von energiesparenden Maßnahmen an Wohnbauten[2]. Nicht zuletzt durch die abnehmende Anzahl der Neubauprojekte und der Verlagerung der baulichen Aktivitäten hin zur Bestandpflege wird eine effiziente Verwaltung der Bauwerksdaten über verschiedene Lebenszyklusphasen hinweg unabdingbar. Für eine ganzheitliche Betrachtung, den gesamten Lebenszyklus des Objektes umfassend, ist eine integrierte Grundlagenermittlung, Datenerfassung und Weiternutzung der Planungsergebnisse in späteren Lebenszyklusphasen die Idealvorstellung[3]. Eine Wieder- und Weiterverwendung einmal erzeugter Daten durch verschiedene Anwendergruppen ist somit wünschenswert.

Im Bauwesen wird für die Planung von Gebäuden verschiedenste Software genutzt[4]. Durch diese heterogene Softwarelandschaft gestaltet sich der Datenaustausch schwierig, da dieser meistens nur über firmenspezifische Schnittstellen möglich[5]. Gerade dadurch wird die langfristige Nutzung von einmal erstellten Daten behindert. Die Verwendung von nichtproprietärer[6] Austauschformate stellt hierfür eine Alternative dar.

Veränderte Nutzungsansprüche, veraltete Bausubstanz oder überholte ästhetische Gesichtspunkte führen zu Veränderungen an Gebäuden[7]. Der Änderungsprozess, welchem das Objekt unterliegt, ist ein beständiges Merkmal während des Lebenszyklus. Der Änderungsprozess sollte somit in lebenszyklusorientierte Überlegungen integriert werden, da Änderungen ein Zeichen der Dynamik, sowie der Lernfähigkeit sind, und einen Ausdruck eines iterativen Prozesses der Erkenntnisgewinnung darstellen[8]. Lebenszyklusinformationen des Objektes müssen somit stetig erfasst und auch ausgewertet werden[9]. Gerade die Komplexität und die Fülle an Details eines Gebäudes erfordert im Bestand eine fortschreibbare Abstimmung von Bestandsaufnahme- und Planungsmethodik[10]. Hinzu kommt, dass Änderungen des Bestandes meist nicht in Gebäudebeschrieben nachgeführt werden und somit die Aktualität dieser Dokumente darunter leidet. Veränderungen von Gebäuden sind somit ein alltäglicher Vorgang welcher beachtet und dokumentiert werden sollte.

Aus den genannten Punkten ergibt sich, dass eine langfristige fortschreibbare Verfügbarkeit von Gebäudeinformationen, die von unterschiedlichen, über den Lebenszyklus des Objektes auftretenden Projekten und ihren Akteuren verwendet werden kann, einen interessanten und notwendigen Aspekt darstellt.

---

[1] BECKER 2003, S. 101, LANDESBAUABTEILUNG HANNOVER 2006, S. 2.
[2] ZDB 2007, S. 14.
[3] NÄVY 2003, S. 24.
[4] MAISBERGER 2005, S. 13.
[5] IAI 2006a, S. 7.
[6] Austauschformate die keinen allgemein anerkannten Standards entsprechen („anerkannten Standards" im Sinne von offiziellen Standardisierungsgremien).
[7] LÖMKER 2006, S. 13.
[8] SAYNISCH 1984, S. 107.
[9] BÜRKNER 2001, S. 3.
[10] HÄDLER 1998, S. 51.

Die Mitarbeit in verschiedene Forschungsprojekten, unter anderem auch das, vom Bundesministerium für Bildung und Forschung (BMBF) geförderten Forschungsprojekt „GISMO – Ganzheitliche Sanierung und Modernisierung unter Betrieb“, stellt den inhaltlichen Unterbau dar, auf dem diese Arbeit entstand.

1.2 Problemstellung

Durch das steigende Interesse an Lebenszyklusbetrachtungen von Gebäuden, ist gerade aus monetärer Sicht eine frühzeitige Berücksichtigung der Kostenflüsse über den gesamten Lebenszyklus wichtig. Hierzu sind Monitoring und Analysen der Prozesse, die mit dem Objekt interagieren notwendig. Dies benötigt eine durchgängige Datenbasis und eine entsprechende Aufbereitung der Daten. Diese Objektdaten sollen über den gesamten Lebenszyklus abrufbar sein. Eine durchgängige lebenszyklusorientierte Beschreibung für Gebäude in Datenform ist zurzeit nur unzureichend vorhanden[11]. Zwar etabliert sich die Datenübergabe in den ersten Lebenszyklusphasen immer mehr, aber für den Anspruch vollständiger integrativer Beschreibungsarten gibt es bisher noch keine Lösung. Auch die Prozesse, welche mit dem Objekt interagieren, sind in den einzelnen Lebenszyklusphasen unterschiedlich und haben somit auch unterschiedlichen Bedarf an Informationen[12]. Die meisten Anwendungen orientieren sich an prozessorientierten Beschreibungsmethoden. Dadurch steht der Prozess und nicht das Objekt im Vordergrund. Gerade aber der Prozess und die damit verbundenen Datenverarbeitung des Objektes ist nicht über alle Lebenszyklusphasen gleich. Das Objekt hingegen ist von Bestand und ist die einzige durchgängige Bezugebene. Hierbei ist der Sachverhalt des Objektes komplex, da Funktionalitäten sichergestellt werden müssen und verschiedenste Abhängigkeiten bestehen. Ebenfalls unterliegt das Objekt einer Dynamik und wird dadurch im Bestand verändert. Es existiert im Regelfall aber kein Rückgriff auf vorherige Bestandsdaten des Objektes. Zudem ist bei vorhandenen Daten oft nicht klar, ob diese nachgeführt und somit auf dem aktuellen, gültigen Stand sind[13].

Im Hinblick auf eine langfristige Nutzbarkeit der Daten ist eine konsistente belastbare Beschreibung der Objekte notwendig, die es erlaubt die Objektdaten Lebenszyklus-orientiert vorzuhalten und einzupflegen. Proprietäre Formate sind nicht unbedingt langfristig lesbar, da bestimmte Software in spezifischer Laufzeitumgebung notwendig sein kann. Auch hat nicht unbedingt jeder der Beteiligten die entsprechenden Möglichkeiten, spezifische Software zu verwenden, um Informationen aus dem Objektdatenbestand zu ziehen[14].

Über den gesamten Lebenszyklus aber auch innerhalb einer Phase interagieren unterschiedliche Beteiligte mit dem Objekt. Diese Beteiligten haben unterschiedliche Bildungshintergründe in Bezug auf das Gebäudemanagement und dessen Nutzung. Somit muss von professionellen, semi-professionellen und nutzer-orientierten Nutzergruppen ausgegangen werden. Die unterschiedlichen Interessen der Beteiligten führen zu einem fachlichen wie auch zeitlichen sehr unterschiedlichen Bedarf an Informationen über das Objekt. Gerade hierbei ergibt sich aber das Problem, dass die Daten, die über das Objekt erfasst sind, sich zumeist für einen Großteil der Beteiligten der Verfügbarkeit entziehen. Des Weiteren befinden sich die Akteure inzwischen nicht unbedingt in unmittelbarer Nähe des Objektes sondern agieren räumlich verteilt.

[11] IAI 2006a, S. 6.
[12] Vergleiche Both 2004a, S. 416f.
[13] Halbhuber 1981, S. 1685.
[14] IAI 2006a, S. 10.

1.3 ZIELSETZUNG

Um eine lebenszyklusorientierte Beschreibung des Objektes zu gewährleisten, muss eine durchgängige Beschreibung in Datenform für alle Lebenszyklusphasen erarbeitet werden. Da die objektbezogenen Prozesse in den einzelnen Phasen sehr unterschiedlich sind, haben sie auch einen unterschiedlichen Bedarf an Informationen. Ein Ziel ist daher die Bereitstellung der jeweils benötigten Objektdaten für alle relevanten Prozesse. Da hierbei das Objekt und nicht die damit interagierenden Prozesse beständig sind, ist das Ziel die Entwicklung einer Objektstruktur, die in der Lage ist, durch ein konsistentes leistungsfähiges Beschreibungsmodell die Grundlage für unterschiedliche Lebenszyklusphasen zu bieten. Dieses Objektstrukturmodell soll als eine durchgängige Bezugsstruktur bereitgestellt werden. Um die vorhandene Komplexität des Objektes für den Nutzer der Objektdaten zu reduzieren, muss eine möglichst einfache Beschreibungssystematik als Navigationsstruktur entwickelt werden. Um die Dynamik des Objektes nicht außer Acht zu lassen, muss diese als ein beständiges Merkmal des Objektes erfasst und in eine Lebenszyklus-orientierte Beschreibung mit eingebunden werden. Da in bisherigen Lösungsansätzen kein Rückgriff auf vorherige Bestandsdaten gewährleistet ist, stellt die Abbildung und Fortführung der Gebäudehistorie ein wichtiges Ziel eines lebenszyklusphasenübergreifenden Gebäudedatenbeschriebs dar. Bei bestehenden Ansätzen zur Verwaltung von Objektdaten besteht vielfach das Problem, dass die Aktualität und Gültigkeit nicht nachvollziehbar ist. Daher müssen diese den Akteuren in aktueller Form zur Verfügung gestellt werden beziehungsweise die Aktualität muss für den Nutzer nachvollziehbar sein. Gerade umständliche und aufwändige Datenerfassung und –pflege führt zur Vernachlässigung der Datenaktualität. Von daher muss als ein weiteres Ziel eine einfache und effiziente Erfassung möglich sein, damit Nutzer sich an der Datenpflege konsequent beteiligen. Um eine langfristige Nutzbarkeit der vorgehaltenen Objektdaten zu gewährleisten, muss deren Übernahme und Weiterverarbeitung möglich sein. Dies muss unabhängig von proprietären Austauschformaten sein.

Für alle am Objekt beteiligten Gruppen muss eine Möglichkeit gefunden werden, die Objektdaten für die jeweiligen Anforderungen und Hintergründe in geeigneter Weise zur Verfügung zu stellen. Aufgrund des unterschiedlichen Bedarfs an Objektinformationen der Akteure in fachlicher wie auch zeitlicher Ausprägung muss eine flexible, nutzerspezifische Informationsbereitstellung gewährleistet werden. Neben der reinen Bereitstellung der Objektdaten müssen aber auch Zusammenfassung sowie Aus- und Bewertung, dieser dem Anwender auf einfache Weise zur Verfügung gestellt werden. Durch das Problem der Verfügbarkeit der jeweilig benötigten Objektdaten und der räumlich verteilt agierenden Akteure muss ein verteilter Zugriff auf die Objektdaten gewährleistet werden.

Im Rahmen eines Anwendungsbeispiels muss die Relevanz und Leistungsfähigkeit des Ansatzes aufgezeigt werden. Dafür bietet sich der Einsatz in der Gebäudesanierung an. Hierbei werden zum einen alle Lebenszyklusphasen des Objektes, von vorhandener Nutzung über Planung und Ausführung bis zur anschließenden neuen Nutzung, integriert. Zum anderen hat die Sanierung am gesamten Bauvolumen einen steigenden Anteil[15] und ist somit wichtig, wird aber bisher kaum unterstützt.

[15] MAISBERGER 2005, S. 46.

2 Grundlagen

In diesem Kapitel erfolgt die Erläuterung der inhaltlichen und technischen Grundlagen, auf welchen diese Arbeit aufbaut.

2.1 Lebenszyklusphasen

2.1.1 Übersicht

Da der Fokus der nachhaltigen Planung und Gebäudebewirtschaftung auf den gesamten Lebenszyklus eines Gebäudes gerichtet ist, wird im Folgenden eine Übersicht über die einzelnen Lebenszyklusphasen und ihre jeweiligen Spezifika gegeben.

In der Literatur existieren uneinheitliche Interpretationen und Definitionen für den Begriff des Lebenszyklus. Es kann zwischen mehreren Arten von Lebenszyklusbetrachtungen unterschieden werden, die zwischen Marketing[16]-, Ökonomie- und Ökologieaspekten differenzieren[17]. Erstere zielt auf die optimale Planung von Vermarktungsstrategien und Innovationszyklen zur Ablösung bestehender durch nachfolgende Produktgenerationen. Das Unternehmen, welches das Produkt erstellt, plant den Produktions- und Vermarktungszyklus innerhalb der Unternehmensstrategie. Ökonomische Lebenszyklusbetrachtungen, zumeist als Life Cycle Costing bezeichnet, zielen auf die Optimierung der Kosten währen des gesamten Lebenszyklus. Spezielles Augenmerk liegt hierbei auf der Phase der Nutzung beziehungsweise des Betriebs. Bei Gebäuden umfassen die Lebenszykluskosten die Kosten im Hochbau, die Nutzungskosten, die Projektkosten und die Leerstandskosten[18]. Bei der Lebenszyklusbetrachtung im Sinne ökologischer Betrachtung steht die Planung von umweltgerechten Produkten und deren Lebenszyklusprozesse, ursprünglich im Sinne von Ökobilanzierungen[19] und deren Erstellung, im Vordergrund. Dies betrachtet die Nutzerseite für das jeweilige Produkt. Gemeinsam ist diesen Ansätzen, dass typische Abschnitte im Leben eines Produktes betrachtet, strukturiert, klassifiziert und modellhaft dargestellt werden sollen. Die hier vorliegende Arbeit benutzt den Begriff Lebenszyklus im Sinne der ökologischen und nutzerbezogenen Betrachtung.

Die hier existierenden domänenübergeordneten Ansätze von Lebenszyklusmodellen reichen von linear bis zyklisch mit unterschiedlichsten Darstellungs- und Abbildungsformen. Ein allgemeiner Überblick sowie eine Analyse dieser Modelle, die in der Literatur und Normung auftauchen, ist in Köhlscheid[20] gegeben.

Nach Köhlscheid lässt sich der Lebenszyklus und die Lebenszyklusdauer folgendermaßen sinnvoll definieren[21]: „Der Lebenszyklus einer Komponente beginnt mit den Prozessen, die zur Realisierung seiner Funktion notwendig sind und endet mit den Prozessen, die die ursprüngliche Funktion der Komponente dauerhaft aufheben. Die Zeit von Beginn bis Ende eines Lebenszyklus wird als Lebenszyklusdauer bezeichnet."

[16] Hier im Sinne von Vermarktungsstrategien verwendet.
[17] Vergleiche Köhlscheid 1999, S. 22f.
[18] Vergleiche GEFMA 200, S. 2.
[19] Ökobilanzierung: Bilanzierung von Energie- und Stoffflüssen über den Lebenszyklus eines Objektes.
[20] Siehe Köhlscheid 1999, S. 23ff und S. A50ff.
[21] Köhlscheid 1999, S. 39.

Der Lebenszyklus eines Gebäudes kann in die folgenden Phasen unterteilt werden[22]:

- » Konzeptionsphase
- » Planungsphase
- » Errichtungsphase
- » Übergabe- und Optimierungsphase
- » Betriebs- und Nutzungsphase
- » Umbau / Umnutzung und Sanierung / Modernisierung
- » Verwertungsphase

Hierbei stellt die Betriebs- und Nutzungsphase bei einem ungefähren durchschnittlichen Bauwerksalter von 60 bis 100 Jahren mit 90% und mehr dieser Zeit den längsten Teil dar[23]. Noch etwas feiner untergliedert betrachtet FÜHRER das „Bauwerk von seiner gedanklichen Entstehung bis zu seiner stofflichen Beseitigung" und unterteilt diesen gesamten Lebenszyklus weiter in eine Projekt- und eine Objektphase[24]. Hierbei wird der Teil bis zum Ende der Realisierungsphase als die Projektphase benannt. Anschließend setzt die Objektphase bis zum Ende des Lebenszyklus des Objektes an. Die Schnittstelle wird durch die Fertigstellung des Bauwerks beziehungsweise seine Übergabe an den Bauherrn oder Nutzer gekennzeichnet. Als Alternative zum Abriss würde bei Nutzungsänderung, Anbau, Umbau oder Sanierung die Projektphase wieder anschließen. FÜHRER spricht hier von dem Regelkreis Projekt-Objekt, da beide Bereiche in einer permanenten Wechselwirkung stehen[25].

Die folgende Abbildung zeigt die in dieser Arbeit verwendeten Begrifflichkeiten für die Lebenszyklusphasen von Gebäuden die auf der Definition der GEFMA 100-1 basiert[26]. Diese wurde mit dem Fokus auf die Veränderungen des Objektes modifiziert. Der Lebenszyklus beginnt mit der Neuplanung des Objektes, auf welche direkt, meist sogar verzahnt, die Realisierungsphase folgt. Hierauf folgt der Übergang in die Nutzungsphase des Objektes. Sind die Nutzungsbedingungen durch altersbedingte oder künstliche Zustandsänderungen nicht ausreichend erfüllt, spricht man hier von Obsoleszenz. Ist somit die Nutzung des Objektes nicht gewährleistet, muss entschieden werden, ob eine Umplanung und somit die Phase mit zugehöriger Planung und Realisierung initiiert wird, welche wieder in eine weitere Nutzungsphase mündet[27]. Ist dies nicht der Fall, geht das Objekt in die Rückbauphase über und befindet sich somit am Ende des Lebenszyklus.

[22] Nach DIN 18960, S. 4, GEFMA 100-1, S. 5.

[23] IEMP 2006, S. 11. Nach NÄVY 2003, S. 5 entfallen bei einem Gebäudealter von 50 Jahren 45 Jahre auf die Betriebs- und Nutzungsphase.

[24] Nach FÜHRER 1997, S. 14f.

[25] FÜHRER 1997, S. 13.

[26] GEFMA 100-1, S. 5.

[27] In diesem Fall entsteht aus Projektsicht dann das Projekt „Umplanung" für das Objekt. Der Fokus der vorliegenden Arbeit ist vornehmlich auf dem Objekt und nicht auf den unterschiedlichen mit selbigen nur temporär interagierenden Projekten. Vergleiche BOTH 2004a, S. 416f.

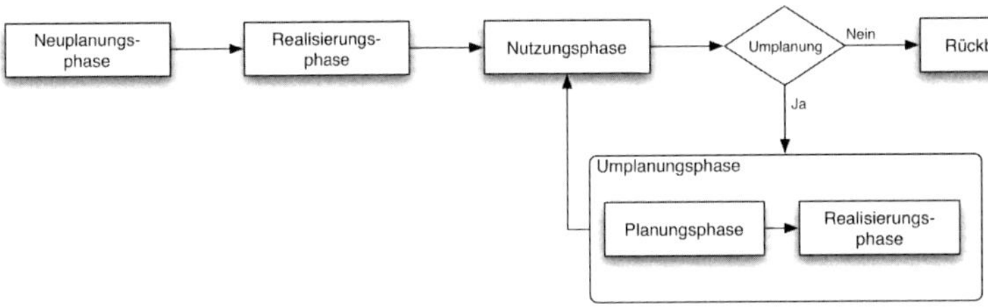

Abbildung 1: Lebenszyklusphasen von Bauwerken

Im Folgenden werden die einzelnen Phasen des Lebenszyklus von Gebäuden erläutert.

2.1.2 Neuplanungsphase

Allgemein kann der Begriff der Planung als „vorausschauendes, systematisches Durchdenken und Formulieren von Verhaltensweisen, Zielen und Handlungsalternativen, deren optimale Auswahl sowie die Festlegung von Anweisungen zur rationellen Realisierung der ausgewählten Alternative"[28] beschrieben werden. Im Bauwesen gliedert sich die Planung nach der HOAI in 7 Phasen: Grundlagenermittlung, Vorplanung (Projekt- und Planungsvorbereitung), Entwurfsplanung (System- und Integrationsplanung), Genehmigungsplanung, Ausführungsplanung, Vorbereitung der Vergabe und Mitwirkung bei der Vergabe[29]. ZANGEMEISTER gliedert die Planung abstrakter in drei Teilbereiche der Phase Planung[30]:

» Informationsgewinnung (Systemanalyse im weiteren Sinne)
» Informationsverarbeitung (Systemauswahl)
» Informationsauswertung (Systemrealisierung)

Die Planungsphase ist mit der nachfolgenden Realisierungsphase sehr eng verknüpft, da diese direkt auf die Ergebnisse der Planung aufbaut. Zur Vermeidung von Ausführungsfehlern und der Senkung der Baukosten gibt es eine enge Rückkopplung und Vernetzung der Beteiligten dieser beiden Phasen[31].

Trotz dieser engen Verbindung zwischen Planungs- und Realisierungsphase werden in der Planungspraxis jedoch unzureichend spätere Nutzungsaspekte integriert und berücksichtigt. Dies führt zu zweierlei Problemen: Da zuerst nur die Realisierungsphase im Vordergrund steht, werden die Auswirkungen planerischer Entscheidungen im Hinblick auf Lebenszykluskosten, Energie- und Materialflüsse nicht entsprechend überprüft. Speziell dem Aspekt des Lebenszyklusbezogenen Kostenmanagements[32] wird, obwohl volkswirtschaftlich von hoher Bedeutung, zu wenig Beachtung geschenkt[33]. Das zweite Problem liegt auf der informationstechnischen Seite: Obwohl innerhalb der Planungsphase sich die Durchgängigkeit und Daten-

[28] ZANGEMEISTER 1974, S. 20.

[29] HOAI §15. Die beiden weiteren Punkte Objektüberwachung (Bauüberwachung) und Objektbetreuung und Dokumentation, die ebenfalls zu dem Leistungsbild Objektplanung der HOAI gezählt werden, fallen bereits in die späteren Phasen Realisierung und Nutzung.

[30] Siehe ZANGEMEISTER 1976, S. 33.

[31] WEEBER 2007, S. 3f. Optimierung der Planung durch Fachwissen und Praxiserfahrung der ausführenden Seite sowie durch Kostenverfolgung zu Anforderungen aus der Planung.

[32] Als Simulation in der Planungsphase LCC (englisches Akronym: Life Cycle Costing) genannt.

[33] NABER 2001, S. 120.

integrität bei den unterstützenden Softwareprodukten immer weiter durchsetzt, existieren keine durchgängigen Informations- und Datenflüsse bis in die Nutzungsphase. Des Weiteren ist auch auf konzeptioneller Ebene kein durchgängiges Datenmodell in Verwendung[34].

Somit werden in der, im Vergleich zur Lebensdauer des Objektes, sehr kurzen Planungsphase, die wesentlichen Festsetzungen für die Bewirtschaftung und den einhergehenden Folgekosten sowie die nutzerrelevanten Gegebenheiten für den folgenden kompletten Lebenszyklus festgelegt[35].

Um einen Bruch in der Datenkette bereits in der Planung vorzubeugen werden von Bauherrenseite, wie beispielsweise der LANDESBAUABTEILUNG HANNOVER, gefordert, dass „Produkt unabhängige Standards aufgestellt werden, die einen kontinuierlichen Übergang von der Planung über den Bau bis zum Betrieb eines Gebäudes sicherstellen sollen“[36]. Neben proprietären Standards, welche Lösungen für die Schnittstellen der einzelnen Lebenszyklusphasen bereitstellen, existiert auch das offene, lebenszyklusphasendurchgängige Format *.ifc, welches in Kapitel 2.5.3 erläutert wird. Hier erarbeitete der deutsche Arbeitskreis der IAI[37] zurzeit unter Mitwirkung des Bundesamtes für Bauwesen und Raumordnung eine so genannte „View Definition Facility Management“.

2.1.3 Realisierungsphase

In der Realisierungsphase sind auf Akteurseite maßgeblich die ausführenden Unternehmer, die Planer und der Projektsteuerer involviert. In dieser Phase wird aufbauend auf die vorhergehende Planung der Planungsgegenstand als konkretes Objekt in die Realität umgesetzt. Die schon erwähnte Rückkopplung zwischen Planung und Ausführung aufgrund von Fehlern und Ausführungsveränderungen gegenüber der Planung werden in der Praxis allerdings in den wenigsten Fällen in den Planungsunterlagen aktualisiert nachgeführt. Idealerweise sollte der Planbestand mit dem Realbestand übereinstimmen, da sich so Kosten, Termine, Qualitäten und Quantitäten kontrollieren lassen[38]. Dies ist auch im Hinblick auf den Übergang zur Betriebsphase von Wichtigkeit, da für das Gebäudemanagement die Objektbeschreibung und die Planunterlagen in aktueller Form an den Betreiber übergeben werden sollten.

2.1.4 Nutzungsphase

Die Phase des Betriebs, auch Nutzung oder Bewirtschaftung genannt, ist die längste und kostenintensivste des gesamten Lebenszyklus eines Objektes. Gerade bei Zweck- und Bürogebäuden übersteigen die Betriebskosten bereits nach fünf bis acht Jahren die getätigten Investitionskosten[39]. Aber auch generell gesehen übersteigen die aufzuwendenden Ressourcen sowie die Kosten während der Nutzung die der Erstellung des Gebäudes um ein vielfaches. Die Nut-

[34] Einige Hersteller (zum Beispiel conject AG, http://www.conject.com und Nemetschek AG, http://www.nemetschek.de) werben mit Lebenszyklusintegration von Immobilien beziehungsweise der Abdeckung der Phasen Planen, Bauen und Nutzen. Allerdings existieren hier nur Integrationslösungen für Teilbereiche des Lebenszyklus. Es entsteht somit kein Gesamtmodell welches über die einzelnen Phasen mit Informationen angereichert wird. Stattdessen dienen Schnittstellen zur Teildatenübertragung und führen zu Informationsverlusten.

[35] In NABER 2001 ist die Planung unter Berücksichtigung der Baunutzungskosten erläutert.

[36] LANDESBAUABTEILUNG HANNOVER 2006, S. 3.

[37] Siehe Kapitel 2.5.3.

[38] Vergleiche FÜHRER 1997, S. 15 und NÄVY 2003, S. 31f.

[39] BECKER 2003, S. 101. In LANDESBAUABTEILUNG HANNOVER 2006, S. 2, ist die Rede von 7 bis 10 Jahren.

Nutzungsphase zeichnet sich durch einen teilweise unvorhersehbaren Verlauf aus, der vom Verhalten des Kunden beziehungsweise des Eigners beeinflusst wird[40]. Entscheidende Kriterien für diese Beeinflussung sind die Punkte Sorgfalt, Pflege, Einhaltung der Wartungsintervalle, Nutzungsdauer und Nutzungsintensität dargestellt werden. Bis auf die Abnutzung, welche kontrolliert und dokumentiert werden sollte, finden in dieser Phase keine wesentlichen Veränderungen am Objekt statt.

Die Prozesse der Nutzungsphase, welche den Fokus auf das Objekt richten, sind [41]

- » Überprüfung des Gebäudes auf Schäden,
- » Instandhaltungs- und Renovierungsmaßnahmen,
- » rechtliche Betreuung des Objektes sowie
- » Dokumentation und
- » Kontrolle von Baunutzungskosten.

Diese Prozesse sind Inhalt des Gebäudemanagements. Neben der rein objektorientierten Sichtweise sind außerdem betriebswirtschaftliche Aspekte relevant und werden über das so genannte Facility Management[42] während der Nutzungsphase eines Objektes berücksichtigt. Die Kernprozesse des Gebäudemanagement sind hierbei folgende[43]:

- » Bestandsdokumentation,
- » Flächenmanagement,
- » Umzugsmanagement,
- » Vermietungsmanagement,
- » Reinigungsmanagement,
- » Schlüsselmanagement,
- » Energiecontrolling,
- » Instandhaltungsmanagement.

Das operative Geschäft des Facility Managements besteht im Wesentlichen aus Inspektion und Wartung, Reinigung, Ver- und Entsorgung, Flächen- und Unterbringungsmanagement[44] [45]. Die entstehenden Kosten, laufend anfallende und einmalig anfallende, können in einer lebenszyklusübergreifenden Kostengliederungsstruktur für das Facility Management nach GEFMA 200 dargestellt werden[46]. Hierbei wird eine Einheitlichkeit von FM-Prozessen, also den Leistungen, und den Kosten gewährleistet. Somit wird im Facility Management ein Lebenszyklusphasen-übergreifender Ansatz verfolgt.

---

40 Siehe KÖHLSCHEID 1999, S. 48.

41 Nach FÜHRER 1997, S. 15.

42 „Facility Management" (FM): „Integration von Prozessen innerhalb einer Organisation zur Erbringung und Entwicklung der vereinbarten Leistungen, welche zur Unterstützung und Verbesserung der Effektivität der Hauptaktivitäten der Organisation dienen." DIN 15221, S. 6.

43 Siehe MAY 2004, S. 7, 19ff.

44 LANDESBAUABTEILUNG HANNOVER 2006, S. 5.

45 Die Reduzierung des FM auf operative Betrachtungen der tatsächlichen Nutzungsphase wird Gebäudemanagement beziehungsweise Objektmanagement genannt und ist in DIN 32736, S. 1 als „Gesamtheit aller Leistungen zum Betreiben und Bewirtschaften von Gebäuden einschließlich der baulichen und technischen Anlagen auf der Grundlage ganzheitlicher Strategien" definiert.

46 GEFMA 200, S. 1ff. Hierbei werden ebenfalls DIN 276 *Kosten im Hochbau* und DIN 18969 *Nutzungskosten im Hochbau* mit einbezogen.

2.1.5 Umplanungsphase

Die Umplanungsphase stellt eine Unterbrechung der Betriebsphase dar, in der das Objekt bezüglich seiner funktionalen Anforderungen angepasst oder optimiert wird. Diese Phase setzt sich, analog zum Beginn des Lebenszyklus, aus einer Planungs- und einer Realisierungsphase zusammen (vergleiche Abbildung 1). Eine Besonderheit dieser Phase ist, dass die Planung abgeschlossen sein muss, bevor die Realisierung erfolgt. Dies rührt daher, dass die Realisierungsphase, aufgrund von vorhandenen Nutzungen, sehr straff organisiert sein muss und eine möglichst kurze Zeit in Anspruchnehmen sollte. In dieser Phase tauchen die Begriffe der Sanierung, Instandhaltung, Modernisierung und auch Bauerneuerung auf.

Der Begriff „Sanierung" wird von BÖHNING als „allgemein jede Tätigkeit zur Verbesserung eines bestehenden Gebäudes" gesehen[47]. GIESELMANN definiert dies als „Überbegriff für Verbesserungen an der Bausubstanz"[48]. Dieser Begriff ist in Deutschland nicht über Definitionen, Normen oder Verordnungen festgelegt. In Österreich hingegen umfassen nach dem Wohnungsgemeinnützigkeitsgesetz Sanierungsmaßnahmen sowohl Erhaltungs- als auch Verbesserungsmaßnahmen[49].

Die DIN 31051 „Grundlagen der Instandhaltung" definiert die Instandhaltung als eine Kombination aus technischen und administrativen Maßnahmen des Managements während des Lebenszyklus einer Betrachtungseinheit zur Erhaltung des funktionsfähigen Zustandes oder der Rückführung in diesen, so dass die geforderte Funktion erfüllt werden kann[50]. Es wird von der DIN 31051 auch die Verbesserung als Teilaspekt der Instandhaltung erwähnt. Dies umfasst eine Steigerung der Funktionssicherheit ohne die geforderte Funktion zu ändern. Der Begriff der „Instandsetzung" hingegen ist als „Maßnahmen zur Rückführung einer Betrachtungseinheit in den funktionsfähigen Zustand, mit Ausnahme von Verbesserungen"[51] definiert.

Die HOAI definiert den Begriff „Instandsetzung" analog zur DIN 31051 als „Maßnahmen zur Wiederherstellung des zum bestimmungsmäßigen Gebrauch geeigneten Zustandes (Soll-Zustand) eines Objekts"[52]. Modernisierungen hingegen sind „bauliche Maßnahmen zur nachhaltigen Erhöhung des Gebrauchswertes eines Objekts"[53] und entsprechen hier dem Teilaspekt Verbesserung der DIN 31051.

Daher wird in dieser Arbeit der Begriff „Instandhaltung" für eine Maßnahme, die das Niveau des Auslieferungszustandes plus der Adaptierung von neueren Grundlagen (Normen, etc.) wiederherstellt, verwendet. Für eine Maßnahme, die das Niveau der Instandhaltung beinhaltet und die Rahmenbedingung und Funktionalitäten weiter verbessert, wird der Begriff der „Modernisierung" verwendet[54]. Auch in der HOAI sind Modernisierungen als „bauliche Maßnahmen zur nachhaltigen Erhöhung des Gebrauchswertes eines Objektes"[55] definiert. Bauerneuerung kann als das Synonym für Modernisierung verstanden werden. Der Begriff „Umnut-

[47] BÖHNING 2002, S. 9.

[48] GIESELMANN 1994, S. 18.

[49] MRG § 3 Abs.1 und WGG §§ 14a, 14b, Energiesparende Maßnahmen werden als Erhaltungsarbeiten qualifiziert, obwohl sie ihrem Wesen nach eindeutig Verbesserungen darstellen.

[50] DIN 31051, S. 3. Siehe auch DIN EN 13306, S. 8.

[51] DIN 31051, S. 4.

[52] HOAI (idF v. 10.11.2001) § 3 Ziff. 10.

[53] HOAI (idF v. 10.11.2001) § 3 Ziff. 6.

[54] Vergleiche auch SCHULZ 2001 S. 10 und IEMB 2006, S. 6.

[55] HOAI (idF v. 10.11.2001) § 3 Ziff. 6 und GIESELMANN 1994, S. 17

zung" steht in diesem Rahmen als Auslöser für den Bedarf von Instandhaltung und Modernisierung.

Die Umplanungsphase kann zum einen als Umnutzung, nämlich durch minimale bauliche Veränderungen einhergehend mit einer Änderung der Nutzungsart, vonstatten gehen. Zum anderen kann dies aber auch durch Umbau geschehen, indem an die bestehende Bausubstanz Anforderungen gestellt werden, die einem vergleichbaren Neubau entsprechen würden[56].

Verschiedene Ursachen können zu einer Veränderung der Bausubstanz führen: Änderungen der Nutzung, Instandhaltungsmaßnahmen der technischen wie konstruktiven Elemente, Veränderungen der Nutzeranforderungen, ästhetische Gesichtspunkte oder Veränderungen der technischen Rahmenbedingungen (zum Beispiel neue Normung). Dies führt zu einer weiteren, der Phase der Umplanung nachgelagerten Realisierungsphasen wie in Kapitel 2.1.3 beschrieben. Diese gehen auf die Bestandsgegebenheiten ein und ermöglichen eine weitere anschließende Nutzungsphase mit veränderten gebäudespezifischen Rahmenbedingungen. Zusätzlich ist hier eine Bestandsanalyse der eigentlichen Planung vorzulagern, in der sich die Bearbeiter mit der vorhandenen Situation des Bestandes auseinadersetzen müssen und die Gegebenheiten strukturiert als Grundlage für die eigentliche Umplanung zusammenfassen.

2.1.6 Rückbauphase

Mit dem Rückbau des Objektes schließt der Lebenszyklus ab. Dieser Zeitpunkt ist erreicht, wenn die Funktionen, die das Objekt zu erfüllen hat, nicht mehr wirtschaftlich erfüllt werden können und dies durch eine Umplanung oder Umnutzung auch nicht bewerkstelligt werden kann[57]. Ebenso kann auch eine sich gewandelte Ästhetik oder äußere Rahmenbedingungen, wie beispielsweise städte- oder infrastrukturplanerische Gründe, den Lebenszyklus eines Gebäudes beschließen.

Die Notwendigkeit zur Durchführung des Rückbaus leitet sich aus dem Anfall von Rückständen in jeglicher Form ab. Die Aktivitäten während der Rückbauphase sind darauf gerichtet, alle angefallenen Rückstände zu vermeiden, zu vermindern oder zu bewältigen[58].

Nach dem Gesetz zur Förderung der Kreislaufwirtschaft und Sicherung der umweltverträglichen Beseitigung von Abfällen bedeutet dies, dass Abfälle[59]

- » in erster Linie zu vermeiden, insbesondere durch die Verminderung ihrer Menge und Schädlichkeit,
- » in zweiter Linie erst stofflich zu verwerten oder zur Gewinnung von Energie zu nutzen sind (energetische Verwertung).

Nach VDI Richtlinie 2243 existieren hierfür prinzipiell die drei Entsorgungswege „Verwendung" (durch Instandsetzung und Aufarbeitung), „Verwertung" (stofflich oder energetisch) und „Beseitigung" (thermisch oder deponieren)[60]. Der Begriff „Recycling" umfasst den Inhalt der beiden Begriffe Verwendung und Verwertung. Um die vier Unteraspekte Wiederverwendung, Weiterverwendung, Wiederverwertung und Weiterverwertung von Recycling anzusteuern, sind die Ressourcen, die sich zum Zeitpunkt des Rückbaus im Objekt befinden, entscheidend. Um über die vorhandenen Ressourcen Aufschluss zu haben, ist eine kontinuierliche Verfolgung der Objektdaten und deren Fortschreibung notwendig.

[56] LÖMKER 2006, S. 29. LÖMKER bezeichnet die Umnutzung auch als zerstörungsarm und den Umbau als zerstörungsreich (LÖMKER 2006, S. 44).
[57] Vergleiche NÄVY 2003, S. 34.
[58] Nach KÖHLSCHEID 1999, S. 50.
[59] KrW-/AbfG § 4 (1).
[60] VDI 2243, S. 10.

2.2 Nachhaltigkeit

Bereits 1713 wurde durch Hans Carl von Carlowitz der Begriff der Nachhaltigkeit durch seine Veröffentlichung *Sylvicultura Oeconomica : Naturmäßige Anweisung zur Wilden Baum-Zucht* geprägt[61]. Der Begriff wurde lange Zeit nur in seinem ursprünglichen Rahmen, der Forstwirtschaft, verwandt und erst Mitte der Siebziger des letzten Jahrhunderts auch außerhalb des Forstwesens für nachhaltige Entwicklung verwendet.

Nach Kohler hat die nachhaltige Nutzung das Ziel, die dauernde, möglichst gleich bleibende, hohe und hochwertige Holznutzung zu sichern[62]. Somit lassen sich vier Komponenten der Nachhaltigkeit, welche nicht nur im Bereich der Forstwissenschaften ihre Gültigkeit haben, ausmachen:

» Langfristigkeit (die Wirkungen sind stetig zu erbringen)
» Sozialpflichtigkeit (Einschränkung der Nutzungsrechte im Interesse der Allgemeinheit)
» Ökonomie (Mitteleinsatz aufgrund des ökonomischen Prinzips)
» Verantwortung (Verpflichtung des Bewirtschafters gegenüber der Zukunft, Vorsorge)

Für das Bauwesen leitet Kohler daraus Dimensionen der Nachhaltigkeit ab, die für die Stufen der Gebäude als auch der Stadtfragmente, Nachbarschaften[63] und Gebäudebestände angewandt werden[64]. Diese vier Dimensionen der Nachhaltigkeit umfassen

» ökologische,
» ökonomische,
» soziale,
» und kulturelle Aspekte.

Oft wird der soziale und kulturelle Aspekt zu einer Dimension zusammengefasst, so dass es sich nur um drei Dimensionen der Nachhaltigkeit, beziehungsweise das so genannte „Dreieck der Nachhaltigkeit", handelt[65].

Aus der Aufteilung in verschiedene Dimensionen wird der ganzheitliche Charakter des Begriffes der Nachhaltigkeit ersichtlich. Gerade im Hinblick auf frühe Planungsphasen und die dort getroffenen Entscheidungen ergeben sich Langzeiteffekte für den Gebäudelebenszyklus, die sich bezüglich der Nachhaltigkeit in diese genannten Dimensionen einordnen lassen[66]. Um die Auswirkungen bereits in der Planungsphase von Gebäuden abzuschätzen bedient man sich der Methoden der Lebenszyklusanalyse[67].

Für die einzelnen Dimensionen lassen sich jeweils untergeordnete Schutzziele formulieren, welche über so genannte Indikatoren mit entsprechenden Methoden evaluiert werden können. Beispielsweise könnte das, unter der Dimension „sozial" angeordnete Schutzziel „Gesundheit" über die Methode der Beurteilung der Innenraumluftqualität und die Erfüllung von Grenzwerten, welche in Indikatoren festgelegt sind, nachgewiesen werden. Wird dieser hierarchische Zusammenhang grafisch dargestellt, spricht man aufgrund der sich ergebenden

[61] Grober 1999, S. 98.
[62] Kohler 2003, S. I-3.
[63] Auch Quartiere genannt.
[64] Kohler 2003, S. I-4.
[65] Grober 1999, S. 98.
[66] Peter 2006, S. 445.
[67] Vergleiche Kapitel 2.5.1 und Kohler 2002.

Baustruktur vom Zielbaum der Nachhaltigkeit[68]. In folgender Abbildung ist ein solcher Nachhaltigkeitsbaum als exemplarischer Zielkatalog beispielhaft grafisch abgebildet.

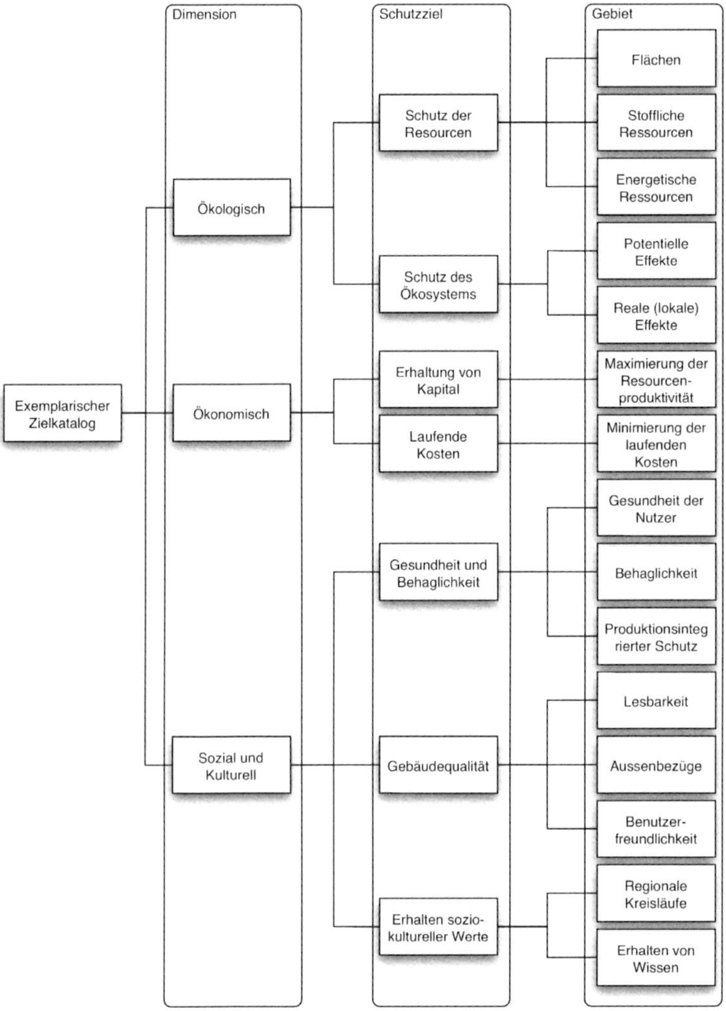

Abbildung 2: Beispiel eines Nachhaltigkeitsbaumes (nach KOHLER 2006, S. 70)

[68] BOTH 2004a, S. 204f.

2.3 Modelle

Modelle sind Abbildungen von Systemen. Der Modellinhalt und somit das System sind dabei im Vorhinein zu definieren. Zangemeister beschreibt dies folgendermaßen: „Ein System ist eine Gesamtheit geordneter Elemente. Diese Elemente haben Eigenschaften und sind miteinander durch Relationen verknüpft. Die formale Abbildung dieser Verknüpfung wird als Struktur des Systems bezeichnet.“[69] Etwas vereinfacht ausgedrückt ist nach DIN 19226 „Leittechnik, Regelungstechnik und Steuertechnik“ein System „eine abgegrenzte Anordnung von aufeinander wirkenden Gebilden“[70]. Bei Both wird diese abgegrenzte Anordnung als der Systeminhalt mit Relationen und einer klaren Systemgrenze bezeichnet[71].

Modelle werden genutzt um verschiedene Aspekte von Systemen abzubilden. Zum einen strukturelle Modelle, welche den Systeminhalt betreffen, zum anderen funktionale Modelle welche das Systemverhalten und die Funktionsweise definieren.

2.3.1 Der Modellbegriff

Da exakte mathematische Analysen zum Systemverhalten von empirischen (realen) Systemen nur bedingt möglich sind, werden Modelle von bestimmten Systemtypen (Idealtypen) entworfen, welche mathematisch zugänglich sind, mit dem Ziel, näherungsweise Aussagen über das Verhalten treffen zu können[72]. Somit sind Modelle immer Abbildungen eines Systems beziehungsweise eines Originals. Im Folgenden werden verschiedene Modellbegriffe und –Ansätze, welche sich in der Literatur finden, vorgestellt.

Modelle können nach Stachiowak, der den Modellbegriff in seinem ganzen weiten Gebrauchsspielraum analysiert hat, in drei Hauptgruppen mit jeweils zwei Untergruppen aufgeteilt werden:

- » Graphische Modelle: wesentlich zweidimensionale anschaulich-räumliche Originalabbildung[73]
  - » Bildmodelle (vorwiegend anschaulich);
  - » Darstellungsmodelle (brauchen Zeichenerklärung).
- » Technische Modelle: überwiegend dreidimensionale raumzeitliche und materiell-energetische Repräsentationen[74]
  - » Physikotechnische Modelle (vorwiegend hergestellt);
  - » Bio-, psycho- und soziotechnische Modelle (zumeist vorgefunden; werden aber manipuliert).
- » Semantische Modelle: Wahrnehmungen, Vorstellungen, Gedanken, Begriffe und deren sprachliche Artikulation[75]:
  - » Interne Modelle (perzeptive und kogitative);
  - » Externe Modelle (Zeichen-Modelle, Kommunikationssysteme).

---

[69] Zangemeister 1976, S. 15.
[70] DIN 19226, S. 3.
[71] Both 2004a, S. 16f.
[72] Nach Zangemeister 1976, S. 25.
[73] Stachowiak 1973, S. 159-174.
[74] Stachowiak 1973, S. 174-196.
[75] Stachowiak 1973, S. 196-285.

Bei der Modellbildung sind drei Aspekte wichtig, welche STACHOWIAK[76] als Hauptmerkmale bezeichnet:

» Abbildungsmerkmal
» Verkürzungsmerkmal
» Pragmatisches Merkmal

Da Modelle immer Abbildungen oder Repräsentationen von natürlichen oder künstlichen Originalen sind, ist ein eindeutiges Merkmal eines Modells die Abbildung eines Sachverhaltes. Da Modelle nicht alle Attribute in ihrer Gesamtheit vom Original wiedergeben, sondern nur diejenigen, die bei der Erstellung relevant erscheinen, besitzen Modelle Verkürzungsmerkmale. Um das Modell mit dem Original zu vergleichen ist also die Betrachtung des Abbildungs- und Verkürzungsmerkmals notwendig.

Modelle sind nicht zwingend nur einem Original zugeordnet. Dies wird durch das pragmatische Merkmal beschrieben. Dieses gibt an, ob das Modell eine Ersetzungsfunktion des Originals hat. Diese Ersetzungsfunktion kann sich auf Subjekte[77], Zeitintervalle oder Objekte beziehen. Somit beinhalten Modelle pragmatische Merkmale hinsichtlich der handelnden modellbenutzenden Subjekte, bestimmter Zeitintervalle in denen sie gültig sind und gedanklicher oder tatsächlicher Operationen. Dies kann als Modell *wovon*, für *wen*, *wann* und *wozu bezüglich seiner spezifischen Funktion* etwas Modell ist, beschrieben werden[78]. Dadurch wird der abstrakte Ansatz eines Modells, um eine gewisse Allgemeingültigkeit und Übertragbarkeit zu gewährleisten, beschrieben.

Zusammenfassend sind Modelle stets Modelle von etwas (Original), für jemanden (Subjekt) und erfüllen ihre Funktion über einen Zeitraum und dienen einem Zweck.

Im Folgenden wird der Prozess der Modellbildung im Hinblick auf die Generierung eines rechnertechnisch umsetzbaren Modells erläutert.

2.3.2 Prozess der Modellbildung

Aufgrund der Komplexität der meisten Systeme ist es unmöglich einen relevanten Sachverhalt direkt in ein implementierbares Modell zu überführen. Deshalb bedarf es eines Vorgehens in einzelnen Schritten, den so genannten Modellierungsebenen, um ein Datenmodell zu entwerfen und in ein Schema für eine Datenbank umzuwandeln[79]. Dieser Prozess ist in vier überschaubare Phasen unterteilt (siehe Abbildung 3). In jeder dieser Phasen werden Ergebnisse erarbeitet auf welche die folgende Phase aufbaut. Dieses Vorgehen muss nicht unbedingt sequentiell ablaufen, da auch Rücksprünge und Überarbeitungen der vorherigen Ergebnisse im Hinblick auf Verifikation, Güte- und Leistungsbewertung von Nöten sein können[80]. Beginnend mit der Informationsbedarfsanalyse wird das zu modellierende System identifiziert und die Anforderungen an das Modell aufgestellt. Dem folgt der konzeptionelle und logische Entwurf. Beim Übergang vom konzeptionellen zum logischen Entwurf wird die Implementierungsunabhängigkeit verlassen und auf die tatsächliche Datenbank beziehungsweise auf die Abbildung auf Speicherstrukturen angepasst. Die Umsetzung davon ist schließlich der physische Entwurf. Im Anschluss an die Abbildung werden die einzelnen Phasen der Modellbildung erläutert.

[76] STACHOWIAK 1973, S. 131ff.
[77] Hier: Personen.
[78] Vergleiche STACHOWIAK 1973, S. 133.
[79] Vergleiche auch Phasenmodell des Software Engineering in ENGESSER 1988, S. 546f.
[80] Siehe MOßGRABER 1997, S.40f und BUSSE 2003a, S. 4f.

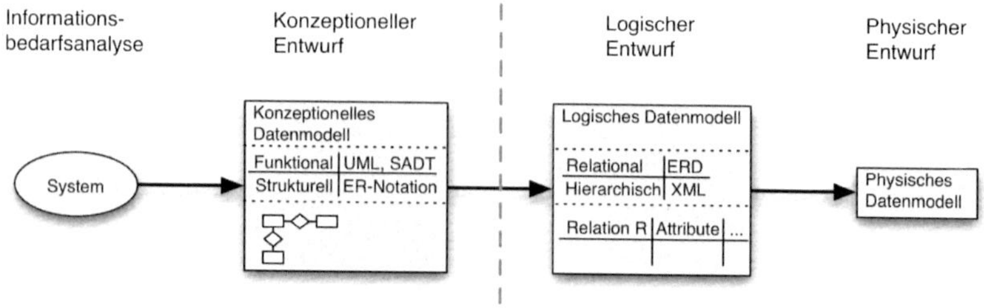

Abbildung 3: Vorgehensweise bei der Modellbildung

In der Phase der Informationsbedarfsanalyse werden die interessanten Aspekte des abzubildenden Systems erfasst und in Anforderungsspezifikationen, also einer Art Pflichtenheft, überführt. Dies beinhaltet die Objekte, deren Eigenschaften sowie die Beziehungen dieser Objekte untereinander. Hierbei ist entscheidend, dass Redundanzen vermieden werden um eine eindeutige Modelldarstellung zu gewährleisten.

Während der Phase des konzeptionellen Entwurfs werden die gewonnen Informationen und Anforderungen in formale Spezifikationen überführt. Hierbei entsteht ein implementierungsunabhängiges semantisches und konzeptuelles Datenmodell in Form eines Schemas. Damit wird beschrieben durch welche Daten Objekte zu modellieren sind, welche Eigenschaften diese kennzeichnen und in welcher Beziehung sie zueinander stehen. Beschreibungstechniken hierfür sind auf struktureller Seite beispielsweise Entity-Relationship-Modelle[81] die meistens für relationale Datenbanken genutzt werden sowie auf funktionaler Seite beispielsweise Unified-Modeling-Language[82] (UML), Structured-Analysis-and-Design-Method (SADT) und Object-Modeling Technique (OMT), welche für den objektorientierten Entwurf benutzt werden.

Der logische Entwurf hat die Aufgabe ein logisches Schema zu erstellen, welches auf die jeweilige Implementierung angepasst ist. Diesem liegen unterschiedliche Datenmodelle (relational, hierarchisch, objektorientiert etc.) zugrunde. Die Umsetzung des konzeptionellen Schemas in das logische kann größtenteils automatisch geschehen[83].

In der Phase des physischen Entwurfs wird das logische Schema auf dem Computersystem abgebildet und es findet somit eine Instanzierung statt. Dies geschieht meist durch die Eingabe in bereits existierende Datenbanksysteme statt.

Im Weiteren werden verschiedene Modellbegriffe und Modelltypen erläutert, die sich für den konzeptionellen und logischen Entwurf eignen.

2.3.3 Datenmodell

Ein Datenmodell legt die Konstrukte fest, mit denen ein System modelliert wird und bildet somit die Sprache der Modellierung[84]. Mit Datenmodellen wird nur der Datenaspekt model-

[81] Vergleiche Kapitel 2.3.4.
[82] Siehe Kapitel 2.3.5.
[83] Siehe MOßGRABER 1997, S. 42.
[84] BUSSE 2003a, S. 6.

liert. Die Modellierung eines Systems mit einem Datenmodell wird Informationsmodell[85] genannt. Das Datenmodell setzt sich aus den Komponenten Datenstrukturtypen, Operatoren und Integritätsbedingungen zusammen[86]. Die Dateitypen dienen zur Darstellung der Sachverhalte, die Operatoren zur Veränderung der verwalteten Daten und die Integritätsbedingungen zur Gewährleitung der Konsistenz.

Datenmodelle lassen sich durch die Art der zugrunde liegenden syntaktischen Grundeinheiten und der darauf definierten Operationen unterscheiden. Die klassischen Datenmodelle lassen sich folgendermaßen in drei Gruppen klassifizieren[87]:

» Hierarchisches Datenmodell
» Netzwerk-Datenmodell
» Relationales Datenmodell

Da in der realen Welt viele Objekte hierarchische Beziehungen haben, ist es interessant diese auch hierarchisch zu modellieren[88]. Hierarchische Datenmodelle besitzen als Strukturelemente Segmente (auch „Record“ genannt), Felder und Kanten. Segmente stellen Entitäten dar, Felder Attribute und Kanten Beziehungen. Diese Beziehungen werden in der Implementierung physisch durch Pointer[89] dargestellt.

Das Netzwerkmodell, welches von der Vernetzung in der realen Welt herrührt, setzt sich aus den Strukturelementen Record-Typ, Attribut und Set-Typ zusammen. Die Record-Typen bilden Entitäten ab, die Set-Typen mit „Owner“ und „Member“ bilden die Beziehungen ab indem sie zwei Record-Typen verbinden[90]. Dies orientiert sich, ähnlich wie das hierarchische Datenmodell, an den Speicherstrukturen der Implementierung zur Herstellung von Beziehungen durch Pointer auf der Programmierebene.

Das relationale Datenmodell besteht lediglich aus den Strukturelementen Relationen in Form von Tabellen und Attributen mit Domänen. Im Gegensatz zum hierarchischen und netwerkartigen Modell, werden Beziehungen durch die Bezugnahme auf einen Primärschlüssel[91] (auch „Foreign Key“ genannt) abgebildet[92].

Das relationale Datenmodell bietet sich durch die Datenunabhängigkeit, die Möglichkeit zur Definition von flexiblen Sichten sowie die mengenverarbeitende Datenmanipulationssprache an[93]. Des Weiteren ist es deutlich anwendungsfreundlicher als das hierarchische und das netzwerkartige Datenmodell.

Neben den klassischen Datenmodellen existiert noch eine Vielzahl an weiteren Modellen. Aufbauend auf den klassischen Datenmodellen gibt es die so genannten erweiterten klassi-

[85] Nach PÄTZOLD 1991, S. 54, beschreibt ein Informationsmodell „mittels formallogischer Beschreibungshilfsmittel ein Datenmodell welches sich an einer konkreten Sachlage des betreffenden Anwendungsbereiches und der zugrunde liegenden Fachdisziplin ausrichten, in einer benutzernahen Darstellungsform“.

[86] Siehe BEHL 2002, S. 7f und CODD 1980

[87] Vergleiche BUSSE 2003b, S. 66.

[88] BEHL 2002, S. 9.

[89] Engl. für Referenz- oder Zeigervariable auf Programmierebene.

[90] BEHL 2002, S. 13.

[91] Diese eindeutige Zahl (engl.: unique identifier) wird in der Ursprungstabelle Primärschlüssel (engl.: primary key), in der referenzierten Tabelle Fremdschlüssel (engl.: foreign key) genannt.

[92] BEHL 2002, S. 10.

[93] BUSSE 2003a, S. 34.

schen Datenmodelle. Diese umfassen die Erweiterung des Relationenmodells, das rekursive Datenmodell sowie das NF2-Modell. Letzteres ist die Weiterentwicklung des relationalen Modells um Attributwerte beliebiger Komplexität. Dies bedeutet, dass der Wert eines Attributes wiederum eine Relation beliebigen Typs sein kann. Dadurch ist eine Schachtelung von Relationen in beliebiger Tiefe möglich.

Zudem werden die Datenmodelle noch in semantische, wissensbasierte und semistrukturierte Datenmodell unterteilt.

Die semantischen Datenmodelle umfassen das Entity-Relationship-Modell und dessen Erweiterung sowie Objektorientierte Datenmodelle[94]. Die Entity-Relationship-Modelle sind Weiterführungen des relationalen Modells und werden in Kapitel 2.3.4 ausführlich erläutert. Objektorientierte Datenmodelle hingegen nehmen für sich in Anspruch, eine natürlichere Modellierung als relationale Datenmodelle zu bewerkstelligen, da das logisch zusammengehörende Objekt nicht in Tabellen untergliedert wird: Objektorientierten Datenmodellen modellieren das dynamische Verhalten von Objekten durch Angabe von objekt- oder klassenspezifischen Methoden.

Als wissensbasierte Datenmodelle sind das deduktive und Frame[95]-orientierte Datenmodell klassifiziert. Das deduktive Datenmodell ist auf dem relationalen aufgebaut, verwaltet und speichert aber mehr Semantik. Es besteht aus zwei Komponenten, der Wissensbasis und der Verarbeitungskomponente, und erzeugt somit selbständig weitere Daten, meist im Sinne betriebswirtschaftlich relevanter Informationen. Das Frame-orientierte Datenmodell ermöglicht, im Gegensatz zur passiven und unstrukturierten Datenbasis bei der das Wissen in Regeln definiert ist, eine wohlstrukturierte Darstellung der Objekte und Objektklassen einer Domäne[96]. Dies eignet sich zur Abbildung von komplexen technischen Zusammenhängen. Objekten und Objektklassen kann darüber hinaus prozedurales Basiswissen zur Verwendung zugeordnet werden. Somit repräsentieren „Frames" zugleich deklaratives Objektwissen und prozedurales Objektverwendungswissen.

Abschließend als letzte Untergruppe der Datenmodelle sind die Semistrukturierten Datenmodelle zu nennen. Semistrukturierte Modelle sind selbstbeschreibend und benötigen somit keine separate Beschreibung der Struktur und der Typen[97]. Sie sind zum Beispiel notwendig, um die irregulären und selbstbeschreibenden Daten des Internets in ein Modell zu integrieren. Mit den flachen Tupeln des relationalen Datenmodells lässt sich diese Struktur nur unzutreffend wiedergegeben[98]. Auch Objektorientierte Datenmodelle sind hierfür nur bedingt geeignet, da sie keine unregelmäßigen Strukturen mit fehlenden oder wiederholten Komponenten repräsentieren können. Formalismen zur Abbildung von Semistrukturierten Modellen sind beispielsweise das „Object Exchange Model" (OEM), das „Araneus Data Model" (ADM) und die „Extensible Markup Language" (XML).

» Beim OEM werden Datensätze Objekte genannt[99]. Dies kann als ein gerichteter Multigraph angesehen werden, dessen Knoten eindeutige Objektbezeichner sind und

[94] Die Standardisierung der objektorientierten Datenmodellierung wurde durch die ODMG (engl. Akronym: Object Data Management Group) 1991 begonnen und 1993 die endgültige Version des ODMG-Datenmodells verabschiedet (BEHL 2002, S. 17).

[95] Frames (Objekte) können als spezialisiertes Objektorinetiertes Programmieren (OOP, engl. Akronym: object oriented programming) gesehen werden. Daten und Prozeduren sind hier in Objekten in einer Zelle zusammengefasst (RUDE 1988, S. 72).

[96] RUDE 1998, S. 72f.

[97] BEHL 2002, S. 27.

[98] BRY 2001.

[99] Vergleiche BRY 2001.

dessen Kanten die Attribute darstellen. Ein OEM-Objekt hat einen ausgezeichneten Knoten, welcher Wurzel genannt wird, von dem aus alle Knoten des OEM-Objektes erreichbar sind. Dies beinhaltet die Strukturen „Bezeichnung des Objektes" (auch „Label" genannt), seinen „Wert" einschließlich Datentyp sowie einer einem eindeutigen „Identifikationswert". OEM Objekte können Baumstrukturen darstellen, es sind aber auch zyklische Darstellungen möglich.

» Das ADM wurde zur Administration von großen Mengen an HTML-Seiten entworfen. Es werden aus den Objekten die geforderten Seiten durch eine Webserver dynamisch generiert. Eine HTML-Seite ist hierbei eine Instanz einer Klasse bei welcher in den Attributen die jeweiligen Inhalte, textlicher oder grafischer Natur, gespeichert werden[100].
» Mit der Datenmodellierungssprache XML lassen sich beliebig komplexe Datensätze spezifizieren, es lässt Ausnahmen zu und die XML-Datensätze sind strukturtragend. Die Datenbeschreibung erfolgt über eine Variante der Name-Wert-Paare aus OEM[101].

Bei den Semistrukturierten Datenmodellen hat XML deutliche Vorteile durch die gute Constraint[102]-Bildung als Integritätsbedingungen, die simple Schemaextraktion und die einfach Erweiterbarkeit[103].

Da durch den gewählten Lösungsansatz die inhaltliche Umsetzung[104] auf Basis des Entity-Relationship-Modells basiert wird dieses im Folgenden tiefgehender erläutert.

2.3.4 Entity-Relationship-Modell

Zur konzeptionellen Datenmodellierung bietet sich das Entity-Relationship-Modell (E-R-Modell), welches von Peter Chen entwickelt wurde und relational ist, an[105]. Hierbei wird das Potential der Verknüpfung von graphischen Informationsmodellen mit der Implementierung erschlossen. Die mathematischen Grundlagen hierzu stellt die Mengenlehre mit dem Relationsdiagramm dar[106]. Somit ist das E-R-Modell eine Typisierung von Objekten und Beziehungen untereinander. Das E-R-Modell ist konzeptionell simpel aufgebaut und definiert sich aus folgenden drei Elementen[107]:

» Entitäten
» Relationen
» Attribute

Entitäten beschreiben die konkreten Elemente des Modells in Form von Domänen. Eine Entität kann ein Gebäude, eine Person, Pakete von Qualitäten beziehungsweise Eigenschaften oder ein anderes Subjekt / Objekt sein. Attribute sind einfache Eigenschaften welche die Entität charakterisieren. Relationen identifizieren die Beziehungen zwischen den Entitäten. Dies kann eine feste Gegebenheit sein, wie eine statische oder physische Verbindung, es kann eine

[100] BEHL 2002, S. 26. Das ADM stellt eine Untermenge des ODMG-Modells dar.
[101] Siehe BEHL 2002, S. 37.
[102] Constraints (engl.: Einschränkung) werden in Programmiersprachen und Datenbanksystemen verwendet, um den Wertebereich einer Variablen einzuschränken. Bei Datenbanksystemen stellen diese Constraints Integritätsbedingungen dar und dienen zur Verifikation.
[103] Vergleiche BEHL 2002, S. 41.
[104] Bezüglich Lösungsansatz siehe Kapitel 3.1, inhaltliche Umsetzung Kapitel 4.1.
[105] EASTMAN 1999, S. 124f.
[106] PAHL 2000, S. 41.
[107] Siehe auch WILLIAMS 2002, S. 506.

temporäre Beziehung sein, wie Möbel in einem Raum, oder eine abstrakte Beziehung sein, wie die Belegung einer Wohnung durch einen Mieter.

In der grafischen Darstellung haben alle Entitäten, Relationen und Attribute ihren identifizierenden Namen in ihrer zugehörigen, der Notation entsprechenden Form. Der Beziehungstyp zwischen den Entitäten gliedert sich durch seine Kardinalität in drei verschiedene Varianten[108]:

» 1 zu 1 Beziehungen (1 : 1)
» 1 zu n Beziehungen (1 : n)
» m zu n Beziehungen (m : n)

Die grafische Darstellung von Entitäts- und Beziehungstypen wird Entity-Relationship-Diagramm (ERD) genannt. Bei der Darstellungsform wird für den Entitätstyp meist ein Rechteck verwendet, für den Beziehungstyp werden meistens Linien mit unterschiedlichen Linienenden und Beschriftungen, welche die Kardinalitäten des Beziehungstyps darstellen, verwendet.

Für Entity-Realtionship-Diagramme gibt es eine Vielzahl an unterschiedlichen Notationen welche in folgender Abbildung 4 dargestellt sind.

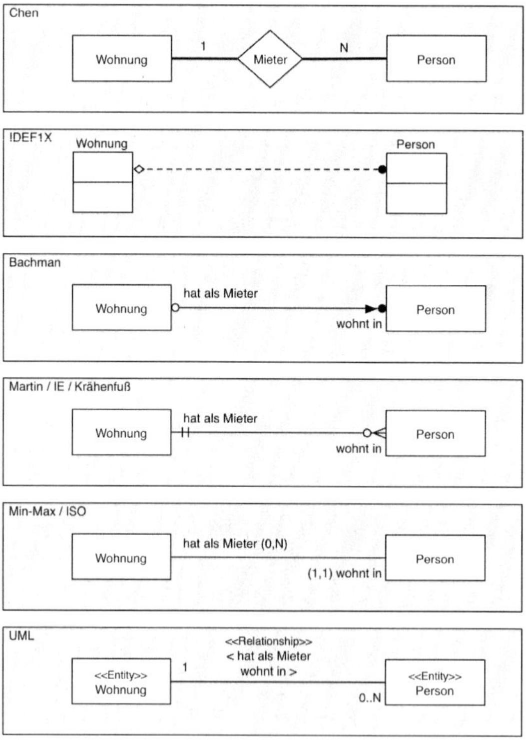

Abbildung 4: Notationen für Entity-Relationship-Diagramme

[108] WILLIAMS 2002, S. 510.

Diese Notationen unterscheiden sich in formalen Aspekten, der Unterstützung von Standards und der Klarheit sowie des Umfangs der grafischen Elemente für die Darstellung. Die IDEF1X-Notation ist hierbei ein langjähriger De-facto-Standard bei US-amerikanischen Behörden. Die Bachman- sowie Martin-Notation[109] sind weit verbreitete Werkzeug-Diagramm-Sprachen. Die Min-Max-Notation war ein ISO-Standard, wurde aber durch die UML-Notation, welche als heutiger Standard gilt, abgelöst.

Trotz der unterschiedlichen Darstellungsformen und grafischen Elemente sind die Kernaussagen nahezu identisch. Der ausgedrückte Sachverhalt bedeutet bei allen Darstellungsformen:

» Eine Person ist als Mieter maximal einer Wohnung zugeordnet.

» Eine Wohnung besitzt eine beliebige Anzahl an Personen als Mieter.

» Eine Wohnung kann Personen als Mieter haben, muss aber nicht.

Bis auf die Chen-Notation wird noch folgende Aussage für diesen Sachverhalt getroffen:

» Eine Person muss Mieter von genau einer Wohnung sein.

Je nachdem, ob die Relation linkseindeutig (1 : n) oder rechtseindeutig (m : 1) ist, wird dementsprechend entweder der Buchstabe n oder m zur Differenzierung der Beziehung benutzt[110]. Im Folgenden sind die einzelnen Beziehungen in den Abbildungen 5 bis 7 in dem Standard, der UML-Notation[111], dargestellt. In Abbildung 5 ist als Beispiel einer 1 : 1 Beziehung die Relation zwischen Klingel und Wohnung aufgezeichnet. Jede Klingel gehört eindeutig zu einer Wohnung. Ebenso hat jede Wohnung eine eindeutig zuweisbare Klingel.

Abbildung 5: 1 : 1 Beziehung

In Abbildung 6 ist eine 1 : n Beziehung von Räumen, welche zu einer Wohnung gehören, dargestellt. Linkseindeutig gehören Räume immer zu genau einer Wohnung. Eine Wohnung kann aber mehrere Räume beinhalten.

Abbildung 6: 1 : n (linkseindeutige) Beziehung

[109] Auch Krähenfuß-Notation genannt.

[110] PAHL 2000, S. 41.

[111] Englisches Akronym: Unified Modeling Language. Dies ist eine standardisierte Sprache zur Modellierung von Software und anderen Systemen. Vergleiche Kapitel 4.2.3. Die UML-Notation ist der heutige Standard und wird auch bei der ISO für E-R-Modelle in den Normen genutzt.

Als Beispiel für eine m : n Beziehung ist in Abbildung 7 die Beziehung zwischen den Entitäten Raum und Wand dargestellt. Ein Raum wird durch mehrere Wände begrenzt, ebenso grenzt eine Wand an mehrere (Ort-)Räume.

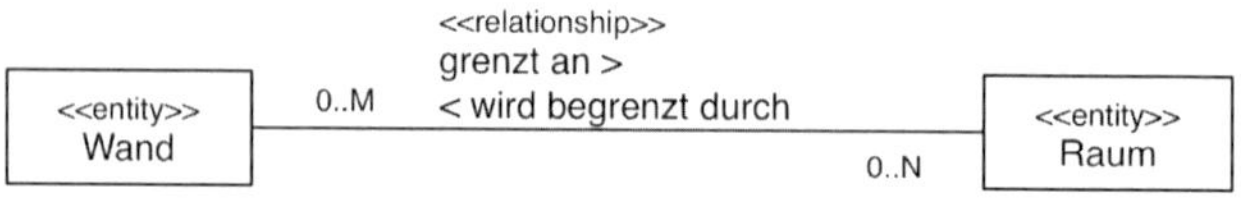

Abbildung 7: m : n Beziehung

Entity-Relationship Diagramme eignen sich sehr gut um Systeme in statischer Struktur in Form von Datenmodellen abzubilden und in relationale Datenbanken zu überführen. Zur Modellierung von dynamischen Abläufen sind sie hingegen nicht sonderlich dienlich. Im Folgenden wird eine Beschreibungssprache, die diesem Aspekt gerecht wird, erläutert.

2.3.5 Unified Modeling Language

Die „Unified Modeling Language" (UML) ist eine standardisierte Sprache zur Modellierung von Systemen. UML wurde von der „Object Management Group" (OMG)[112], einem 1989 gegründeten Konsortium, das sich mit der herstellerunabhängigen Entwicklung von Standards zur Objektorientierten Programmierung beschäftigt, entwickelt. Die von der OMG festgelegten Spezifikationen können kostenlos über das Internet von der OMG-Homepage heruntergeladen werden. Die Version 1.4.2 der UML Spezifikation von OMG ist inzwischen auch in die ISO-Normenreihe als ISO/IEC 19501 übernommen worden[113]. UML ist im Bereich der Modellierung von Softwaresystemen eine der dominierenden Sprachen.

Mit UML lassen sich im Sinne einer Sprache statische Strukturen und dynamische Abläufe anhand der Definition von Bezeichnern, möglichen Beziehungen und der zugehöriger Notation modellieren. UML ist modular in einzelne Spracheinheiten aufgebaut. Diese Spracheinheiten setzten sich aus einer Menge an eng zusammenhängenden Modellierungselementen zusammen, die zur Abbildung eines bestimmten Aspektes eines Systems mit einem zugehörigen Formalismus dienen. Die Aufgabe einer Spracheinheit ist es, alle notwendigen Bezeichner, Beziehungen und gegebenenfalls Notationen die zur Modellierung des Einsatzzweckes der Spracheinheit benötigt werden, bereitzustellen.

Zur Abbildung von Abläufen und dynamischen Prozessen bietet sich das so genannte Aktivitätsdiagramm an. Das Aktivitätsdiagramm folgt einem Formalismus in Form von Daten- und Kontrollflüssen mit welchen ein Systemverhalten dargestellt werden kann[114]. Aktivitäten werden hierbei durch Graphen beschrieben. Knoten stellen die Aktionen und Punkte dar. An letzteren wird der Fluss zwischen einzelnen Aktivitäten kontrolliert. Die Kanten stellen Objekt- und Kontrollflüsse dar. Knoten können in Kontroll- und Objektknoten unterschieden werden. Analog dazu können Kanten in Kontroll- und Objektflüsse unterteilt werden. In folgender Abbildung ist die Notation des Aktivitätsdiagramms nach der UML-Notation exemplarisch dargestellt.[115].

[112] Homepage der „Object Management Group": http://www.omg.org/
[113] OMG 2007.
[114] Arlow 2005, S. 283ff.
[115] ISO/IEC 19501, S. 298ff.

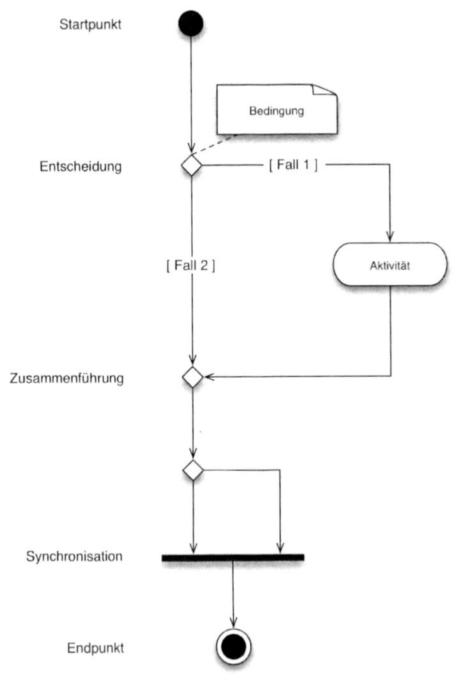

Abbildung 8: UML Notation des Aktivitätsdiagramms

2.3.6 Geometrische Modelle

Gerade im Baubereich spielen geometrische Modelle, die eine Untergruppe der graphischen Modelle darstellen, eine zentrale Rolle. Anhand des Informationsgehaltes lassen sich geometrische Modelle mit den drei folgenden Gestaltsrepräsentationsformen klassifizieren[116]:

- » explizit
- » idealisiert
- » parametrisch[117]

Die explizite Gestaltsrepräsentation umfasst die geschlossene, eindeutige Abbildung einer Gestaltsbeschreibung im euklid'schen Modellraum E^3. Somit sind alle Volumenmodelle explizite Gestaltsrepräsentationen.

Bei der idealisierten Gestaltsrepräsentation werden aus Sicht der jeweiligen Anwendung die irrelevanten Aspekte durch eine Informationsverkürzung ausgeblendet. Dies kann entweder durch die Verringerung der Dimensionalität oder der Ausblendung von Details stattfinden. In

[116] Nach PÄTZOLD 1991, S. 19f.

[117] Im Maschinenbau wird dies „implizite Gestaltsrepräsentation" genannt. Hierbei ist der Unterschied lediglich in der Mathematik begründet, dass eine implizite Darstellung eine Gleichung verwendet und somit einen Gültigkeitsbereich aufzeigt.

folgender Abbildung ist dies beispielsweise an einem Gebäude durch die Ausblendung von Details dargestellt.

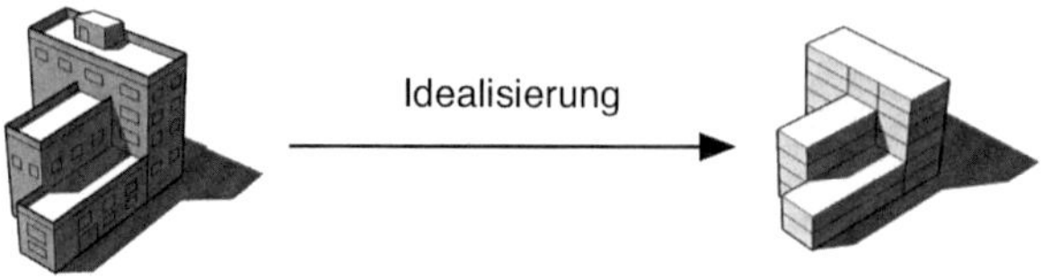

Abbildung 9: idealisiertes, geometrisches Modell

Die parametrische Beschreibung eines Geometrieobjektes ist eine Art der Auflistung aller geometrischen Punkte des jeweiligen Objektes als Rückführung auf eine Stellgröße, den so genannten Parameter. Dies ist ähnlich der impliziten Abbildung durch eine Gleichung bei welcher die Abhängigkeit der geometrischen Darstellung ausgedrückt wird. In folgender Abbildung ist beispielsweise ein parametrisches Geometriemodell eines Rechteckes mit der Abhängigkeit der Seitenlängen von seiner Höhe dargestellt.

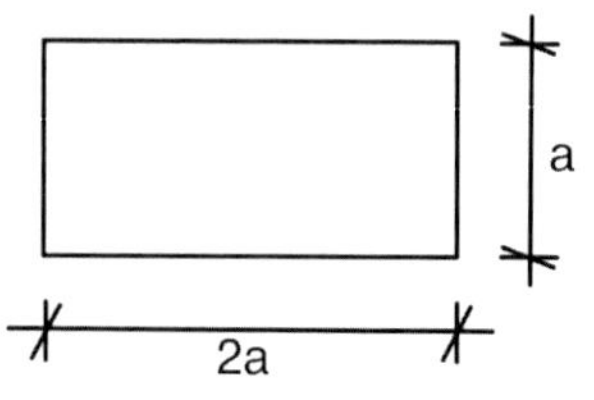

Abbildung 10: parametrisches, geometrisches Modell

2.4 PRODUKTMODELLE

Entsprechend ISO10303 ist ein Produkt ein physikalisch realisierbares Objekt, das durch einen natürlichen Prozess oder durch die Fertigung entsteht. ABELN beschreibt den Begriff des Produktmodells so, dass Produkte ähnlichen Typs über ein gemeinsames Modellschema, welches Produktmodell genannt wird, abgebildet werden können[118]. Hierbei ist das Produktmodell als eine „strukturierte Beschreibung der Teile, Eigenschaften und Beziehungen eines Produktes unter Verwendung der Daten“[119] zu verstehen. Die Produktstruktur spiegelt nach RAPP „die Zusammensetzung eines Erzeugnisses aus Teilelementen und deren Zuordnung untereinander“ wider[120]. In Anlehnung an ISO 10303 wird bei ABELN das Produktmodell als eine Einheit aus Produktinformationsmodell und Produktdaten zur Beschreibung einer Klasse von Produkten über den gesamten Produktlebenszyklus definiert“[121]. Nach SUHM ist ein Produktmodell „ein Informationsmodellschema, das alle relevanten Informationen über ein Produkt abbilden kann. Der abbildbare Informationsgehalt soll dabei das reale Produkt hinreichend genau repräsentieren, um Rückschlüsse über die realen Produkteigenschaften ziehen zu können.“[122]

Auch taucht in der Literatur der Begriff des Objektmodells auf, der als allgemeiner Begriff für ein Produktmodell gesehen werden kann. Ein Objektmodell ist nach PÄTZOLD eine „Konkretisierung eines technischen Objektes der Klassen Produkt, Baugruppe, Einzelteil und Formelement im Hinblick auf die Produktaspekte Objektfunktion, Objektzustand und Objektrepräsentation“[123]. Die Objektfunktion umfasst hierbei alle Aspekte die ein Objekt im Hinblick auf seine Funktion zu erfüllen hat. Der Objektzustand repräsentiert die verschiedenen Zustandsbeschreibungen, die ein Objekt im Laufe seines Produktlebenszyklus einnehmen kann und die Objektrepräsentation kann von abstrakter idealisierter Form bis zur exakten Objektgeometrie erfolgen. Diese drei Produktaspekte besitzen Abhängigkeiten untereinander.

Da Produkte durch den Umfang der enthaltenen Informationen komplex sind, werden Teile einzeln behandelt, die so genannte Partialmodelle bilden. Nach SUHM beinhaltet ein Partialmodell „eine zweckbestimmte Ausgliederung von Informationsobjekten eines Gesamtmodells.“[124] Analog definiert PÄTZOLD das Partialmodell als „eine abgeschlossene Menge von Objekttypen sowie deren semantische Zusammenhänge als Teilmenge eines Produktmodells“[125]. Somit können verschiedene Betrachtungsausschnitte als Partialmodelle gesehen werden, die in Kombination das Gesamtmodell beschreiben.

Zusammenfassend spielt beim Begriff des Produktmodells die genaue Abbildung aller Eigenschaften des konstruierten Produktes und deren Abhängigkeiten sowie die Erfüllung von bestimmten Funktionen die zentrale Rolle.

Umfasst die Zeitspanne der Modellbetrachtung den gesamten Lebenszyklus eines Produktes, so spricht man von einem integrierten Produktmodell. Dies ist im folgenden Kapitel 2.4.1 erläutert.

---

[118] Vergleiche ABELN 1995, S. 334.

[119] ABELN 1995, S. 334.

[120] Vergleiche RAPP 1999, S. 9: Produktstruktur ist ein Synonym für Produktarchitektur, welches im englischen Sprachraum gebräuchlicher ist.

[121] Vergleiche ABELN 1995, S. 102.

[122] SUHM 1993, S. 127.

[123] PÄTZOLD 1991, S. 17.

[124] SUHM 1993, S. 127.

[125] PÄTZOLD 1991, S. 90.

2.4.1 Integrierte Produktmodelle

Produktmodelle können nach ABELN[126] nach folgenden Ausprägungen differenziert werden:

» geometrische Produktmodelle
» featureorientierte Produktmodelle[127]
» strukturorientierte Produktmodelle
» wissensbasierte Produktmodelle
» integrierte Produktmodelle

Sind alle diese Informationsaspekte vollständig in einem kohärenten Produktmodell abgelegt, wird dies integriertes Produktmodell genannt und ist die Integration von geometrischen, featureorientierten, strukturorientierten und wissensbasierten Produktmodellen. POLLY definiert dieses integrierte Produktmodell folgendermaßen: „Ein integriertes Produktmodell beinhaltet die Abbildung aller relevanten Produktmerkmale, die in den einzelnen Lebensphasen entstehen, auf der Basis einer einheitlichen, allgemeinen, lebensphasenübergreifenden und redundanzfreien Grundstruktur.“[128]

Neben der Abbildung aller produktrelevanter Daten über dessen Lebenszyklus spezifiziert PÄTZOLD hier noch genauer, dass es sich um „kohärente Partialmodelle und der zugehörigen anwendungsorientierten Semantik der Produktmerkmale in Form von Produktsichten“[129] handelt.

Der hauptsächliche Sinn dieser integrierten Produktmodelle beim Einsatz in bisherigen Forschungsprojekten ist nach ALZOOBI[130], die einmal gewonnenen Produktdaten in einer Prozesskette ständig weiterzuverarbeiten, um deren Datenfluss zu steuern und die dabei neu entstehenden Daten zu verwalten. Das integrierte Produktmodell muss daher nach GRABOWSKI „so spezifiziert werden, dass es alle Funktionen der Produktverarbeitung unterstützt“[131]. Dies umfasst unter anderem Produktdatenaustausch, Produktdatenspeicherung, Produktdatenarchivierung und Produktdatentransformation.

2.4.2 ISO 10303 – Norm zur Produktmodellierung

Nach langjährigen Normierungsarbeiten zur Abbildung eines integrierten Produktmodells mit Beteiligung internationaler Teilnehmer[132] wurde STEP[133] realisiert und 1994 als „Initial Release“ der Normenreihe ISO 10303 freigegeben. Die ISO 10303 Normung definiert ein Produktinformationsmodell als eine abstrakte Beschreibung eines oder mehrerer Produkte[134]. Die Produktdaten werden hier in formaler Weise als eine Repräsentation von geometrischen Eigenschaften definiert. Zu den geometrieorientierten Daten werden bei STEP auch nichtgeometrische Daten wie Oberflächenangaben, Stammdaten, Materialdaten, Kosten sowie Ar-

---

126 ABELN 1995, S. 80.

127 Features sind geometrieorientierte Objekte welche als Trägerobjekte semantischer beziehungsweise alphanumerischer Daten zur Modellierung von nicht geometrischen Daten betrachtet werden.

128 POLLY 1996, S. 13, vergleiche auch GRABOWSKI 1993, S. 6.

129 PÄTZOLD 1991, S. 91.

130 ALZOOBI 2003, S. 9.

131 GRABOWSKI 1993, S. 8.

132 Komitee TC 184/SC4 der International Standardization Organization (kurz ISO)

133 Englisches Akronym: Standard for Exchange of Product Model Data, deutsch: Norm zum Austausch von Produktdatenmodellen. STEP ist der frühere Name unter dem diese Norm bekannt wurde (GRABOWSKI 1993, S. 5).

134 ISO 10303.

beitspläne mitgeführt. Neben der eigentlichen Spezifikation des integrierten Produktmodells enthält die Norm auch Methoden zur Beschreibung, Implementierung und Konformitätsprüfung[135].

STEP sieht sich als implementierungsunabhängige[136] Beschreibung von Produktdaten über den ganzen Lebenszyklus. Dies bedeutet, dass der Zugriff auf die Produktdaten unabhängig von der jeweiligen EDV-Lösung gewährleistet werden soll. Das integrierte Produktmodell der ISO 10303 ist daher modular über verschiedene Basismodelle beschrieben, die auch Partialmodelle genannt und zu einzelnen Dokumenten zusammengefasst als Normen veröffentlicht wurden. Diese logisch zusammenhängenden Inhalte legen die gemeinsame Grundstruktur für alle Anwendungsprotokolle fest[137]. In folgender Abbildung ist eine Übersicht über die Nummerierung und Titel der einzelnen ISO 10303 STEP Partialmodelle abgebildet, wie sie 1996 spezifiziert wurden.

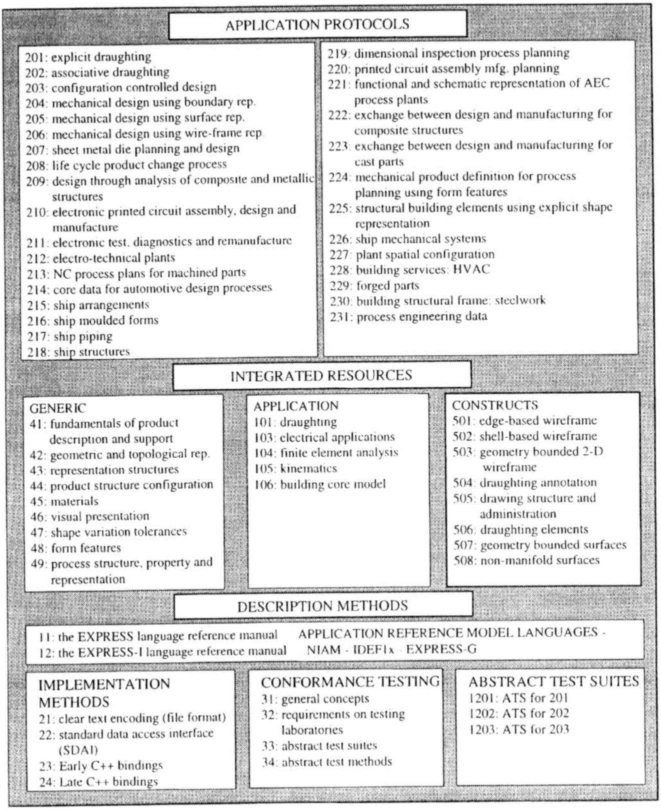

Abbildung 11: Struktur der ISO 10303 STEP (Quelle: EASTMAN 1999, S. 133)

[135] GRABOWSKI 1993, S. 14.

[136] Im Sinne von „nicht an proprietäre Software gebunden".

[137] GRABOWSKI 1993, S. 17.

Die Entwicklung von STEP als Produktmodellierungswerkzeug im Bauwesen wurde durch den Teil 106[138] (Building Construction Core Model) vorangetrieben. Die Weiterführung dieser Entwicklung wurde aber mittlerweile eingestellt, da durch die IAI aufbauend auf das AP106 „building core model" ein bauspezifischer Standard, die so genannten IFC, erarbeitet wurden[139]. Einen weiterführenden Überblick über die Konzepte und Entwicklungsstadien von STEP im Baubereich gibt ALZOOBI[140].

2.5 GEBÄUDEMODELLE

Bei einem Gebäude handelt es sich um ein komplexes Gesamtsystem, dessen Zusammensetzung in Subsysteme oder Komponenten gegliedert werden kann. Nach LÖMKER lässt sich das Gebäude in strukturelle und organisatorische Einheiten unterteilen[141]. Im planerischen Idealfall sind dies das Tragwerk, die raumbildenden Ausbauten und die Gebäudeeinrichtungen, welche auch Primär-, Sekundär- und Tertiärstruktur genannt werden.

Nach BAUMANN wird zur Beschreibung eines Gebäudes oder der Strukturierung ganzheitlicher architektonischer Entwurfslösungen dekompositorisch vorgegangen. Diese Zerlegung des Gebäudes in Objekte trägt Modellcharakter, da diese Komponenten „praktisch nicht einzeln existieren und nur zur Ordnung verwendet werden"[142]. Als geeignete architektonische Gliederung haben sich die Objektstrukturen „Funktion", „Raum", „Gestalt" und „Konstruktion" etabliert. Diese finden sich in ähnlicher Form in den meisten Ansätzen wieder.

Die Objektstruktur „Funktion" wird hierbei nach BAUMANN an der Ausübung von menschlichen Tätigkeiten, welche von der Existenz von Räumen oder raumbildenden Elementen abhängig ist, festgemacht[143]. Nach BOTH kann dies aber weitaus abstrakter als funktionaler Beschrieb des Planungsgegenstandes im Sinne einer „black box" und nicht lediglich nur als physische Bausteine aufgefasst werden[144]. Auch ist der Aspekt nicht zu vernachlässigen, dass das Gebäude selbst Funktionen erfüllen muss um die Durchführung der Funktionen von Nutzern zu gewährleisten[145]. Nach VDI 2222 beschreiben Funktionen „das Verhalten von Produkten, oder Teilen des Produktes, vorzugsweise in Form eines Zusammenhangs zwischen Eingangs- und Ausgangsgrößen; häufig erst nur gewollt oder gewünscht"[146]. In diesem Sinne ist nach DIN 40150 ein Funktionseinheit, eine „Betrachtungseinheit, deren Abgrenzung nach Aufgabe oder Wirkung erfolgt"[147]. Im spezielleren auf das Gebäude bezogen, bezieht sich die Objektstruktur Funktion bei BAUMANN auf menschliche Tätigkeiten die an die Existenz von Räumen und raumbildenden Elementen gebunden sind[148]. In der DIN 277-2 sind die Nutzflächen von Bauwerken im Hochbau in übergeordneten Nutzungsgruppen und Nutzungsarten, welche sich auch auf die menschliche Tätigkeiten beziehen, festgelegt[149]. Ein Raum mit eindeutiger Funktion kann somit als eine Funktionseinheit gesehen werden.

---

[138] ISO 10303-106 „Building Construction Core Model".
[139] Siehe hierzu Kapitel 2.5.3.
[140] ALZOOBI 2003, S. 10ff.
[141] LÖMKER 2006, S. 29.
[142] BAUMANN 1991, S. 48.
[143] BAUMANN 1991, S. 49. Dies entspricht dem Begriff der Nutzerfunktion.
[144] BOTH 2004a, S. 103.
[145] Diese Funktion eines Gebäudes kann beispielsweise die Herstellung von bestimmten klimatischen Bedingungen sein, um die Anforderungen der Nutzerfunktion zu gewährleisten.
[146] VDI 2222, S. 6.
[147] DIN 40150, S. 1.
[148] BAUMANN 1991, S. 49.
[149] DIN 277-2, S. 4ff.

Die Objektstruktur „Raum“ kann grob in Innen- und Außenräume sowie Zwischenräume unterteilt werden oder deutlich feiner im Sinne der Gebäudehierarchie abgestuft werden. Dies ist in Kapitel 2.7.1 ausführlich erläutert.

Mit der Objektstruktur „Gestalt“ werden Elemente zur Bestimmung der äußeren Gestalt sowie der Innenraumgestaltung gesehen. Meist unter dem Aspekt der Statik werden Elemente der Tragstruktur als Objektstruktur „Konstruktion“ bezeichnet. BAUMANN[150] fasst die beiden letztgenannten Objektstrukturen Gestalt und Konstruktion unter dem Begriff „raumbildende Elemente“, RICHTER[151] unter dem des „Bauwerkes“ zusammen. Auch PETZOLD[152] ordnet die Konstruktionselemente sowie die Gestalt der übergeordneten Struktur den „raumbildenden Objekten“ zu. Diese Gebäudegliederung ist in Abbildung 12 schematisch nach dem Ansatz von RICHTER abgebildet.

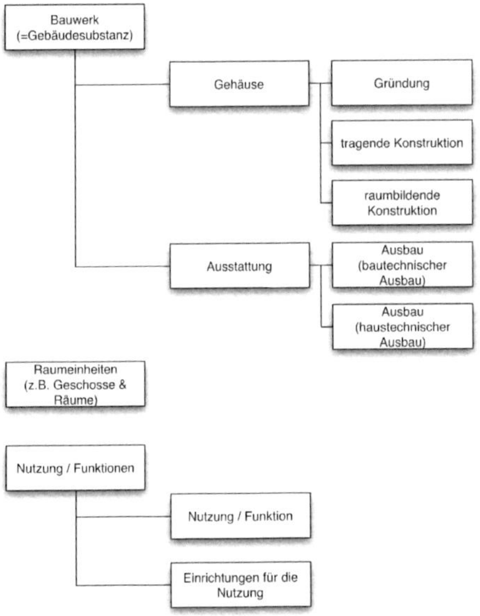

Abbildung 12: Gliederung eines Gebäudes (nach RICHTER 1988, Anhang, Glossar, S. F)

Das Gebäudemodell stellt ein Abbild eines realen oder noch zu erstellenden Gebäudeobjektes dar, welches alle in Abbildung 12 genannten Ausprägungen des realen Gebäudes beinhaltet. Diese Zusammenfassung und der Übergang vom realen Objekt zur modellhaften Repräsentationsdarstellung ist schematisch in Abbildung 13 abgebildet.

[150] BAUMANN 1991, S. 56.
[151] RICHTER 1988, Anhang, Glossar, S. F
[152] PETZOLD 2001, S. 37.

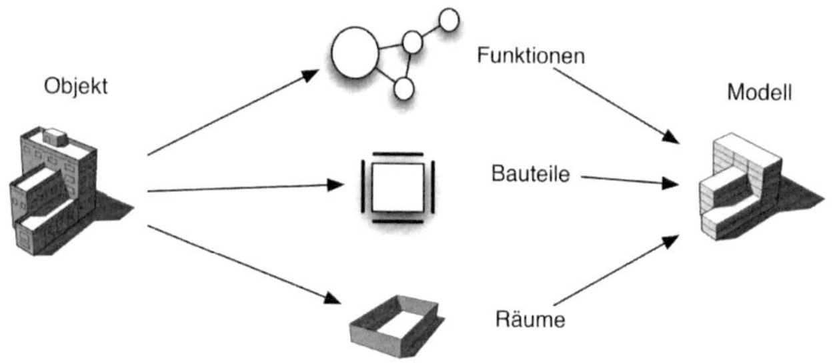

Abbildung 13: Modellierung von Gebäuden (nach JUISTER *2004, S. 7)*

Diese drei Objektstrukturen können noch um die Bauleistungen und die Aufspaltung der Funktion in Nutzung und Technik ergänzt werden[153]. Dann umfasst das Gebäude die fünf Objektstrukturen Nutzung, Topologie, Technik, Teile und Bauleistungen. Dies bildet den funktionalen Zweck, den räumlichen Ort, die funktionale Technik, die körperlichen Bestandteile sowie die Leistungen zur Herstellung ab.

In der Planung von Bauwerken benötigt der Planer Werkzeuge, um das noch nicht existierende Gebäude in seiner Umwelt zu „modellieren". Es werden somit Pläne angefertigt, die Grundrisse, Ansichten und Schnitte umfassen, und ein Abbild des Objektes erzeugen. Des Weiteren werden Modelle des Bauwerks als maßstäbliche verkleinerte Darstellung erstellt. Auch werden beispielsweise Listen, Raum- und Funktionsprogramme erstellt. Erst die Gesamtheit dieser Teilmodelle ergibt anschließend ein hinreichendes Gesamtmodell von dem eigentlichen Objekt. Dem gegenüber steht die Idee des BIM[154] in dem keine separaten Teilbelange zusammengeführt werden, sondern eine zentrale Gesamtdatenbasis Verwendung findet, auf die verschiedene Sichten, wie beispielsweise assoziative Ansichten, Grundrisse, Leistungsverzeichnisse etc., generiert werden können und das Modell auch in diesen Sichten editiert werden kann.

Die Wahl eines entsprechenden Objektstrukturmodells dient der Granularität der Darstellung von den beinhalteten Informationen. Hierbei kann zwischen den folgenden Typen unterschiednen werden:

- » Alphanumerische Beschreibungen (Texte, Berechnungen, Inventare)
- » Zweidimensionale Beschreibungen (Pläne, Zeichnungen, Grundrisse)
- » Dreidimensionale Beschreibungen (Modelle, CAD-3-dim. Darstellung)
- » Vierdimensionale Beschreibungen[155] (CAD-3-dim. Darstellung + Konstruktionsvorgänge und Abläufe über die Zeit, 4D CAD / CAx)
- » Fünfdimensionale Beschreibungen[156] (CAD-3-dim. Darstellung + Abläufe + Kosten)

[153] RICHTER 1997, OM 10.042, S. 6.
[154] Englisches Akronym: Building Information Modell. Siehe Kapitel 2.6.2.
[155] RISCHMOLLER 2000, S. 34-4.
[156] REISCHBÖCK 2004, S.2, 5D Baumanagementsystem: „4D Bauzeitenplanung", „5D Cash-Flow-Analyse".

» N-dimensionale Beschreibungen[157] (Erweiterung der 3-dim. CAD-Modellierung auf gesamte Lebenszyklus-Betrachtungen und die Aktivierung von Unterhaltungsaspekten während der Planungsphase)

Um die Aspekte des Bauwerksmodells für die Bedürfnisse der involvierten Akteure hinreichend verständlich darzustellen, sind verschiedene Sichten auf den im Modell vorgehaltenen Datenbestand notwendig. Ein Grundriss kann zum Beispiel nicht alle räumlichen und dreidimensionalen Bezüge sowie Qualitäten und Quantitäten ausreichend darstellen. Es werden somit weitere Darstellungsformen, auch im Hinblick auf funktionale Aspekte, benötigt. SAYNISCH[158] sieht als Hauptgliederungskriterien die Funktion und Verrichtung sowie den Gegenstand oder das Objekt, auf das sich die Gliederung bezieht. Eine reine Objektgliederung erfasst nicht alle Aufgaben und Funktionen. Es besteht somit die Gefahr, der Interpretierbarkeit der Objektkomponenten.

Je nach Anwendungsfall des Gebäudemodells können unterschiedliche Gliederungssysteme gewählt werden. In der Publikation von RICHTER[159] ist ein ausführlicher Überblick über unterschiedliche Systeme der Bauwerksgliederung enthalten. Als Beispiele für mögliche Gliederungsarten seien hier die DIN 276[160] (Kosten nach Gebäudeelementen) als Kosten-Gliederung und die DIN 277 (Klassifikation nach Flächenarten) als Flächen-Gliederung genannt. In Abbildung 14 ist die Flächeneinteilung nach DIN 277 dargestellt.

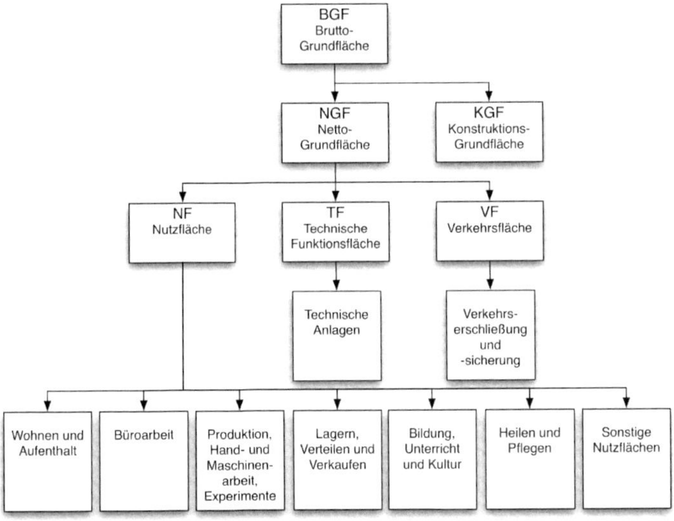

Abbildung 14: Hierarchische Flächeneinteilung nach DIN 277

Gerade in frühen Planungsphasen kommt der Gliederung des Gebäudes nach Funktionen eine besonders wichtige Rolle zu, um Anforderungen definieren zu können. Nach BOTH kann eine

[157] LEE 2002, S. 141.
[158] SAYNISCH 1984, S.159.
[159] RICHTER 1988: Kapitel 4.1 „Gliederungen", S. 66ff.
[160] Siehe auch Abbildung 15 und RICHTER 1988, S. 85.

Ausprägung der Objektstruktur in frühen Planungsphasen die funktionale Beschreibung, also die Strukturierung des Planungsobjektes in abstrakte Funktionen, nicht in physische Bausteine, sein[161].

Bei der Gliederung nach Funktionen sind, aufgrund des abstrakten Charakters, oft Abhängigkeiten zu anderen Gliederungsarten vorhanden. So kann die Gewährleistung der Funktionserfüllung abhängig von der Prüfung der Erfüllung raumorganisatorischer Merkmale über Raum- und Flächenmaße sein, so wie sie beispielsweise in der DIN 277 definiert sind.

Die Nutzungs- und Funktionsgliederung dient nach RICHTER „der Klassifizierung und Identifizierung der in einem Gebäude untergebrachten Nutzungen und Funktionen"[162]. Ein entscheidender Punkt hierbei ist, dass die Nutzungen und Funktionen bereits zu Beginn des Planungsprozesses, nämlich bei der Aufstellung von Funktions- und Raumprogrammen auftauchen. Nach RICHTER ist die Nutzung die Summe aus Raum plus der jeweiligen Funktion[163]. In diesem Sinne leitet sich in der Planung das Raumprogramm aus dem Funktionsprogramm ab. Die funktionale Beschreibung ist somit oft als eine Art Vorstufe vor der eigentlichen baukörperorientierten Planung zu sehen. Diese abstrakten Funktionen können anschließend in konkrete Bauelemente überführt werden, welche diese Funktionen erfüllen.

2.5.1 Gebäudemodelle unter Einfluss des Gebäudelebenszyklus

Der Gebäudelebenszyklus beschreibt die gesamte Betrachtungsweise eines Bauwerkes von seiner Planung bis zu dessen Rückbau. Die Betrachtung des Gebäudelebenszyklus erscheint sehr wichtig, da sich während der einzelnen Lebenszyklusphasen die Informationsnachfrage als auch das Informationsangebot ändert. Nach ABELN erfordern die unterschiedlichen Zustände des Produktes über den Lebenszyklus entsprechende Weiterentwicklungen des zugrunde liegenden Modells einschließlich von Versionen[164].

Während der einzelnen Gebäudelebenszyklusphasen werden somit unterschiedliche Gebäudemodelle verwendet, um die jeweilige Informationsnachfrage zu bewerkstelligen. Unterschiedliche Gebäudemodelle können hier gleichzeitig oder überlappend vorkommen. Verschiedene Modelle werden nur zu einer bestimmten Phase benötigt, wohingegen andere durch alle Phasen vertreten sind.

Die Qualität des gebäudebeschreibenden Datenbestandes ist gerade für den Bereich der Lebenszyklusanalyse entscheidend. Mit der Methode der Lebenszyklusanalyse werden die gesamten Stoff- und Energieflüsse, die ein Gebäude über seinen gesamten Lebenszyklus verursacht, aufgrund von Modellen zur Beschreibung der Alterung errechnet[165]. Diese zugrunde liegenden Lebenszyklusanalyse-Modelle für Gebäude können so nicht nur eine Erweiterung eines Produktmodells sein[166]. Sie müssen mit einem „bottom-up"-Ansatz entwickelt werden, auch wenn existierende Komponenten eingefügt werden. „Bottom-up" bedeutet hierbei, dass die tatsächliche Zusammensetzung des Gebäudes von den einzelnen Elementen aus betrachtet werden muss um eine höhere Informationsdichte zu erhalten. Hierbei können Komponenten wie Pläne mit einfließen, sollten aber nicht der alleinige Informationsgeber sein. Das Ent-

[161] BOTH 2004a, S. 103.
[162] RICHTER 1988, S. 75.
[163] RICHTER 1997, OM 10.090, S. 13.
[164] Vergleiche. ABELN 1995, S. 334.
[165] Diese Bilanzierung kann neben den physischen Strömen auch monetäre (LCC; englisches Akronym: life cycle costing) und Informationsflüsse beinhalten.
[166] OZEL 2004, S. 168.

scheidende ist, dass das Gebäude, so wie es gebaut ist[167], als Bezugspunkt herangezogen werden muss und nicht der Planungszustand[168]. An dieser Stelle beginnen die Nutzungsphase und die mit ihr einhergehenden Stoffströme für die Lebenszyklusbetrachtungen. Daher müssen Gebäudemodelle für eine Lebenszyklusorientierung skalierbar sein[169]. Eine Übersicht über die verschiedenen Ansätze und Methoden der integrierten Lebenszyklusanalyse sowie der zugrunde liegenden Datenbestände hat KOHLER für Gebäude, Gebäudegruppen und Stadtfragmente beschrieben[170].

2.5.2 Der alphanumerische Gebäudebeschrieb

Der alphanumerische Gebäudebeschrieb ist eine Unterform eines Gebäudemodells, der sich lediglich auf die alphanumerischen Ausprägungen beschränkt und graphische Darstellungen außer Acht lässt. In Bezug auf die Gebäudedokumentation stellt diese textliche Beschreibung des Objektes einen integralen Bestandteil dar[171]. Diese kann neben generellen Beschreibungen auch Raumbücher[172] und Bauteilkataloge sowie Zahlenwerke umfassen. Als Beispiel für alphanumerische Gebäudebeschriebe können Kenndaten, also numerische qualitätsbeschreibende Daten genannt werden[173]. Mit alphanumerischen Daten können geometrische, aber auch physikalische, chemische, mechanische, und thermische Eigenschaften von Objekten oder Teilen selbiger erfasst und dargestellt werden. Diese können beispielsweise Nutzeinheiten, Volumenkenndaten, Bauteildaten, Flächenkenndaten, behaglichkeitsrelevante Daten, Baustoffdaten, Umweltverträglichkeitsdaten, Daten zum Betrieb und Instandhaltung, Leistungsbeschreibung und –verzeichnis sowie Regeln der Technik sein.

Die Darstellung dieser alphanumerischen Informationen ist von der Wahl des Strukturmodells für das jeweilige Objekt abhängig[174]. Die Information kann für verschiedene Kontexte in verschiedenen Ordnungssystemen beschrieben und abgebildet werden. Diese so genannten Ordnungssysteme weisen in der Regel hierarchische Strukturen auf, wie zum Beispiel die DIN 276 *Kosten im Hochbau*[175]. In Abbildung 15 ist ein Auszug der DIN 276 abgebildet, der die Hierarchie über die numerischen Ordnungsziffern an dem Beispiel der Innenwände verdeutlicht. Als ein weiteres Gliederungssystem sei hier die GEFMA 200 mit Ihrer lebenszyklusübergreifenden Kostengliederungsstruktur für das Facility Management genannt[176]. Dieses System beruht ebenfalls auf einer Ordnungsziffer, welche sich aus mehreren Gliederungsebenen zusammensetzt. Sie enthält die Lebenszyklusphase, Haupt- und Teilprozesse, Tätigkeiten sowie Sach- beziehungsweise Objektbezüge[177]. Die DIN 276 lässt sich im Ordnungsziffernbereich der Sachbezüge direkt mit der üblichen Ordnungsziffer integrieren. Für die Kostengruppen der DIN 18960 *Nutzungskosten im Hochbau* existieren Entsprechungen in der GEFMA 200.

[167] „building as built“
[168] KOHLER 2002, S. 342.
[169] KOHLER 2002, S. 342.
[170] KOHLER 2004.
[171] WIEDEMANN 2004, S. 45.
[172] Neben graphischen Darstellungen basiert das Raumbuch hauptsächlich auf alphanumerischen Informationen. Hierbei werden Qualitäten und Quantitäten von Räumen und deren Ausstattung je seitenweise, meist tabellarisch, für das gesamte Gebäude erfasst und stellen in gebundener Form das Raumbuch dar. Vergleiche Kapitel 2.7.
[173] Nach FÜHRER 1997, S. 62.
[174] Vergleiche Kapitel 2.5 bezüglich der Wahl des Objektstrukturmodells.
[175] DIN 276, 4.3, S. 4ff.
[176] GEFMA 200.
[177] GEFMA 240, S. 3f.

340 Innenwände	Innenwände und Innenstützen
341 Tragende Innenwände[3])	Tragende Innenwände einschließlich horizontaler Abdichtungen
342 Nichttragende Innenwände[3])	Innenwände, Ausfachungen, jedoch ohne Bekleidungen
343 Innenstützen[3])	Stützen und Pfeiler mit einem Querschnittsverhältnis < 1: 5
344 Innentüren und -fenster	Türen und Tore, Fenster und Schaufenster einschließlich Umrahmungen, Beschlägen, Antrieben und sonstigen eingebauten Elementen
345 Innenwandbekleidungen[5])	Bekleidungen einschließlich Putz, Dichtungs-, Dämm-, Schutzschichten an Innenwänden und -stützen
346 Elementierte Innenwände	Elementierte Wände, bestehend aus Innenwänden, -türen, -fenstern, -bekleidungen, z. B. Falt- und Schiebewände, Sanitärtrennwände, Verschläge
349 Innenwände, sonstiges	Gitter, Geländer, Stoßabweiser, Handläufe, Rolläden einschließlich Antrieben

Abbildung 15: Auszug aus der DIN 276 (Quelle: DIN 276, S. 6)

Zur Abbildung der alphanumerischen Bestandsdaten wird häufig das Objektstrukturmodell des Raumbuches verwendet. Nach dem BUNDESAMT FÜR BAUWESEN UND RAUMORDNUNG (BBR) werden die alphanumerischen Gebäudebestandsdaten inhaltlich in bauliche und technische Bestandsdaten unterschieden[178]. Der Umfang ist hierbei von dem jeweiligen Verwendungszweck der Daten abhängig. In folgender Abbildung ist diese Unterteilung von alphanumerischen Daten in das bauliche und das technische Raumbuch dargestellt.

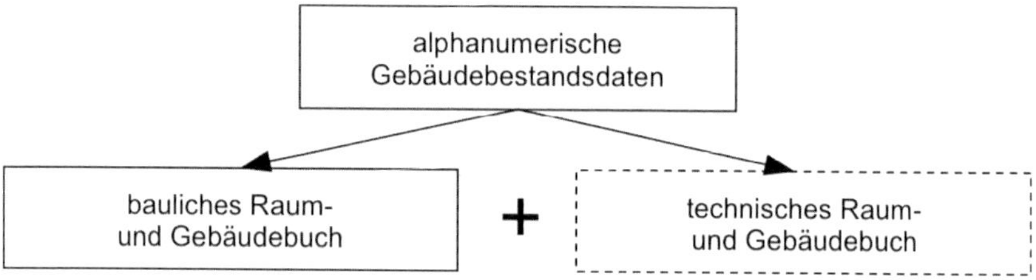

Abbildung 16: Strukturierung von alphanumerischen Bestandsdaten (Quelle: BBR 2004, Kapitel 4, S. 3)

2.5.3 Industry Foundation Classes

Die Industrie Allianz für Interoperabilität (IAI) ist ein Zusammenschluss von Firmen aus dem gesamten, internationalen Umfeld des Baubereiches. Sie wurde 1994 durch die Firma Autodesk als Industrie Konsortium zur Unterstützung von integrierter Applikationsentwicklung ins Leben gerufen[179]. Vorerst war dies für U.S.-Firmen bestimmt, wurde aber 1995 für internationale Mitglieder geöffnet. Aufbauend auf STEP Teil 106 (Building Construction Core Modell)[180], dessen Entwicklung inzwischen eingestellt wurde, liegt der Fokus auf einer schnellen Entwicklung mit jährlichen Neuerungen und dem Nutzen der Interoperabilität. Das Ziel ist die Entwicklung der Industry Foundation Classes (IFC) als neutrales Gebäudemodell für den Lebenszyklus. Der IFC Standard ist unter ISO 16739 registriert.

IFC stellt eine weltweit gültige, plattformübergreifende Objektsprache für die Bauplanung, Bauausführung und Gebäudeverwaltung dar. Der integrierte Ansatz der IFC-Definition enthält den gesamten Gebäudelebenszyklus von der Neuplanungs- bis zur Rückbauphase[181]. Das Ziel stellt die Integration der einzelnen Teilaspekte der AEC[182]/FM-Industrie in einem ge-

[178] BBR 2004, Kapitel 4, S. 3.
[179] Eastman 1999, S. 279.
[180] Vergleiche Kapitel 2.4.2.
[181] IAI 2006a, S. 14, 16.
[182] Englisches Akronym: Architecture, Engineering and Construction.

meinsamen Datenmodell, auch Gebäudedatenbank genannt, ohne Medienbrüche dar. IFC ist kein proprietäres Datenformat, sondern kann programmübergreifend verwendet werden. Das IFC-Datenmodell baut auf den bestehenden Entwicklungen des STEP-Standard auf[183]: die IFC Spezifikation wird mittels der EXPRESS[184] Beschreibungssprache festgelegt. EXPRESS ist eine Datenmodellierungssprache die auf dem Entity-Relationship-Modell basiert und 1994 als internationaler Standard ISO10303-11 registriert wurde. Bei der Anwendung dieser Spezifikationssprache sind die deutliche Objektdefinition und die Unterstützung moderner objektorientierter Konzepte von bedeutendem Vorteil. Der Austausch findet über *.ifc Dateien statt, welche dem STEP physical file format (ISO10303-21) entsprechen[185].

In der Version IFC 2x wurde IFC bereits dem Großteil der Anforderungen der Industrie gerecht[186]. Seit dieser Version ist die Unterstützung der Haustechnik, des Facility Managements und des Projektmanagements integriert. Außerdem wurde seit dieser Version auch eine XML-Definition, genannt ifcXML, bereitgestellt. Die ifcXML Spezifikation entspricht der Konvertierung des IFC EXPRESS Modells gemäß der ISO-CD10303-28 Methode. Von der IAI wird die IFC Spezifikation als XML Schema Dokument, *.xsd Datei zum Austausch von IFC Daten als *.xml Dokumente, bereitgestellt.

Einer der Eckpfeiler des IFC stellt die Verwendung von global einmaligen ID's (GUID[187]) für jedes Objekt im Modell dar[188]. Damit lässt sich die Veränderung von Elementen im Modell verfolgen, aber auch Objekt Querverweise und Referenzen abbilden.

Fast alle Hersteller von CA(A)D im Baubereich sowie einige CAFM-Produkte unterstützen inzwischen das IFC-Austauschformat als Im- wie Export und lassen sich diesbezüglich von der IAI zertifizieren.

2.6 Software zur Modellierung von Gebäudemodellen

Im folgenden Kapitel werden die technischen Umsetzungen von Gebäudemodellen erläutert.

2.6.1 CA(A)D

In den 60ern des letzten Jahrhunderts begann die Entwicklung von CAD[189], des Rechnergestützten Zeichnens. Ursprünglich in der Flugzeugbranche eingesetzt, verbreitete sich CAD in den 80ern durch die Heimcomputer in allen Branchen mit technischen Zeichnungen. Seit Ende der 80er Jahre existieren 3D Anwendungen.

Die in den letzten zwanzig Jahren stattgefundenen Entwicklungen im Baubereich basieren auf zwei unterschiedlichen Lösungsansätzen. Zum einen wurde ein entitätenbasierter zum anderen ein objektorientierter Ansatz verfolgt.

Ausgehend von der Nutzung des CAD als Werkzeug zur Erstellung von Entwurfs- und Konstruktionsplänen lag der Schwerpunkt der Entwicklung zunächst zumeist auf einer entitätenbasierten Modellierung, also dem Zeichnen und Verbinden von geometrischen Grundprimiti-

[183] Siehe Alzoobi 2003, S. 18.
[184] In Alzoobi 2003, S. 12ff sind die Datenmodellierungssprache EXPRESS und die entsprechenden Implementierungsmethoden erläutert.
[185] IAI 2006b.
[186] Siehe Dayal 2004, S. 137.
[187] Englisches Akronym: Global Unique Identifier.
[188] Matta 2006, S. 9.
[189] Englisches Akronym: Computer Aided Design. Im Architekturbereich wird auch CAAD, welches für „Computer Aided Architectural Design" steht, benutzt.

ven, wie Linien oder Kreisen. In Hinblick auf eine integrierte Planung ergibt sich aus dieser Nutzung des CAD als „digitales Zeichenbrett" das Problem der Datenübergabe an Folgeapplikationen, wie zum Beispiel AVA. Die nachgelagerten CAD-Daten verbleiben hauptsächlich in Form von 2D-Geometriedaten, kompiliert mit entitätenbasierten CAD-Systemen, wie Autodesk AutoCAD and Bentley MicroStation. Obwohl bei diesem Ansatz gewisse Informationen indirekt über die Nutzung von Layern, Linientypen, Farben, Blöcken oder „extended data" abgebildet werden können, so sind weiterführende semantische Informationen über das Bauwerk nicht auf effiziente Art und Weise abbildbar.

Gleichzeitig zum erstgenannten Ansatz begann ab 1980 die Entwicklung objektorientierter CAD-Systeme. Diese basieren auf der Definition konkreter Klassen von Bauelementen wie zum Beispiel Wände, Decken, Fenster etc. Für die unterschiedlichen Objekttypen existieren jeweils unterschiedliche Modellierungsmethoden und typenspezifische Attribute. Nemetschek Allplan und Graphisoft ArchiCAD waren die ersten CAD-Systeme, die diese objektorientierte Gebäudemodellierung im Baubereich einführten.

Schneider fasst die Nachteile des reinen, also die Geometrie betreffendem, CAD-Systems im Hinblick auf Facility Management Aspekte folgendermaßen zusammen[190]:

» Gefahr der doppelten Datenhaltung in CAD- und Auswertungssoftware,
» Unzureichende Plausibilitätsprüfungen bei der Dateneingabe,
» Belastung eines Raumbuches mit großen Mengen bautechnischer Konstruktionsdaten, die für die Nutzungsphase weniger wichtig sind.

Die reine CAD-Software kann somit nur unzureichend integrativ eingesetzt werden. Um die Funktionalitäten und den Einsatzbereich zu erhöhen entstanden durch die Erweiterung der CAD-Modelle um geometriefremde Eigenschaften Produktmodelle[191]. Im Baubereich sind inzwischen bei allen CAD-Herstellern Gebäudemodelle im Sinne von Produktmodellen möglich. Die Kopplung von CAD mit CAM[192] spielt im Baubereich im Gegensatz zum Maschinenbau eine untergeordnete Rolle und wird in dieser Arbeit nicht weiter ausgeführt[193].

CAD-Systeme werden auch um relationale Datenbanken erweitert, um beispielsweise geometriefremde, alphanumerische Daten zu hinterlegen. Diese Erweiterung erfolgt häufig im Bereich des Objektmanagements und trifft für einige Produkte im Bereich CAFM zu[194].

2.6.2 BIM

Wörtlich übersetzt bedeutet BIM[195] „Gebäudeinformationsmodell", also eine softwaregestützte Repräsentation von gebäudebeschreibenden Informationen im Sinne eines bauspezifischen Produktmodells. BIM ist ein integriertes, lebenszyklusbezogenes Gebäudeinformationssystem, das alle relevanten Planungs-, Bau- und Managementaspekte erfasst. Im Prinzip stellt BIM das Gegenstück im Bauwesen zu dem Ansatz des integrierten Produktmodells[196] im Maschinenbau dar.

---

[190] Schneider 2001, S. 113.
[191] Vergleiche Kapitel 2.4.
[192] Englisches Akronym: Computer Aided Manufacturing. Der Ausdruck des CAM (rechnerunterstützte Fertigung) bezieht auf die direkte Steuerung von Produktionsanlagen (und unterstützender Transport- und Lagersysteme).
[193] Li 2006.
[194] Vergleiche Kapitel 2.6.3 und Juister 2004, S. 28.
[195] Englisches Akronym: Building Information Model.
[196] Vergleiche Kapitel 2.4.1.

Ein integriertes Produktmodell im Bauwesen ist ein digitales Modell, über das unterschiedlichste Aspekte eines Bauwerks (zum Beispiel Geometrie, verwendete Materialien, Kosten etc.) abgebildet, vernetzt und verwaltet werden können. Das zugehörige Datenmodell beschreibt die Eigenschaften eines Bauwerks und seiner Komponenten, deren Struktur beziehungsweise Topologie und unterstützt somit die Realisierung einer computergestützten Planung und Ausführung sowie den Betrieb.

Der Begriff des BIM wird im Bereich der CAD zumeist auf ein objektorientiertes CAD-Softwaresystem reduziert. Diese objektorientierten CAD-Softwaresysteme sind unter der Bezeichnungen „Building Information Modell“ (BIM) und dessen Synonyme „Virtual Building“, als Spezialfall „Parametric Modelling“ oder „Model-Based Design“ bekannt. Da der entitätenbasierte Ansatz der CAD-Software im Hinblick auf die Erstellung von Gebäudemodellen im Sinne eines BIM nicht zielführend ist, wird von den CAD-Softwareherstellern daher der objektorientierte Ansatz verfolgt[197]. Mit diesem ist eine wesentlich effizientere Planungsmethodik möglich.

Ist mit einem proprietären CAD-Programm ein Gebäudemodell im Sinne eines BIM erstellt, entsteht das Problem des Datenaustausches mit anderen Softwaresystemen. Als Methode zur Übertragung dieses BIM konformen Gebäudemodells zwischen unterschiedlichen Anwendungsprogrammen wird IFC gesehen[198]. IFC bietet sich hierfür durch das nicht-proprietäre Datenformat und die Möglichkeit zur Abbildung kompletter objektorientierter Gebäudemodelle an.

Die Verwendung von BIM bekommt inzwischen einen immer größeren Stellenwert. So wird dies bei der GSA[199], der Behörde zur Verwaltung der staatlichen Immobilien der U.S.A., zur automatisierten Validierung des Raumfunktionsprogrammes während der Planung eingesetzt[200]. Die Verwendung eines BIM ist somit für die Planer Pflicht. Außerdem wird diese Analyse zur Erstellung eines Leistungsmaßstabes und Messwertprotokolls zum Vergleich von äquivalenten Raum- und Gebäudetypen benutzt. Dies ist lediglich ein Beispiel für den Einsatz von BIM bei der GSA. Ebenso wird dies auch für die Themengebiete 4D Ablaufplanung, 3D Laserscanning, Energie und Nachhaltigkeit sowie für eine BIM-Bibliothek verfolgt[201]. Auch beim Einsatz von assoziativen Ansichten, bei welchen ein Modell mit mehreren Sichten editiert werden kann, findet das BIM Anwendung.

2.6.3 CAFM

Im Rahmen des Facility Managements[202] wird so genannte CAFM-Software eingesetzt.. Der Begriff „Computer Aided Facility Management“ (CAFM) steht für ein computerunterstütztes Facility Management. Eine einheitliche Definition für CAFM gibt es nicht. Die Richtlinie GEFMA 400 vom deutschen Verband für Facility Management e.V. definiert CAFM-Software als „Software-Werkzeuge, welche die spezifischen Prozesse des Facility Managements und die daran direkt oder indirekt (zum Beispiel als Informationsnachfrager) beteiligten Personen unterstützen[203].

[197] IAI 2006a, S. 11.
[198] IAI 2006a, S. 14. Vergleiche Kapitel 2.5.3.
[199] Englisches Akronym: General Services Administration
[200] MATTA 2006, S. iv.
[201] GSA 2006.
[202] Vergleiche Kapitel 2.1.4.
[203] GEFMA 400, S. 1.

Ein unverzichtbares Merkmal von CAFM-Software ist die Bearbeitung grafischer und alphanumerischer Daten auf Basis einer oder mehrerer Datenbanken[204]. Um Daten räumlich abzubilden ist eine visuelle Darstellung mit Bearbeitungsmöglichkeiten erforderlich. Nach MAY[205] können CAFM-Systeme in folgende drei Systemansätze unterschieden werden:

» CAD-System mit separater Datenbank zur Speicherung von nichtgrafischen Attributen
» Strukturierte Datenbank für Gebäudedaten und einfache Visualisierung oder CAD-Anbindung
» Integratives CAFM-Programm mit Generierung von Grafiken direkt aus den Daten der Datenbank

Integrative CAFM-Programme werden auch unter dem Begriff der Objektorientierten Datenbank Management Systeme, kurz OODBM, beschrieben[206]. Objektorientiertheit bezieht sich in diesem Kontext nicht auf das als technische Basis dienende Programmierungs- oder Datenmodellierungsprinzip sondern auf das in der CAFM-Businesslogik abgebildete Schema des zu bewirtschaftenden Objektes (= Gebäude) und seiner Struktur. Im CAFM spielt das Raumbuch eine zentrale Rolle, da fast alle FM-Prozesse als Bezugsgröße einen einzelnen Raum besitzen[207]. Somit verfügt jedes CAFM-System implizit über ein Raumbuch.

MAY bietet eine ausführliche GEFMA-Marktübersicht der vorhandenen Facility Management Systeme, deren Systemansätzen sowie Leistungspotentiale[208].

[204] Vergleiche MAY 2004, S. 7.
[205] Vergleiche MAY 2004, S. 14f.
[206] SCHNEIDER 2001, S. 116.
[207] GEFMA 430, S. 4.
[208] Siehe MAY 2004, S. 323ff.

2.7 DAS RAUMBUCH

Bei dem Raumbuch handelt sich um eine Art der Gebäudebeschreibung, die auf einer räumlichen Gliederung des Objektes beruht. Das Raumbuch ist vor allem ein Instrument zur Beschreibung der Bauwerksqualitäten und –quantitäten[209]. Dieser Beschrieb ist von alphanumerischer Natur und beinhaltet nicht explizit die Geometrie des Gebäudes. Stattdessen wird hierbei die Semantik auf Objektstrukturebene des Raumes festgehalten[210]. Es ist eine etablierte Form das Gebäudeinnere zu dokumentieren[211]. Nach DIN 1356-6 ist ein Raumbuch eine „strukturierte Sammlung zeichnerischer, textlicher und fotografischer Informationen"[212].Der Name rührt daher, dass pro Raum mindestens eine Seite angelegt wird und diese dann in Papierform zusammengefasst das so genannte Raum- beziehungsweise Gebäudebuch ergeben[213]. Nach HALBHUBER umfasst der Raumbuchinhalt „allein Angaben zur inneren räumlichen Ausgestaltung"[214]. Die ganzheitlichen Angaben zum Gebäude und zu übrigen Teilen der Gesamtanlage werden hingegen in einem so genannten Baubuch oder Gebäudebuch[215] erfasst. In der Literatur findet sich aber fast ausschließlich der Name Raumbuch, selbst wenn die Inhalte über die ursprüngliche Definition hinausgehen und streng genommen der Begriff des Bau-, beziehungsweise Gebäudebuches verwendet werden müsste. Somit wird auch im Rahmen dieser Arbeit der Begriff „Raumbuch" verwendet, auch wenn ganzheitlich Gebäudeangaben integriert sind,

Der Zweck der räumlichen Gliederung wird von RICHTER[216] in der Aufschlüsselung des Gebäudes nach räumlichen Strukturelementen gesehen, und dient der Identifikation der räumlichen Einheiten des Bauwerks. HÄDLER[217] führt aus, dass Menschen nicht das Gebäude als Abstraktionen wie Grundrissschemas oder Konstruktionen erleben, sondern als Abfolge von Räumen, deren Ausstattung jeweils nach der Bedeutung dieser Räume in Szene gesetzt wurde.

In der HOAI gilt das Raumbuch als Besondere Leistung der Leistungsphase 5[218]. Hierbei werden im Raumbuch alle Räume des Projektes im Schärfegrad der Ausführungsplanung einzeln aufgezeichnet und mit den Angaben zu Baukonstruktion, Oberflächengestaltung, Einrichtung, Ausstattung und technischem Ausbau versehen. Das Raumbuch ist nach HOAI somit eine raumweise sortierte Ausführungsplanung mit textlichen Erläuterungen je Raum[219].

Allgemeiner kann das Raumbuch als eine Zusammenstellung aller raumgebundenen Informationen oder aller Angaben zur inneren räumlichen Ausgestaltung[220] bezeichnet werden. Es enthält tabellarisch vollständige Angaben über Größen (zum Beispiel Länge, Breite, Höhe, Fläche, Volumen des Raumes oder Raumteils), Materialien (zum Beispiel Wandbeläge, Bodenbeläge) und Ausstattung (zum Beispiel Heizungs-, Lüftungs-, Sanitär-, Elektroinstallationen). Dies kann darüber hinaus auch textlich und grafisch, durch Fotografien und Zeichnun-

[209] HEPERMANN 1994, S. 16, BBR 2004, Kapitel 4, S. 3
[210] BAUMANN 1991, S. 58.
[211] WIEDEMANN 2004, S. 76.
[212] DIN 1356-6, S. 5.
[213] VOLKMANN 2002, S. 44.
[214] HALBHUBER 1981, S. 1685.
[215] Vergleiche GEFMA 430, S. 3f.
[216] RICHTER 1988, S. 71.
[217] HÄDLER 1991, S. 19.
[218] HOAI (idF. v. 21.10.1995) § 15 (2) 5,6.
[219] Vergleiche SIEMON 2004, S. 155.
[220] Siehe auch HALBHUBER 1981, S. 1685.

gen, geschehen[221]. In Abbildung 17 ist beispielhaft ein Auszug aus einem Raumbuch dargestellt, welches listenartig Qualitäten und Quantitäten wiedergibt.

A2 Raumbezeichnung 1			2	3	B2 Raumgrößen	1		2		3	B4 Haust. Anschlüsse für 1	2	3	4	5	6	B5 1	Messwerte 3	6	
Prov. Raum Nr.			Nutzung	Nutzer	Art	Fläche	Art	Höhe	Art	Inhalt	Heizung	Lüftung	Sanitär	ELT/ST	ELT/Schw.	Förd.-Techn.	Temp.	LW	Licht	Anmerkungen
A	B	C		(ABT)		m^2		m		m^3							°C	FCH	LUX	(Adressen)
	W	104	Diele		N	6,92	L	2,47	N	14,87	–	–	–	SCH DB WVT	TAD SPA	–	20	1		AAD–Antennenanschlussdose DB–Deckenbrennstelle GAD–Geräteanschlussdose PA–Potentialausgleich SCH–Schalter SP–Spüle SPA–Sprechanlage STD–Steckdose TAD–Telefonanschlussdose WA–Wanne WB–Waschbecken (B. 4.3) WB–Wandbrennstelle ohne SCH (B.4.4) WBS–dto. mit Sch WC–WC WVT–Wohnungsverteiler WWH–Warmwasserheizung ZWE–Zwangsentlüftung
	W	204	Bad/WC		N	3,47	L	2,475	N	8,588	WWH	ZWE	WA WB WC	WB STD PA	–	–	24	7		
	W	304	Kochen		N	6,09	L	2,47	N	15,04	WWH	ZWE	SP	SCH STD WBS GAD DB	–	–	–	20	4	
	W	404	Loggia		N	1,69	L	2,363	N	4,000	–	–	–	–	–	–	–	–		
	W	504	W-E-S		N	19,77	L	2,47	N	48,63	WWH	–	–	SCH STD DB	AAD	–	22	1		
	W	604	Lue.+Inst.		F	0,36	L	2,475	N	0.891	–	–	–	–	–	–	–	–		

Abbildung 17: Raumbuch (Kurzform – Beispiel) (Quelle: NEUFERT 2000, S. 59)

Raumbücher werden im kompletten Lebenszyklus des Objektes verwendet, unterstützen unterschiedliche Nutzergruppen und bieten verschiedene Sichten auf die vorgehaltenen Gebäudedaten. Somit gibt es unterschiedlichste Anforderungen an Raumbücher (vergleiche folgende Abbildung 18).

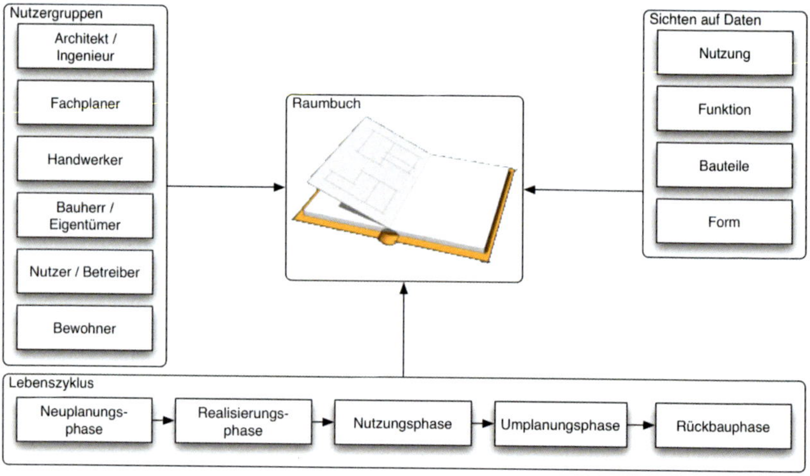

Abbildung 18: Anforderungen an das Raumbuch

2.7.1 Der Raum

Nach PETZOLD[222] wird durch einen begrenzenden Baukörper ein künstlicher Raum geschaffen, der durch die Oberflächen und die raumbildenden Objekte abgegrenzt ist. Dies entspricht auch dem Ansatz von RICHTER[223].

[221] WIEDEMANN 2004, S. 76, PETZOLD 2001, S. 45.
[222] PETZOLD 2001, S. 38.
[223] RICHTER 1988, S. 91. Vergleiche auch Abbildung 24.

Die DIN 277 definiert drei Hauptgruppen von Raumtypen, nach denen die Grundflächen und Rauminhalte klassifiziert werden[224]:

» a – überdeckt und allseitig in voller Höhe umschlossen,

» b – bedeckt, jedoch nicht allseitig in voller Höhe umschlossen,

» c – nicht überdeckt.

Die Verfahrensweise des Raumes als zentrale Stellgröße ist nach BAUMANN von der innenräumlichen Ebene herrührend, also eine Beschreibung von Innen nach Außen, im Gegensatz zu einer Darstellung bezüglich der außenräumlichen Ebene [225].

Die Strukturierung des Objektes anhand des Raumes als Bezugsgröße kann, wie in Abbildung 19 dargestellt, hierarchisch stattfinden.

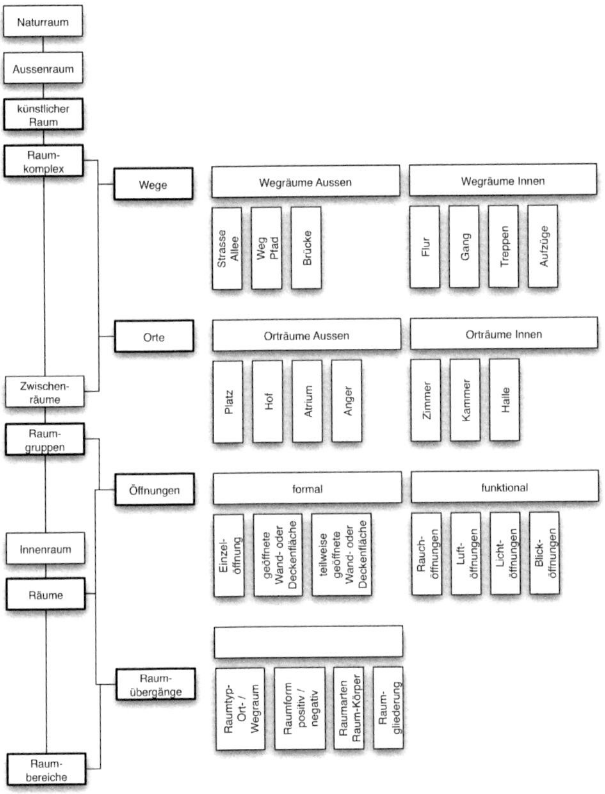

Abbildung 19: Objektstruktur Raum (nach BAUMANN 1991, S. 52)

[224] DIN 277-1, S. 5.

[225] Siehe BAUMANN 1991, S. 93.

Das Raumbuch bildet eine solche Gliederung des Objektes nach der Bezugsgröße Raum, beziehungsweise des Parameters Raum ab. Im Speziellen ist bei Räumen die nutzbare Fläche von Bedeutung. Im Regelfall ist dies der horizontale Boden. Die Gesamtnutzfläche eines Raumes, ist die Grundfläche, die sich zwischen aufgehenden Bauteilen inklusive der frei liegenden und fest eingebauten Gegenstände ergibt. Die unterschiedlichen Nutzungsklassifizierungen von Flächen sind in der DIN 277 festgelegt.

2.7.2 Raumbuchstruktur

Abstrakte Beschreibungen der strukturellen Gliederung von Raumbüchern finden sich nur in wenigen Literaturquellen. Meistens beziehen sich diese Aussagen auf die Erläuterung der räumlichen Gebäudegliederung mit ihren Strukturebenen[226].

BAUMANN sieht die Trennung der Objektstrukturebene „Raum" in Geometrie, Semantik und Relation vor[227]. Geometrie betrifft nur geometrische Aspekte, Relationen Zusammenhänge zwischen den einzelnen Objekten. Semantische Aspekte sind alle Merkmale, die sich mittels Name und Wert darstellen lassen, sowie Eigenschaften des Objektes sind. Unter dem Begriff der Semantik finden sich typische Raumbuchinhalte wie Raumname, Raumnummer, Nutzer, Funktion des Raumes sowie Charakter des Raumes (körpergebundene Eigenschaften wie Farbigkeit, Stofflichkeit, Ausrüstung und Ausstattung). Über die Relationen kann die Semantik des Raumes mit Funktionen verknüpft werden und ergibt so den Raum als Funktionsträger[228].

BOTH beschreibt das Raumbuch mittels des Konzeptes der Strukturobjekte als „Strukturierung von Gebäudeanforderungen nach konkreten Räumen"[229]. Dies folgt dem Ansatz, dass bei der Klassifizierung und hierarchischen Strukturierung die Strukturobjekte die Ausprägungen der Merkmale darstellen. Die Merkmale werden hierbei als Strukturierungskriterien genutzt. Die Strukturobjekte definieren somit die konkreten Merkmalsausprägungen, nach welchen die Strukturierung durchgeführt wird. Beim Raumbuch für die Gebäudeanforderung ist das objektbezogene Kriterium das Merkmal „zugehöriger Raum" für die Klassifizierung nach Nutzungen (zum Beispiel „Wohnen"). Die Ausprägung der Klasse „Raum" stellt dann die einzelnen Räume (im Beispiel „Wohnen" wäre dies: Wohnzimmer, Schlafzimmer, etc), welche diese Nutzungsart aufweisen, dar. Die hier angeführte abstrakte Herleitung des Raumbuches kann mit diesem Prinzip auch für andere Strukturierungskriterien stattfinden.

Als grundsätzliche Beschreibungsstrukturen des Raumbuches definiert das BUNDESAMT FÜR BAUWESEN UND RAUMORDNUNG Merkmale und Artikel[230]. Merkmale sind eine abstrakte Definition einer Eigenschaft eines Objektes und beschreiben grundsätzlich einen möglichen Sachverhalt. Beispielweise können hier für Merkmale Liegenschaft, Gebäude, räumlich Einheiten wie Geschoss, Raumgruppen, Räume, Raumzonen sowie Artikel und Ausstattungen genannt werden. Die konkrete Erscheinungsform wird über die Merkmalsausprägung festgelegt. Bei RICHTER ist dies ähnlich beschrieben: Eine Eigenschaft setzt sich aus einem Informationsobjekt und einem Merkmal zusammen[231]. Artikel sind quantifizierbare, also zählbare Typen von Einrichtungs- beziehungsweise Ausstattungsgegenständen. Für Artikel können beispielsweise Fenster(typen), Tür(typen) und Wandbelag(typen) genannt werden. Die Zuordnung von Artikeln zu Merkmalen, wie räumlichen Einheiten, ergeben Ausstattungen. Um hierbei eine einheitlich Beschreibung aller Gebäude zu gewährleisten, wird ein zentraler Arti-

[226] Vergleiche RICHTER 1997, OM 10.071, S. 10.
[227] BAUMANN 1991, S. 55ff.
[228] BAUMANN 1991, S. 57.
[229] BOTH 2004a, S. 94.
[230] BBR 2004, Kapitel 4, S. 3f.
[231] RICHTER 1997, OM 10.170, S. 19.

kel- und Merkmalkatalog vorgegeben, in welchem ein Grundstock der für die Gebäudebeschreibung notwendigen Artikel und Merkmale enthalten ist.

2.7.3 Raumbuchentwicklung

Das Raum- oder früher auch noch Baubuch genannt, wurde als Instrument der Ausführungsplanung eingeführt. Es handelt sich dabei um eine auf räumlicher Gliederung des Gebäudes basierender Darstellungsform von Gebäudeinformationen. Das Baubuch umfasst nach HALBHUBER zusätzlich zu den im Raumbuch hinterlegten Inhalten die ganzheitlichen Angaben zum Gebäude und zu den übrigen Teilen der Gesamtanlage[232].Die Darstellung wird über listenartige Übersichten oder über Formblätter für die einzelnen Räume bewerkstelligt, die zusammengefasst in einem Buch alle Räume eines Gebäudes beschreiben.

Ausbauteile und -arbeiten sind in einem Raumbuch nicht gewerkeweise, sondern raumweise aufgeführt. Der primäre Zweck des Raumbuches war die Hilfe bei der Ausschreibungsvorbereitung. Nach FÜHRER wird die Leistungsbeschreibung mit Informationen der Raumeigenschaften üblicherweise in einem Raumbuch nach kleinsten Raumeinheiten zusammengestellt[233]. Die raumweise erfassten Bauangaben wurden somit in eine ausführungsgemäße Sortierung umgesetzt. Der Wert des Raumbuches wird nach HALBHUBER[234] somit in der Umschichtung raum- und gewerkeweise gegliederter Angaben zu Ausbauelementen in unterschiedliche Sortierungen gesehen. Dies erleichtert die Organisation komplizierter Arbeitsabläufe sowie deren Überwachung durch die Bauleitung[235]. Nach SIEMON[236] wird das Raumbuch als Grundlage für die Ausschreibung mit Leistungsprogramm in der Praxis aber kaum noch angewendet. Moderne Ausschreibungs-Softwareprogramme wie beispielsweise Nemetschek Allright unterstützen trotz allem die klassische Umlage von Raumbuchinhalten in Leistungsverzeichnisse als separaten Arbeitsschritt[237].

Neben den ausschreibungsbezogenen Raumbüchern wurde die Methodik bald auch auf andere Anwendungsbereiche, wie die Erfassung von Bauherrenvorgaben, die Kosten- und Budgetverfolgung und die Gebäudeverwaltung, angewandt.

HALBHUBER erkennt, dass das Raumbuch „kaum einen Sinn darin haben kann, lediglich eine - raumweise gegliederte – Sammlung von Daten zu sein“[238]. Viel mehr besteht das vorrangige Interesse darin, raumbezogene Daten zu verändern und zu verarbeiten. Das Raumweise erfassen sei hier nur der Zweck, damit aber noch nicht selbiger erfüllt[239]. Durch den steigenden Einsatz der elektronischen Datenverarbeitung wird die Auswertung und Verarbeitung der alphanumerischen Raumbuchdaten weiter vorangetrieben. Durch die Automation und die ökonomische Arbeitsweise der rechnergestützten Verfahren werden neue Auswertungsmöglichkeiten nutzbar gemacht, die früher, wenn überhaupt mit erheblichem Mehraufwand zustande gekommen wären. Bereits 1991 erkennt HÄDLER, dass das analytische Raumbuch eine Datenaufbereitung und –verwaltung benötigt, da nur Informationen verstanden und weiterverarbeitet werden, die so systematisch erhoben und abgelegt wurden, dass sie im richtigen Moment mühelos zur Verfügung stehen[240].

[232] HALBHUBER 1981, S. 1685.
[233] FÜHRER 1997, S. 66f.
[234] HALBHUBER 1981, S. 1687. Siehe auch HÄDLER 1991, S. 23.
[235] SCHMIDT 1993, S. 16.
[236] SIEMON 2004, S. 155.
[237] NEMETSCHEK 2006, S. 1.
[238] HALBHUBER 1981, S. 1688.
[239] HALBHUBER 1981, S.1687.
[240] HÄDLER 1991, S. 19.

Seit Anfang der Neunziger des letzten Jahrhunderts wurde viel über die textliche und bildliche Bestandserfassung im Rahmen der Denkmalpflege veröffentlicht[241]. Hierbei wird das Raumbuch als analytisches und planerisches Werkzeug eingesetzt und erfuhr durch die grundlegende Publikation *Das Raumbuch als Instrument denkmalpflegerischer Bestandsaufnahme und Sanierungsplanung* von SCHMIDT[242] im Jahr 1993 eine regelrechte Renaissance im Bereich der Denkmalpflege.

Im Laufe der Zeit wurde der Raumbuchansatz auch auf weitere Leistungsphasen ausgedehnt, da das Gebäude zunehmend unter dem Aspekt seines ganzheitlichen Lebenszyklus betrachtet wird. Gerade in der Phase der Nutzung steht der Raum im Mittelpunkt der Betrachtung und stellt eine wichtige Referenzgröße dar[243].

2.7.4 Die Raumbuchmethode

Das Ziel der Raumbuchmethode wird von HÄDLER[244] als das Erkennen, Benennen und Beurteilen der zentralen Bestandteile eines Bauwerks gesehen. Hierbei wird unterschieden zwischen dem analytischen Teil bestehend aus Beschreibung und Bewertung sowie dem planerischen Teil mit Maßnahmendarstellung und Mengenermittlung. Bei SCHMIDT[245] wird der analytische Teil noch differenziert in die Analyse bestehend aus Erfassen, Beobachten, Aufnehmen und Sammeln von Informationen und die Synthese, bestehend aus dem Ordnen, Aufbereiten und Wiedergeben selbiger. Die Analyse ist hierbei sehr stark von dem jeweiligen Bearbeiter abhängig, die Synthese hingegen kann über geeignete Werkzeuge, wie Formulare, Software, Medien und ähnliches gut unterstützt und vereinheitlicht werden. Anschließend sind Planung und Bauausführung angeordnet.

MARTIN definiert die Raumbuchmethode deutlich integrativer: „Die Raumbuchmethode ist ein Managementinstrument zur umfassenden Erfassung, Planung, Kostenermittlung, Durchführung, Kostenkontrolle, Steuerung und begleitenden/abschließenden Dokumentation der Maßnahmen an einem Bau sowie zu seiner Wartung.“[246]

Die Raumbuchmethode stellt somit einen gebäudelebenszyklusumspannenden Ansatz zur Verwaltung, Bearbeitung und Auswertung von Gebäudedaten dar.

2.7.5 Raumbucharten

Es gibt verschiedene Möglichkeiten, die existierenden Raumbucharten zu klassifizieren. Zum einen können sie nach dem Anwendungsfall, also der Nutzung der Methode für einen bestimmten Zweck, oder nach dem Einsatzbereich bezüglich der Leistungs- oder Lebenszyklusphasen gegliedert werden. In Abbildung 20 sind nach HALBHUBER[247] zusammenfassend verschiedene Raumbuchtypen beispielhaft als Fläche über die beiden Achsen „Raumbuchinhalte“ und „Raumbuchanwendungen in Leistungsphasen“ dargestellt[248]. Durch den Verschnitt dieser einzelnen Bereiche kann der so genannte Kernbereich mit den allgemeingültigen

241 HÄDLER 1998, S .51.
242 SCHMIDT 1993.
243 BOTH 2004b, S. 7.
244 HÄDLER 1998, S. 51.
245 SCHMIDT 1993, S. 18.
246 MARTIN 1997, 46.23 S. 1.
247 HALBHUBER 1981, S. 1686.
248 Eine ähnliche Grafik existiert bei RICHTER 1997, OM 10.230, S. 24. Hier werden auch die Informationen, also was das Raumbuch bereitstellt, über die Phasen und Aufgaben dargestellt.

Raumbuchinhalten identifiziert werden. Der abgebildete Raumbuchsystem 1 entspricht einem Raumbuch zur Erfassung und Verfolgung von Bauherrnvorgaben, Raumbuchsystem 2 einem Raumbuch zur Ausschreibungsvorbereitung, Raumbuchsystem 3 einem Raumbuch zur Kosten und Budgetverfolgung und Raumbuchsystem 4 einem Raumbuch zur Gebäudeverwaltung.

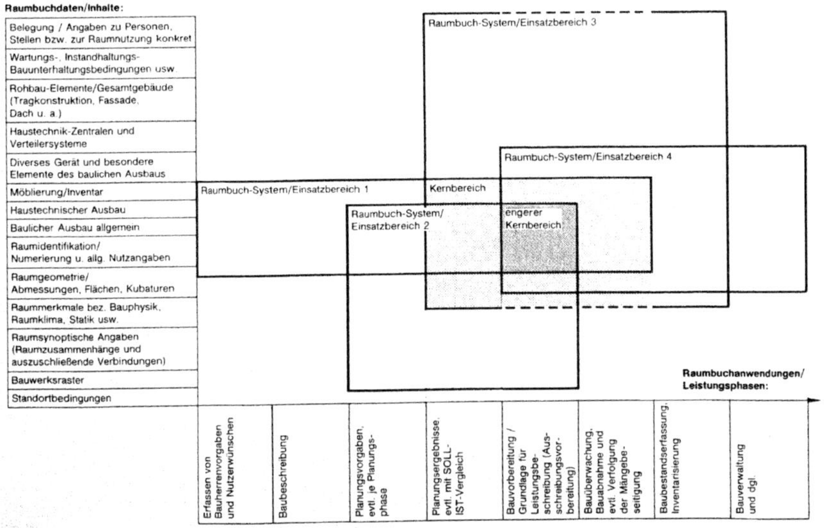

Abbildung 20: Vier beispielhafte Raumbuch-Systeme mit ihren Einsatzbereichen (schematische Darstellung) (Quelle: HALBHUBER 1981, S. 1686)

Dieser Kernbereich, der primär als Hilfe zur Ausschreibungsvorbereitung dient, hat folgenden Inhalt aufzuweisen[249]:

- » Raum-Nummer (vorläufig oder endgültig)
- » Raum-Bezeichnung / Angabe der Nutzungsart
- » Raum-Konditionen (Geometrie Daten wie Grundfläche, lichte Raumhöhe, Rauminhalt etc.)
- » Angaben zu raumbildenden Komponenten wie
  - » Fußböden
  - » Wände
  - » Decken
  - » Fenster und Türen
- » Elemente des haustechnischen Ausbaus
  - » Sanitär
  - » Heizung
  - » Klima, Lüftung
  - » Strom
  - » Fernmeldeanlagen

[249] Nach HALBHUBER 1981, S. 1686f. In anderen Quellen finden sich sehr ähnliche Auflistungen. Siehe hierzu auch HEPERMANN 1994, S. 16.

» Angaben zu diversen Einbauten

Im Rahmen von verschiedenen Projektanforderungen kann nach HALBHUBER das Raumbuch als Dienst (zum Beispiel bei der Bauüberwachung), als Werk (beispielsweise bei der Bestandsaufnahme), und als Instrument (zum Beispiel im Rahmen der Gebäudebewirtschaftung und Objektverwaltung) zum Einsatz kommen[250].

Im Folgenden werden für die einzelnen Lebenszyklusphasen die Anwendungen von Raumbüchern aufgezeigt und auf die jeweiligen Spezifika eingegangen.

Nach HALBHUBER ist die ursprüngliche Verwendung des Raumbuches in der Planung die Umsetzung von raumweise erfassten Bauangaben in eine ausführungsgemäße Sortierung[251]. Das Raumbuch dient in der Planung aber auch als operatives Modell, um den Benutzern Entscheidungs- und Planungshilfen zur Verfügung zu stellen, oder um als Demonstrationsmodell komplexe Zusammenhänge zu veranschaulichen[252]. Somit kann die Erfassung und Verfolgung der Bauherrenwünsche bewerkstelligt werden. Die übersichtliche und eindeutige Erfassung sowie gegebenenfalls die Koordination bei divergierenden Benutzerwünschen ist eine wesentliche Hilfe bei der Projektzieldefinition. Als besondere Leistung ist die Erstellung eines Raumprogrammes Inhalt der Grundlagenermittlung in der HOAI[253]. Nach HEPERMANN wird das so genannte Programm-Raumbuch nutzerseitig zum Projektstart als Pflichtenheft erzeugt und ist wesentlicher Bestandteil des Nutzerbedarfsprogramms[254]. Dem gegenüber steht das Planungs-Raumbuch in welches die Ergebnisse der planerischen Bearbeitung der Architekten und Fachingenieure planungsbegleitend eingearbeitet werden und anhand dessen die Erfüllung der Vorgaben des Nutzerbedarfsprogramms gemessen werden kann. Nach VDI 3813 wird bezüglich der automatisierten Funktionen von Räumen zur Festlegung der Anforderungen „die Erarbeitung eines detaillierten Lastenheftes im Sinne eines erweiterten Raumbuches empfohlen“[255]. Das Raumbuch erfüllt somit in der Planungsphase häufig die Aufgabe von Pflichten- und Lastenheften. Auch bei ZWEIFEL wird das Raumbuch in der Planung als Hilfsmittel zur Bedarfsplanung eingesetzt und stellte eine Verknüpfung zur Simulation, in diesem Fall der Raumkühlung und Tageslichtberechnung, dar[256].

Das planungsbegleitende Raumbuch kann auch fortgeschrieben werden und bildet dann eine Planungshistorie[257]. Das Fortschreiben wird hier als wichtiger Aspekt gesehen um einen „Datenfriedhof“ zu vermeiden[258]. Das Raumbuch in der Planung sammelt Informationen der einzelnen Fachdisziplinen und stellt die raumbezogene und fachübergreifende Sichtweise darauf dar. Selbst in frühen Phasen des Vorentwurfs, wenn noch keine räumliche Gebäudegliederung vorliegt, kann das Raumbuch als Datengrundlage für Anforderungen dienen[259]. Zusammenfassend stellt nach BOTH das Raumbuch als raumbezogene Betrachtung des Planungsgegenstandes „gerade im Rahmen der architektonischen Planung eines Gebäudes eine wichtige Bezugsgröße dar“[260].

---

[250] Siehe HALBHUBER 1981, S. 1689.
[251] HALBHUBER 1981, S. 1687.
[252] Vergleiche STACHOWIAK 1973, S.139, Gründe für die Nutzung von Modellen als Originalrepräsentation.
[253] HOAI §15 (2) 1. Grundlagenermittlung.
[254] HEPERMANN 1994, S. 15, RICHTER 1997, OM 10.220, S. 23 und BOTH 2004a, S. 115.
[255] VDI 3813, S. 3.
[256] ZWEIFEL 1998, S. 104f.
[257] Siehe POTRECK 2002, S. 62f.
[258] HEPERMANN 1994, S. 19.
[259] Vergleiche POTRECK 2002, S. 64.
[260] BOTH 2004, S. 392.

In der Ausführungsphase ist das Raumbuch auch in der HOAI platziert. Mit dem Raumbuch werden hier die raumweisen Aspekte der Bauteile anhand von Qualität und Quantität beschrieben. Das ursprüngliche Einsatzgebiet des Raumbuches war die Ausführungsphase des Gebäudes. So ist das „Aufstellen einer detaillierten Objektbeschreibung als Raumbuch zur Grundlage der Leistungsbeschreibung mit Leistungsprogramm“[261] eine Besondere Leistung der Ausführungsplanung in der HOAI. Weiterhin ist das „Aufstellen von Leistungsbeschreibungen mit Leistungsprogramm unter Bezug auf das Baubuch/Raumbuch“[262] eine Besondere Leistung der Vorbereitung der Vergabe.

In Raumbüchern für die Realisierungsphase werden auch Informationen des Leistungsprogrammes dargestellt[263]. Anhand eines Raumbuches kann zudem der Ablauf und die Flexibilität der Arbeiten geplant sowie die Dokumentation gestaltet werden[264]. Des Weiteren dient das Raumbuch während der Bauausführung zur Kontrolle der erbrachten Leistungen und der Kosten (Controlling-Instrument). Mit dem Raumbuch zur Kosten- und Budgetverfolgung wird eine Verbindung von Angaben über Qualität und Quantität einerseits und den Kosten andererseits vorgenommen[265]. Die Bindung von Bauteilen und anderen Gegenständen an Kostenwerte ist unabdingbar für eine wirkungsvolle Kostensteuerung und –kontrolle. Zusätzlich zur Einhaltung bestimmter Kostengrenzen können auch die Qualität und Quantität kontrolliert werden. Innerhalb der Bauausführung können Veränderungen und Abweichungen somit frühzeitig erkannt und ihnen wirkungsvoll entgegengesteuert werden.

In den letzten Jahren hat das Raumbuch eine stärkere Gewichtung bei dem Betreiben und Nutzen von Bauwerken erhalten. HEPERMANN nennt das so genannte Bestands-Raumbuch als Unterstützung für die Leistungen des Bestandsmanagements ab Nutzungsbeginn des Gebäudes[266]. Die Raumbuchverwaltung stellt hier einen Teil des Objektmanagements dar[267]. Detaillierte Rauminformationen lassen sich über das Raumbuch vorhalten. Dies kann beispielsweise Reinigungsflächen, Glasflächen, Steckdosen, Ausstattung, Mitarbeiterbelegung und ähnliches umfassen. „Eine Vielzahl von Auswertungen über den gesamten Gebäudebestand dient der aktiven Gebäudeverwaltung ebenso wie der Bereitstellung von Statistiken und der Unterstützung des Controllings“[268]. Hiermit können Kontroll-, Wartungs- und Instandsetzungsintervalle für Ausstattung, Inventar und Bausubstanz festgehalten, ausgewertet und überprüft werden.

Gerade in der Umplanungs- beziehungsweise Umnutzungsphase wird, durch die besondere Situation von Umbaumaßnahmen, der Einsatz von Raumbüchern als sinnvoll angesehen[269]. Für Planungen im Bestand ist das Raumbuch aber systematisch in der Leistungsphase 5 „Ausführungsplanung“ der HOAI falsch platziert[270]. Da es allerdings zeitlich und organisatorisch weit vorher notwendig ist, sollte es bereits bei Leistungsphase 1 „Grundleistung, Grundlagenermittlung“ innerhalb der Bestandsaufnahme aufgeführt werden.

---

[261] HOAI §15 (2) 5. Ausführungsplanung. Dazu amtliche Anmerkung: Diese Besondere Leistung wird bei der Leistungsbeschreibung mit Leistungsprogramm ganz oder teilweise Grundleistung. In diesem Fall entfallen die entsprechenden Grundleistungen dieser Leistungsphase, soweit die Leistungsbeschreibung mit Leistungsprogramm angewandt wird.

[262] HOAI §15 (2) 6. Vorbereitung der Vergabe.

[263] FÜHRER 1997, S. 66.

[264] MARTIN 1997, 46.20, S. 4.

[265] Siehe auch POTRECK 2002, S. 66.

[266] HEPERMANN 1994, S. 16.

[267] SCHNEIDER 2001, S. 26.

[268] BRAUN 2004, S. 67.

[269] Siehe MAROHN 2003, S. 135.

[270] MARTIN 1997, 46.23, S. 1.

Gerade in der Bestandsaufnahme, welche als erster Arbeitsschritt der Umplanungsphase stattfindet, wird das Raumbuch als Aufnahmewerkzeug eingesetzt. HÄDLER beschreibt die raumbezogene Bestandserfassung als „ein aufmerksames und systematisches Wahrnehmen und Erkennen, Ordnen und Werten dessen, was sich auf diesen raumumschließenden Oberflächen befindet“[271]. Diese erfassten Inhalte müssen sinnvoll strukturiert werden. Bei der planungsrelevanten Bauaufnahme sind nach PETZOLD zwei Strukturen von Bedeutung, nämlich die Raumbuch- und die Bauteilstruktur[272]. Letztere ist eine hierarchische Gliederung aller Bauteile. Die Verknüpfung dieser beiden Strukturmodelle erfolgt über die Oberfläche der Bauteile. THUROW[273] hingegen sieht das Raumbuch bei der Bauaufnahme[274] als integratives Werkzeug zur Zusammenführung aller Informationen. Die Inhalte gliedern sich hierfür Folgendermaßen:

- » Objekte
- » Ordnungssystem
- » Dokumente

Die Objekte stellen Räume, Wandoberflächen, Türen, Fenstern, Schadstellen usw. dar. Das Ordnungssystem besteht „aus einer strukturierten Menge von Objekten, welche mittels der Dokumente beschrieben werden“[275]. Diese Ansätze der Verwendung des Raumbuches in der Bestandserfassung werden von BRAUNES in aktueller Forschung weiterverfolgt, allerdings findet dies nicht integrativ, mit Anknüpfung an vorhandene Standards wie beispielsweise IFC, statt[276].

JEHLE führt an, dass „eine umfassende Bauwerksaufnahme die wichtigste Voraussetzung für die sinnvolle Planung von Instandsetzungs-, Sanierungs- und Modernisierungsmaßnahmen ist“[277].Die Erstellung eines Raumbuches ist vielfach die Grundlage einer solchen beabsichtigten Planung oder auch Maßnahme. So wird aus dem Raumbuch mancherorts eine verbindliche Leistung bei Innenraumsanierungen. Der STÄDTETAG NORDRHEIN-WESTFALEN formuliert das im Jahre 2000 folgendermaßen: „Bei umfangreichen Befunden (Stuck, Farbfassungen, Vertäfelungen etc.), komplizierter Baugeschichte und wiederholten historischen Umbauten ist es für den Planer zur besseren Übersicht zweckmäßig, die Ergebnisse des Ausmaßes raumweise in einem so genannten Raumbuch zusammenzustellen.“[278]. Ebenso erwähnt HÄDLER, dass bei raumbezogen angelegter Ausstattung, welcher besondere Bedeutung zukommt, „der Architekt auf die raumbezogene Erfassung und Planung im Bestand als die angemessene Methode“[279] zurückgehen muss. Eine genaue Bestandsaufnahme des instandzuhaltenden Gebäudes schafft auch eine Arbeitsvorlage für alle Arbeitsschritte der geplanten Modernisierungs- oder Instandhaltungsmaßnahmen[280]. MARTIN führt hierzu aus, dass dies kostenneutral im Sinne der HOAI ist, da Grundwerk, Maßnahmen, Kostenermittlung, Dokumentation, Wartungs-

[271] HÄDLER 1991, S. 19.
[272] PETZOLD 2001, S. 68.
[273] THUROW 2004, S. 15f.
[274] Nach PETZOLD 2001, S. 17, können als Bauaufnahme „alle zerstörungsfreien beziehungsweise zerstörungsarmen Methoden, die zur Bestands- und Zustandserfassung des Sichtbaren beitragen, verstanden werden“.
[275] THUROW 2004, S. 16.
[276] BRAUNES 2006, S. 2f.
[277] JEHLE 1989, S. 50.
[278] STÄDTETAG NORDRHEIN-WESTFALEN 2000, S. 9.
[279] HÄDLER 1991, S. 19.
[280] Nach JEHLE 1989, S. 50.

plan und Fortschreibung sowieso erforderlich sind und dies dem Leistungsbild der Raumbuchmethode entspricht[281].

Gerade in der Denkmalpflege und bei der Erhaltung von Baudenkmälern stellt die Bestandserfassung einen vor der Planung und Baudurchführung zwingend vorgelagerten Schritt dar. Hierfür eignet sich das Raumbuch zur wissenschaftlichen Dokumentation des Bestandes[282]. Nach ECKSTEIN[283] ist das denkmalpflegerische Ziel bei der Sanierung eines Kulturdenkmals die Erhaltung der überlieferten Bausubstanz und des tradierten Erscheinungsbildes. Diesem Ziel sollen maßnahmenbezogene Baubeschreibungen oder Raumbücher Rechnung tragen. Es handelt sich hierbei nicht nur um materielle Verluste wenn historische Ausstattungen zerstört werden. Es geht vielmehr die ideelle Qualität der geschichtlichen Prägung verloren, die sich in Gebrauchsspuren, Störungen und Überformungen manifestiert hat,[284]. Der Übergang zu den planerischen Inhalten der Bestandsaufnahme findet als Weiterbearbeitung des bereits erstellten Raumbuches statt. Zusammenfassend findet das Raumbuch in der Umplanungsphase eine Anwendung, die sich in die drei Schritte Analyse (=Bestandserfassung), Synthese und Planung gliedern lässt. In folgender Abbildung ist diese Zusammensetzung dargestellt.

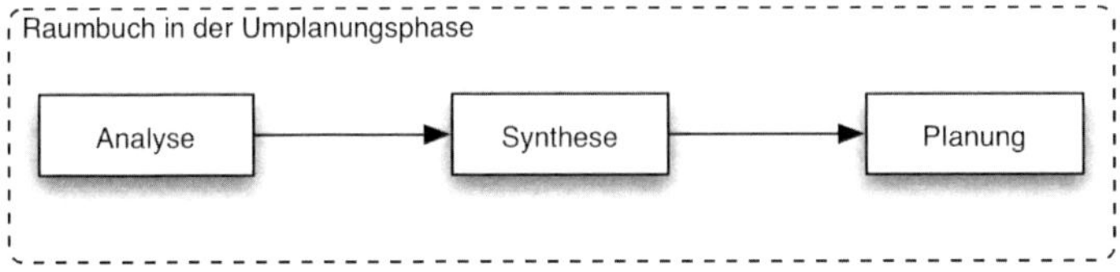

Abbildung 21:Gliederung des Raumbuches in der Umplanungsphase

Für die Umplanungsphase unterscheidet ECKSTEIN[285] verschiedene Detaillierungsgrade in der Darstellung der benötigten Informationen:

» Maßnahmenbezogene Baubeschreibung
» Raumbuch, raumweise differenziert
» Raumbuch, flächenweise differenziert

Es ist somit sinnig, die erforderlichen Instandsetzungsleistungen nicht im ersten Schritt schon nach den jeweiligen Baugewerken zu definieren, „sondern Beschreibung und Dokumentation, Zustandsbewertung, Massenermittlung und Leistungsbeschreibung zunächst konsequent nach Räumen zu gliedern"[286]. Dies bietet „die Möglichkeit, die vorgesehenen planerischen Maßnahmen direkt an ihrer Konsequenz auf den Bestand zu überprüfen"[287].

[281] Vergleiche MARTIN 1997, Kapitel 46.23, S. 7.
[282] SCHMIDT 1993, S. 17.
[283] ECKSTEIN 1999, S. 34.
[284] SCHMIDT 1993, S. 8.
[285] ECKSTEIN 1999, S. 34.
[286] HÄDLER 1991, S. 19.
[287] HÄDLER 1991, S. 23.

In MARTIN ist das Auftreten des Raumbuches, als unterstützendes Werkzeug, für die einzelnen Schritte beim Ablauf einer Modernisierung für Folgende wesentliche Inhalte aufgezeichnet[288]:

- Vorbereitungen
  - Grundlagen, Voruntersuchungen
  - Raumbuch
  - Begutachtung, Denkmal-Fachbehörde
  - Vorplanung
- Planung
  - Ausführungsplanung
  - Drehbuch
- Durchführung
  - Ablauf der Arbeiten, Flexibilität
  - Dokumentation
- Abschluss der Arbeiten
  - Dokumentation, Pflegeplan

Dies umfasst die komplette Zeit der Instandsetzung von der frühen Planung bis zur abschließenden Dokumentation. Das Raumbuch kann somit die zentrale Rolle eines integrativen Werkzeuges für die Umplanungsphase übernehmen. Die Anwendung des Raumbuches in der Ausführung der Umplanung ist analog zu der Anwendung während der Realisierungsphase im Neubau.

Für eine Raumbuchverwendung während der Rückbauphase spricht vor allen Dingen die Möglichkeit, verbaute Bauteile und Materialien für den Recyclingprozess oder die Entsorgung zu identifizieren, Qualitäten und Quantitäten festzustellen und anhand dieser Rahmenbedingungen einen Rückbau beziehungsweise Demontage zu planen und koordinieren. Dieser Prozess wird bereits im Kleinen bei Umbaumaßnahmen im Bestand auf Grundlage des Raumbuches durchgeführt. In der Literatur ist diese Herangehensweise über ein Bestandsraumbuch noch nicht erwähnt. Publikationen über die Thematik des Rückbaus[289] zeigen aber bereits Anknüpfungspunkte für den Einsatz des Raumbuches auf.

Die vorangegangene Beschreibung bestehender Raumbuchtypen in den einzelnen Lebenszyklusphasen zeigt, wie vielfältig der Einsatz von Raumbüchern ist. Meist geht der Einsatz des Raumbuches über den dokumentierenden Charakter hinaus und es wird als analytisches Raumbuch methodisch angewandt oder dient als Instrument für Controlling, Bewirtschaftung oder ähnliches. Dabei ist das Raumbuch als Werkzeug für den Neubau eines Gebäudes oft leichter zu verwenden, wenn ab dem Planungsbeginn bereits eine mögliche Verwendung des Raumbuches für die Ausführungs- und Nutzungsphase angedacht wird.

2.7.6 Raumbucherstellung

Zu Beginn einer Raumbucherstellung muss grundsätzlich ein Orientierungssystem[290] festgelegt und Bauteile einheitlich nummeriert und bezeichnet werden[291]. Hierfür gibt es bisher keine Norm und keine einheitliche Übereinkunft.

[288] MARTIN 1997, Kapitel 46.20, S. 4.
[289] Siehe RENTZ 1997, Kapitel 4.1.1 „Erstellung von Gebäudestücklisten", S. 78ff, und Kapitel 5.1 „Wieder-/Weiterverwendung von Bauelementen", S. 132ff.
[290] In der Literatur auch Ordnungssystem oder räumliche Gebäude-Gliederung genannt.
[291] MARTIN 1997, Kapitel 46.23, S. 5.

Für RICHTER[292] stellt der Zweck der räumlichen Gebäudegliederung die Aufschlüsselung des Bauwerks nach räumlichen Strukturelementen dar und dient der Identifikation der räumlichen Einheiten des Bauwerks. Gebräuchliche räumliche Gliederungen sind hierarchisch aufgebaut und besitzen 2-10 Stufen[293] [294]. Die achtstufige Gliederung, welche bei RICHTER ihren Ursprung hat, bietet die größte Variabilität und ermöglicht so die eindeutige Gliederung der meisten Objekte[295] [296]. In folgender Abbildung 22 ist diese Gliederung schematisch dargestellt.

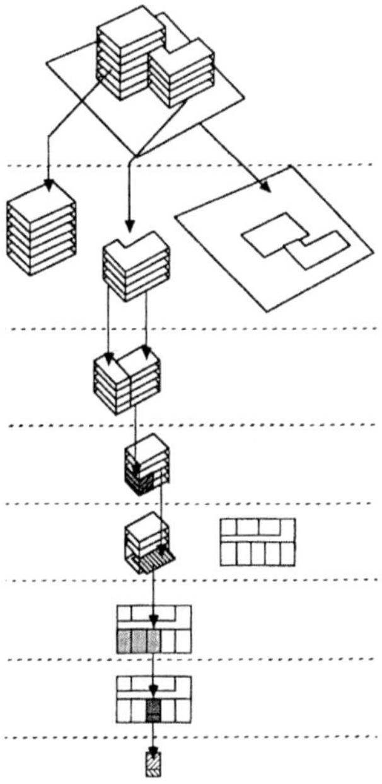

Abbildung 22: hierarchische Gebäudegliederung (Quelle: RICHTER 1988, S. 74, textlich ergänzt)

Bei dem Gebäudeabschnitt handelt es sich um eine Unterteilung des Gebäudes, die von Außen am Volumenkörper des Gebäudes ersichtlich ist. Der Gebäudebereich hingegen ist eine vertikale Unterteilung innerhalb des Volumenkörpers, die den Ebenen hierarchisch übergeordnet ist. Falls eine vertikale Unterteilung den Ebenen untergeordnet ist, gibt es hierfür den

[292] RICHTER 1988, S. 71ff.
[293] 10 Stufen sind in der Festlegung der räumlichen Struktur beim BBR 2004, Kapitel 4, S. 5 möglich.
[294] Siehe auch GEFMA 430, S. 4.
[295] Häufig werden simplere Gliederungen verwendet, wie beispielsweise eine 5 stufige, bei der LANDESBAUABTEILUNG HANNOVER 2006, S. 11.
[296] Auf Niveau der Ebenen werden nach SCHNARR 2003, S. 53, als kleinste teilbare Fläche auch Fassaden-Achsraster, die die Trennwandstellung vorgeben, oder statisch-baukonstruktive Achsraster gewählt.

Begriff der Geschossbereiche[297]. Zusätzlich zu den in der Abbildung dargestellten Strukturierungsebenen gibt es noch unterhalb der Liegenschaft, den Liegenschaftsbereich sowie unterhalb Gebäude angeordnet den Baukörper. Der Gebäudeabschnitt erfüllt aber meistens denselben Zweck wie der Baukörper und sollte im Sinne der Einheitlichkeit bevorzugt werden[298]. Der Raum an sich stellt gerade beim konzeptionellen Gebäudeentwurf eines der wichtigsten Objekte dar[299]. Bereits in frühen Planungsphasen wird dieser beim Raumprogramm genutzt. Auch die Unterteilung von Räumen in Raumzonen, zum Beispiel bei Kochnischen in Wohnräumen, stellte eine vielgenutzte Gliederungsebene dar.

Diese Gliederung kann in einem Code, auch Schlüsselcode oder Ortskennzeichen[300] genannt, abgebildet werden, mit der jede Stufe einzeln identifiziert werden kann. Zusätzlich sollte auch eine Bezeichnung mitgeführt werden. Die Codierung ist wichtig, da sich von der späteren Raumnummerierung über die Angabe des Einbauortes von Technikkomponenten bis hin zur Regelkreiscodierung der Gebäudeleittechnik alles an dieser so genannten Technischen Gebäudecodierung orientiert[301]. Im Folgenden ist die Gliederung ab Gebäudeniveau mit den jeweiligen Schlüsselelementen für sieben Stufen nach Richter aufgelistet[302 303]:

1	Gebäude	AA
2	Gebäude-Abschnitt	AA
3	Gebäudebereich	AA
4	Ebene	NNN
5	Raumgruppe	AA
6	Raum	NNN
7	Raumzone	AA

Zur besseren Lesbarkeit sollten die einzelnen Elemente des Schlüssels mit Separatoren getrennt werden. Richter empfiehlt hierfür folgende Lösung:

AA . AA . AA – NNN . AA . NNN / AA

In der Literatur gibt es auch noch andere Anforderungen oder Vorschläge, wie die Codierung und ihre Zusammenstellung durch Separatoren von statten zu gehen hat[304]. Allen gemein ist eine eindeutige Adressierung und Identifizierung von Räumen, Bauteilen usw. Allerdings existiert hierfür analog zur Gebäudegliederung weder eine Normierung noch eine einheitliche Übereinkunft.

Neben der räumlichen Gliederung des Gebäudes müssen für eine Zusammenstellung der Gebäudeinformationen ebenfalls innerräumlich die Bauteile nach einem einheitlichen System beschrieben werden. In der Literatur gibt es hierfür unterschiedliche Vorschläge, wie dieses zu erstellen ist. Diese ähneln sich aber weitestgehend:

[297] BBR 2004, Kapitel 4, S. 5.
[298] BBR 2004, Kapitel 4, S. 5.
[299] Matta 2006, S. 13.
[300] DIN 6779-12, S. 11.
[301] Schnarr 2003, S. 53.
[302] Richter 1997, OM 10.071, S. 10.
[303] Eine ähnliche Kennzeichnungssystematik für Gebäude findet sich in DIN 6779-12, S. 10f.
[304] BBR 2004, Kapitel 4, S. 6.

Auf oberster Ebene sollten Einzelgebäude von größeren Anlagen, beziehungsweise Liegenschaften mit Buchstaben A, B usw. fortlaufen bezeichnet werden[305]. Die Nummerierung der Räume sollte nach RICHTER[306] nach einem einheitlichen Schema erfolgen, welches linker Hand vom Haupteingang beginnt und im Uhrzeigersinn aufsteigend erfolgt[307]. Die Erstellung des Raumbuchs wird bei ECKSTEIN[308] nach folgendem Prinzip durchgeführt: Alle Räume werden systematisch durchnummeriert. Hierbei soll aus der Raumnummer das Stockwerk ablesbar sein. Die Nummerierung hat im Erschließungsbereich (Diele, Flur) zu beginnen und wird im Uhrzeigersinn fortgeführt[309]. Die Raumnummern (= Raumcode) müssen in allen Dokumenten einheitlich nachgeführt werden. Auch HÄDLER[310] schlägt ebenso ein einheitliches Orientierungssystem vor, bei dem Räumen auch Geschoß- und Raumziffern zugeordnet werden. Wände sollen mit Buchstaben im Uhrzeigersinn beginnend bei der Nordwand mit a gekennzeichnet werden[311]. Für Decken wird x und für Fußböden y als Kennung vorgeschlagen. Fenster sollen mit einem F und fortlaufender Nummer, Türen, mit einem T und einer fortlaufenden Nummer gekennzeichnet werden. Dieses Prinzip sollte auch für sonstige Bauteile eingehalten werden[312]. Türen werden zumeist dem Raum mit der Anschlag-(/Türband-)Seite oder der höheren Nutzflächenart laut DIN 277 zugeordnet[313]. Dachstühle sind nach den Bundebenen analog zu dem Abbundsystem des Zimmermanns zu ordnen. MARTIN schlägt eine zusätzliche Klassifizierung durch Einteilung der Bauteile in Konstruktionsebenen, waage- und senkrecht, vor[314]. Vertikal zusammengehörende Treppenhäuser, Aufzugsschächte, Versorgungsschächte und ähnliches sind nach BBR innerhalb eines Geschosses als einzelne Räume zu definieren und mit identischen Raumnummern zu versehen[315]. Meistens werden alle sichtbaren und fest eingebauten Ausstattungen der Baukonstruktion nach Kostengruppe 370 der DIN 276 erfasst. Zusätzlich können, je nach Umfang des Raumbuches oder der Projektanforderungen, Dosen (elektrische Dosen, IT- und Fernmeldedosen), wandfeste Objekte, Einbauten und ähnliches aufgenommen werden.

In folgender Abbildung ist exemplarisch ein Orientierungssystem für das Erdgeschoss eines Gebäudes mit Raum-, Wand, Tür-, Fenster und Treppennummern dargestellt.

305 MARTIN 1997, Kapitel 46.23, S. 5.

306 RICHTER 1988, S. 73.

307 Nach BBR 2004, Kapitel 4, S. 7, sollen bereits bestehende Nummerierungen übernommen werden.

308 ECKSTEIN 1999, S. 41.

309 Dies empfiehlt auch WIEDEMANN 2004, S. 54, MARTIN 1997, Kapitel 46.23, S. 5 und PANTLI 2003, S. 3/4f.

310 HÄDLER 1998, S. 52.

311 Siehe auch PETZET, 1993, S. 151f. Im Gegensatz dazu empfiehlt PANTLI 2003, S. 3/4 hier, dass „die Wand mit der Zugangs- oder Erschließungstür den Buchstaben «a»“ erhalten sollte.

312 Fensternummerierungen können nach BBR 2004, Kapitel 4, S. 8, auf zwei Arten erfasst werden: Entweder orientieren sie sich an den Fassaden und werden innerhalb eines Geschosses und/oder einer Fassade fortlaufend nummeriert, oder orientieren sich an den Räumen und werden raumweise, analog zu den Wänden, im Uhrzeigersinn fortlaufend gezählt.

313 Nach BBR 2004, Kapitel 6, S. 26.

314 MARTIN 1997, Kapitel 46.23, S. 5.

315 BBR 2004, Kapitel 4, S. 7.

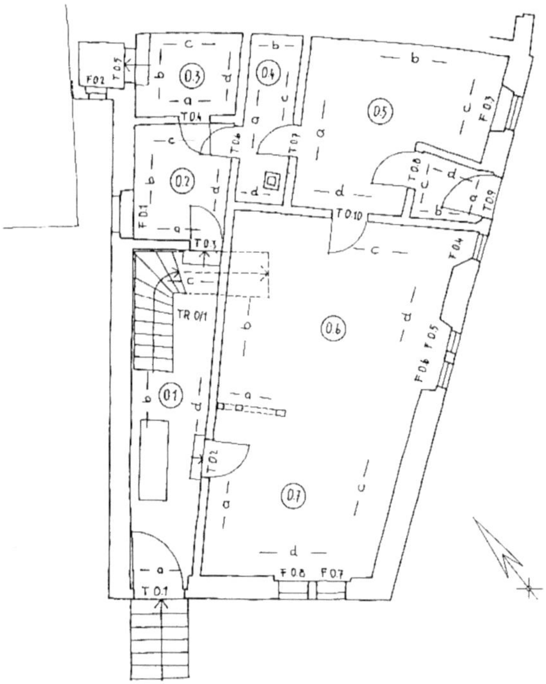

Abbildung 23: Beispiel eines Raumorientierungssystem (Quelle: HÄDLER 1998, S. 51)

Neben der Erstellung des Raumbuches durch Begehung und Planstudium sind auch andere Möglichkeiten der Informationsbeschaffung gegeben. Verschiedene CAD-Hersteller bieten Exportfunktionalitäten der CAD-Daten in Raumbuchform an. Hierfür muss allerdings das Objekt mindestens als CAD-Grundrissplan in 2D oder auch als 3D-Objekt[316] vorliegen.

Durch das Auswerten von wohnungswirtschaftlichen Daten aus EDV-Hausverwaltungs-Programmen können grundlegende Informationen für den Planer extrahiert werden und bereits Objektgliederungen im Sinne eines Raumbuches erstellt werden[317]. Dies kann beim Fehlen von jeglichen Plänen eine Hilfe sein oder aber zusätzliche Informationen bereitstellen, die aus Plänen nicht unbedingt ersichtlich sind. Gerade bei Gebäuden, die durch Nutzungen (zum Beispiel Bewohner) belegt sind und somit für Begehungen nur begrenzt zur Verfügung stehen, kann dies von Vorteil sein.

[316] Im Falle von Autodesk Architectural Desktop 2006 muss der Raum als 3D-Objekt definiert werden.

[317] Vergleiche SCHULZ 2001, S. 36.

2.7.7 *Bauteil-Gliederungen*

Das Raumbuch ist ein Strukturmodell des Objektes. In dieser Eigenschaft als Strukturmodell, bedingt durch das Verkürzungsmerkmal[318], kann es nur einen Anteil der Informationen des Original-Objektes darbieten. Es ist auf eine Darstellung der räumlich festzulegenden Informationen begrenzt. Diese können in Funktion, Form und Konstruktion unterschieden werden. Die Funktion und Form des Raumes[319] kann meist eindeutig beschrieben werden, wohingegen bei der Zuordnung von Bauteilen unterschieden werden muss. Die Abbildung 24 zeigt eine solche Aufgliederung der Bauteile. Die Kernelemente der Decke, des Bodens und der Wand können nur bedingt einem Raum zugeordnet werden, da diese zu mehreren Räumen zählen können.

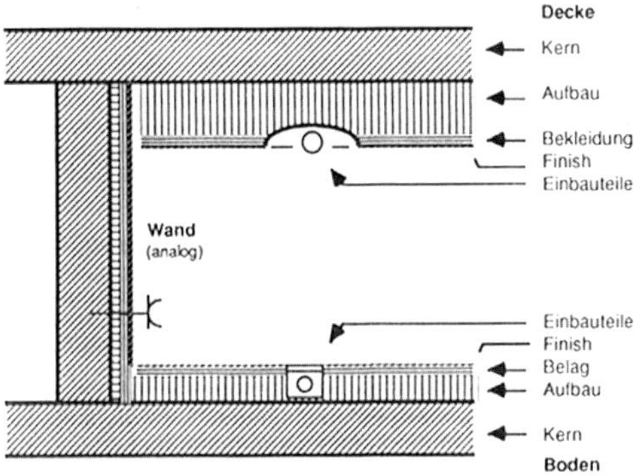

Abbildung 24: Grundprinzip der Bauteilgliederung (Quelle: RICHTER 1988, S. 91)

Es bietet sich daher an, eine Trennung der Bauteile in Bauteile des Rohbaus und des Ausbaus vorzunehmen. Die Bauteile des Rohbaus sollten jedoch nicht im Raumbuch vernachlässigt werden, da die Information von welcher Beschaffenheit die Kernbauteile sind in Anbetracht von Maßnahmen zum Beispiel in der Gebäudesanierung oder Instandhaltung äußerst wichtig sind. Bauteile des Ausbaus lassen sich problemlos dem Raum zuordnen, RICHTER unterscheidet sie in Aufbau (zum Beispiel Unterkonstruktionen, Putz), Bekleidung (zum Beispiel Tapeten, Paneele), Finish (zum Beispiel Anstriche, Oberflächenbearbeitungen) und Einbauteile (zum Beispielelektrische Installationen)[320]. Die Tiefe der Bauteildarstellung und deren Aufnahme werden bei einem Neubau, bei dem das Raumbuch auch als Ausschreibungsgrundlage dient, wesentlich größer sein, als sie das bei einem Altbau sein kann. Hier können, ohne eingreifende Untersuchungen vorzunehmen, nur die Bauteile der obersten, sichtbaren Schicht bestimmt und beschrieben werden.

[318] Siehe Kapitel 2.3.1.
[319] Siehe auch PETZOLD 2001, S. 38, bezüglich der Beziehung zwischen Raum, Oberfläche und raumbildendem Objekt.
[320] Vergleiche RICHTER 1988, S. 91.

2.7.8 Arbeitsmittel für das Raumbuch

Anhand der Veröffentlichung „Das Raumbuch als Instrument denkmalpflegerischer Bestandsaufnahme und Sanierungsplanung" von SCHMIDT[321], basierend auf mehrjährigen Erfahrungen mit vorbildlichen Maßnahmen an hochkarätigen Baudenkmälern in Bayern, leitet MARTIN folgende Arbeitsmittel ab, die für die Raumbucherstellung regelmäßig einzusetzen sind[322]:

» Zeichnen, Aufmasse	
» Fotografieren	
» Verbalisieren:	Beschreibung von Be- und Zustand Maßnahmen Leistungsverzeichnis
» Planen:	Maßnahmen Drehbuch Kostenermittlung
» Organisieren:	Orientierungssystem Anlage des Raumbuches Einbringen der Basisinformationen Fortschreiben aller Teile des Raumbuches Abschluss Photodokumentation

Nach HÄDLER[323] sollte jedes Photo eine Raumnummertafel entsprechend des Orientierungssystems und einen Maßstab enthalten, um grobe Längenangaben abzugreifen. Von jedem Raum sollten Decke, Boden und alle Wände mindestens einmal photographiert werden. Die Photos werden somit zu codierten Karteikarten. Im Hinblick auf eine digitale Entzerrung der Photographien sollten nach HÄDLER Vergleichsmaßstäbe in horizontaler wie auch in vertikaler Richtung angebracht werden[324]. Ebenso sollte bei Farbbefunden eine Vergleichsfarbkarte mit abgelichtet werden.

[321] SCHMIDT 1993.
[322] Siehe MARTIN 1997, Kapitel 46.23, S. 6.
[323] Nach HÄDLER 1998, S. 52.
[324] HÄDLER 1991, S. 20.

2.7.9 Raumbuchsysteme

Da die Inhalte der unterschiedlichen Raumbücher verschieden sind, ist auch der Aufbau der in der Literatur vorgestellten Raumbücher unterschiedlich. Im Folgenden werden exemplarisch einige Raumbuchsysteme, beginnend bei papiergebundenen hin zu softwarebasierten, vorgestellt.

Aus seinen Erfahrungen bei der Erstellung von Raumbüchern im Bereich der Denkmalpflege entwickelte SCHMIDT Musterblätter zur Anlage eines Raumbuches[325]. Diese setzen sich aus einem Bild- und einem Textteil zusammen, welche in der Mitte durch einen Klebefalz getrennt sind. Alternativ, je nach Ordnungssystem der Blätter, kann der mittige Klebefalz auch der Heftrand sein. Die formalen Vorgaben sind hierbei auf ein Minimum reduziert. In folgender Abbildung sind diese Musterblätter dargestellt.

Abbildung 25: Vorschlag eines Musterblatts für das Raumbuch. Die formalen Vorgaben und Informationen sind auf ein notwendiges Minimum reduziert. (Quelle: SCHMIDT 1989, S. 75)

FÜR ECKSTEIN[326] ist das Raumbuch im Rahmen der Denkmalpflege eine synoptische Darstellungsform, die bei umfangreichem historischem Ausstattungsbestand das geeignete Instrumentarium für die Bestandsdokumentation sowie Maßnahmenauflistung darstellt. Das synoptische Raumbuchblatt im Querformat umfasst folgende Spalten:

- » Bestand
- » Restauratorische Befunduntersuchung (falls erfolgt, sonst Leerspalte)
- » Schäden
- » Beabsichtigte Maßnahmen
- » Konservatorische Stellungnahme
- » Tatsächlich ausgeführte Maßnahmen

---

[325] SCHMIDT 1989, S. 75.
[326] ECKSTEIN 1999, S. 41.

Für die innenräumliche Gliederung, wie Wände, Decken, Böden etc., werden diese Spalten ausgefüllt. Dies wird auch flächenweise Differenzierung genannt. Wenn das Raumbuch nur zur Bestandsaufnahme eingesetzt wird, werden nur die drei ersten Spalten benutzt. Dann kann dies auch im DIN A4 Hochformat benutzt werden. In folgender Abbildung ist ein Auszug aus einem solchen Raumbuch dargestellt.

ORT:	STRASSE, NR.:
OBJEKT:	RAUM-NR.:

	Bestand	Restauratorische Befunduntersuchung	Schäden
Wände allgemein	Die Außenwand aus Sandsteinmauerwerk. die Innenwände aufgerichtet in ausgemauertem Fachwerk. Alle Wandflächen verputzt und in einem Rotton gestrichen. Umlaufende schmale Sockelleisten in beigefarbenem Anstrich.	An den Wänden Kalkputz mit heller graubeige Kalkschlämme als Grundierung. Darauf geringe Reste von ehemals bedruckten Tapeten und grauem Makulaturpapier aus alten Zeitungen. Darüber ein kräftiger roter Farbton - nach Abnahme der Tapeten - mehrfach lasierend aufgetragen. Die letzte Fassung ein mittelroter Leimfarbanstrich. Sekundäre Sockelleisten aus Nadelholz mit hellweißer Grundierung, darauf beige Anstrich in Ölfarbe.	Wände an mehreren Stellen mit geringen Setzungsrissen. Anstrich auf den Sockelleisten blättert teilweise ab.
Wand 1 (Nord) Außenwand	In dieser Wandfläche sind 2 Fenster mit Außenklappläden enthalten. Zurückspringende Fensterbrüstungen mit beige lackiertem Fensterbrett. Weiß lackierte Holzverbundfenster der 1960er Jahre: links einflügelig mit außenliegender Kreuzsprosse und Oberlichtflügel mit senkrechter Außensprosse. rechts vierflügelig mit durchlaufendem Setzholz.		Sämtliche Beschläge schwergängig. An beiden Fenstern fehlen die Oliven.

Abbildung 26: Auszug aus einem flächenweise differenzierten Raumbuch (Quelle: ECKSTEIN 1999, S. 38)

Das Formblatt nach HÄDLER[327] behandelt jeweils ein Gliederungselement (zum Beispiel Wand) und umfasst einen textlichen und einen grafischen Teil, welcher horizontal unterteilt auf einem DIN A4 Blatt angeordnet ist. Im oberen, textlichen Teil befindet sich eine dreispaltige Tabelle anhand derer die Einbauteile, Konstruktion und Oberflächen auf Ausstattung und Bestand in der zweiten und nach Zustand in der dritten Spalte aufgenommen und bewertet werden. Im unteren Teil befindet sich die Photodokumentation und analytische Skizze. In Abbildung 27 ist exemplarisches ein solches Raumbuchblatt dargestellt.

[327] HÄDLER 1998, S. 53.

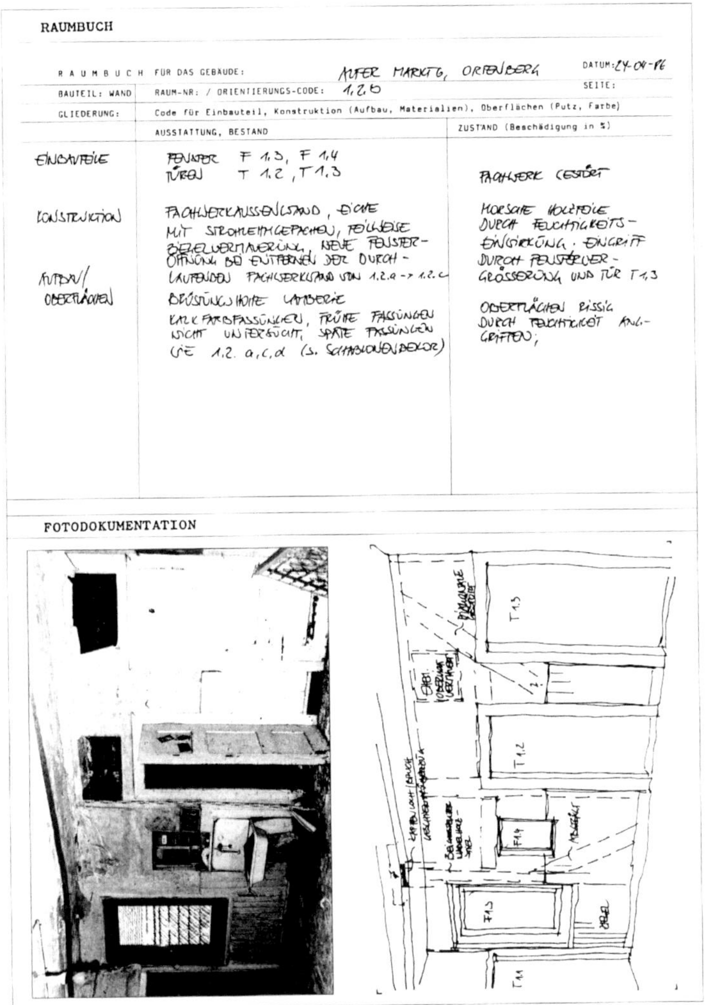

RAUMBUCH

RAUMBUCH	FÜR DAS GEBÄUDE: AUFER MARKT 6, ORTENBERG	DATUM: 24-04-96
BAUTEIL: WAND	RAUM-NR: / ORIENTIERUNGS-CODE: 1.2.b	SEITE:
GLIEDERUNG:	Code für Einbauteil, Konstruktion (Aufbau, Materialien), Oberflächen (Putz, Farbe)	
	AUSSTATTUNG, BESTAND	ZUSTAND (Beschädigung in %)
EINBAUTEILE	FENSTER F 1.3, F 1.4 TÜREN T 1.2, T 1.3	FACHWERK GESTÖRT
KONSTRUKTION	FACHWERKAUSSENWAND, EICHE MIT STROHLEHMGEFACHEN, TEILWEISE ZIEGELVERMAUERUNG, NEUE FENSTERÖFFNUNG BEI ENTFERNEN DER DURCHLAUFENDEN FACHWERKWAND VON 1.2.a -> 1.2.c	MORSCHE HOLZTEILE DURCH FEUCHTIGKEITSEINWIRKUNG. EINGRIFF DURCH FENSTERVERGRÖSSERUNG UND TÜR T1.3
PUTZE/ OBERFLÄCHEN	BRÜSTUNGSHOHE LAMBERIE KALKFARBFASSUNGEN, FRÜHE FASSUNGEN NICHT UNTERSUCHT, SPÄTE FASSUNGEN WIE 1.2. a,c,d (s. SCHABLONENDEKOR)	OBERFLÄCHEN RISSIG DURCH FEUCHTIGKEIT ANGEGRIFFEN;

FOTODOKUMENTATION

Abbildung 27: Erfassungsblatt für eine Wand mit Orientierungscode, Photo und analytischer Skizze (Quelle: HÄDLER 1998, S. 53)

Nach MARTIN kann das Raumbuch aus fünf Teilen zusammengesetzt werden, wobei man sich die Teile gedanklich als aneinander gereihte Blätter vorstellen kann[328]. Dies setzt sich aus dem Bildblatt, dem Grundblatt, den Maßnahmen, den Kosten und einem Drehbuch zusammen und ist in Abbildung 28 dargestellt. Zur Wahrung der Synchronität und Parallelität der Anlage in fünf Teilen ist es wichtig, dass auf den Blättern 3 bis 5 nur das behandelt wird, was auf den Blättern 1 und 2 vorgegeben wird.

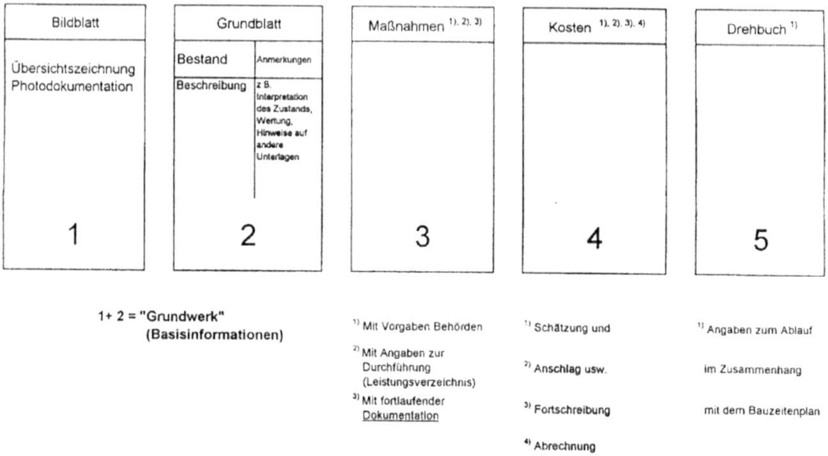

Abbildung 28: (Möglicher) Aufbau eines Raumbuches (Quelle: MARTIN 1997, Kapitel 46.23, S. 3)

In einem papiergebunden Raumbuch müssen die gewonnen Informationen, die in Einzelblättern vorliegen, nach einem Ordnungsprinzip zusammengestellt werden. Ein Beispiel für eine solche Zusammenstellung mit einzelnen stockwerkweise gegliederten Raumbuchblättern und angehängtem Orientierungsplan ist in Abbildung 29 dargestellt.

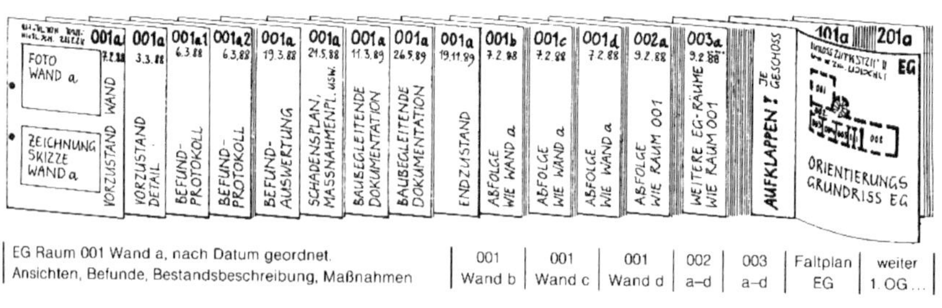

Abbildung 29: Einsortieren der Raumbuchblätter nach dem Ordnungsprinzip „Raumbuch" (Quelle: PETZET 1993, S. 179)

[328] MARTIN 1997, Kapitel 46.23, S. 2.

Nach VOLKMANN gibt es auch die Möglichkeit das Raumbuch in Matrixform darzustellen[329]. Da sich viele Elemente, wie Ausstattungen und Ähnliches, in einem Raumbuch wiederholen, lässt sich durch eine andere Darstellungsform als der blattweisen Zusammenstellung der Informationsgehalt verdichten[330]. Bei diesem Raumbuchsystem werden auch die Gebäudeteile nach Hierarchieebenen (Gebäude, Ebenen etc.) strukturiert. In einem zweiten Schritt werden die Räume mit gleichen Ausbaustandards zu Nutzungsbereichen zusammengefasst. Beispielsweise werden Toiletten, Badezimmer und Duschen mit Schichten zu einem Nutzungsbereich zusammengefasst. In folgender Abbildung ist ein Bildschirmausdruck eines in Microsoft Excel erstellten Raumbuches in Matrixform dargestellt. Hierbei ist das Raumbuch nach Nutzungsbereichen gegliedert. Für diese Nutzungsbereiche sind die möglichen Materialen aufgetragen und bei ihrer Verwendung im jeweiligen Nutzungsbereich angekreuzt.

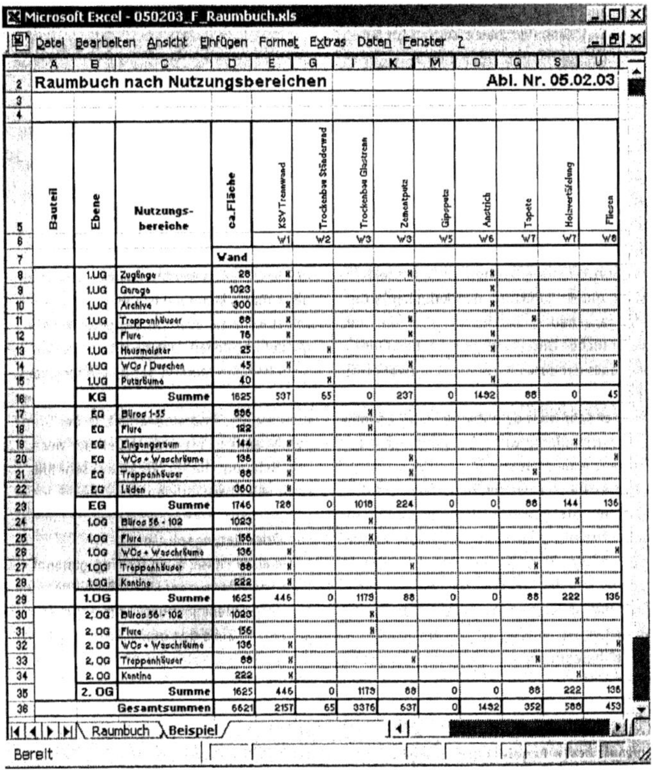
Microsoft Excel - 050203_F_Raumbuch.xls

Raumbuch nach Nutzungsbereichen — Abl. Nr. 05.02.03

Bauteil	Ebene	Nutzungsbereiche	ca. Fläche Wand	KSV Trennwand W1	Trockenbau Ständerwand W2	Trockenbau Glastrenn W3	Zementputz W3	Gipsputz W5	Anstrich W6	Tapete W7	Holzvertäfelung W7	Fliesen W8
	1.UG	Zugänge	28	x			x		x			
	1.UG	Garage	1023						x			
	1.UG	Archive	300	x					x			
	1.UG	Treppenhäuser	88	x			x			x		
	1.UG	Flure	76	x			x		x			
	1.UG	Hausmeister	25		x				x			
	1.UG	WCs / Duschen	45	x			x					x
	1.UG	Putzräume	40		x				x			
	KG	Summe	1625	537	65	0	237	0	1492	88	0	45
	EG	Büros 1-55	896			x						
	EG	Flure	122			x						
	EG	Eingangsraum	144	x							x	
	EG	WCs + Waschräume	136	x			x					x
	EG	Treppenhäuser	88	x			x			x		
	EG	Läden	360	x								
	EG	Summe	1746	728	0	1018	224	0	0	88	144	136
	1.OG	Büros 56 - 102	1023			x						
	1.OG	Flure	156			x						
	1.OG	WCs + Waschräume	136	x								x
	1.OG	Treppenhäuser	88	x			x			x		
	1.OG	Kantine	222	x							x	
	1.OG	Summe	1625	446	0	1179	88	0	0	88	222	136
	2. OG	Büros 56 - 102	1023			x						
	2. OG	Flure	156			x						
	2. OG	WCs + Waschräume	136	x								x
	2. OG	Treppenhäuser	88	x			x			x		
	2. OG	Kantine	222	x							x	
	2. OG	Summe	1625	446	0	1179	88	0	0	88	222	136
		Gesamtsummen	6621	2157	65	3376	637	0	1492	352	588	453

Abbildung 30: Raumbuch in Matrixform nach Nutzungsbereichen (Quelle: VOLKMANN 2002, S. 45)

[329] VOLKMANN 2002, S. 44f.

[330] Dies folgt dem Gedanken des „one page managements“, zu deutsch, dem einseitigen, beziehungsweise blättrigen Management, um Informationen auf einer Papierseite zusammenzufassen und unnötige Daten der Übersichtlichkeit halber auszublenden. Siehe VOLKMANN 2002, S. 44.

Im Rahmen einer Kooperationsplattform wurde von BOTH ein Raumbuch entwickelt, welches nicht nur die raumbezogene Aufbereitung von Gebäudedaten, sondern auch raumbezogene Sichten auf Kooperationsobjekte, wie beispielsweise Aufgabenstellung oder Planungsprozesse des Projektes, bereitstellt[331]. In der folgenden Abbildung ist ein Bildschirmausdruck der internetbasierten Anwendung abgebildet.

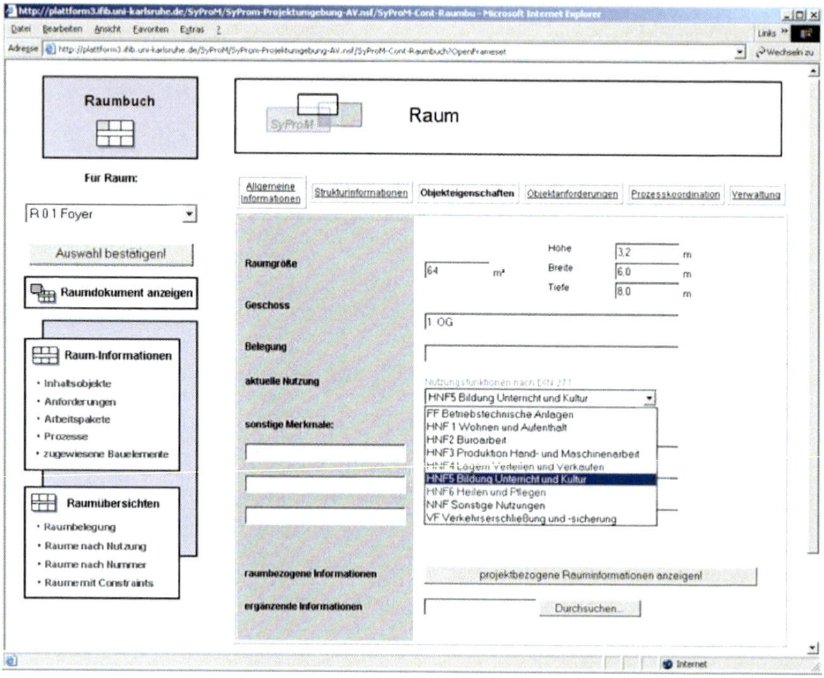

Abbildung 31: Benutzeroberfläche des Raumbuches von SyProM (Quelle: BOTH 2004a, S. 393)

[331] BOTH 2004a, S. 392f.

In Abbildung 32 ist ein Bildschirmausdruck aus der CAAD-Software Autodesk ADT 2007 dargestellt. Anhand einer Auswertung des Gebäudemodells hinsichtlich seiner Räume lässt sich ein Raumbuch erstellen. Die Inhalte lassen sich über die Auswertungsfunktionalität spezifizieren. Dies ist lediglich ein Beispiel für die Raumbuchfunktionalität, die CAAD-Programme bereitstellen. Andere CAAD-Software weisen sehr ähnliche Funktionalitäten auf, allerdings ist hierbei das explizite Raumbuch lediglich eine momentane Sichtweise auf die CAAD-Daten. Änderungen im exportierten Raumbuchteil können bisher noch nicht wieder in die CAAD-Daten zurückgeführt werden.

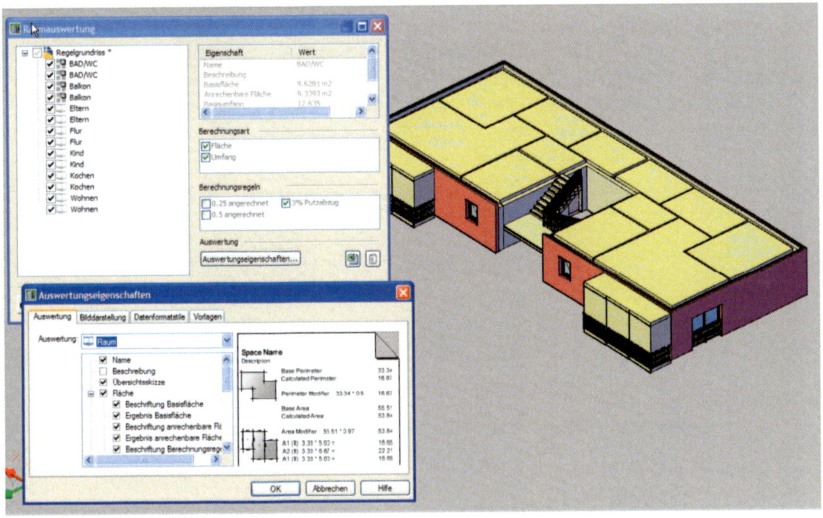

Abbildung 32: Auswertung einer CAD-Zeichnung in Autodesk ADT 2007

Das CAFM-System MORADA der deutschen Firma SMB AG[332] ist ein internetbasiertes Facility Management Werkzeug, das auch Raumbuchfunktionalitäten aufweist. Da das System serverbasiert mit einer Datenbank- und einer Programmlogikschicht Webseiten generiert, ist zur Benutzung lediglich ein gebräuchlicher Browser mit JAVA-Laufzeitumgebung notwendig. Das System beinhaltet sehr umfangreiche Funktionalitäten, zu denen auch eine IFC-Anbindung gehört und unterstützt eine zentrale Datenhaltung. Neben der Bestandsdatenverwaltung wird auch die Anforderungsbeschreibung und die Planung unterstützt. Die Detaillierungsstufe der Daten reicht bis zu Raumausstattungen, Nutzungen, Flächen, TGA-Ausstattungen und Bewirtschaftungsdaten. Detaillierte Oberflächenbeschriebe und die zugehörigen Schichten sowie die Bauteile der Räume werden allerdings außen vor gelassen, da es für den Anwendungsfokus des Facility Managements bisher nicht benötigt wird. Es wird keine fortschreibende Historie der enthaltenen Daten angelegt. Somit ist immer nur der aktuelle Datenbestand verfügbar und kein Rückgriff auf vorherige Zustände möglich. In folgender Abbildung ist ein Bildschirmausdruck von MORADA mit der Darstellung eines Raumbuchinhaltes für die Raumflächen dargestellt.

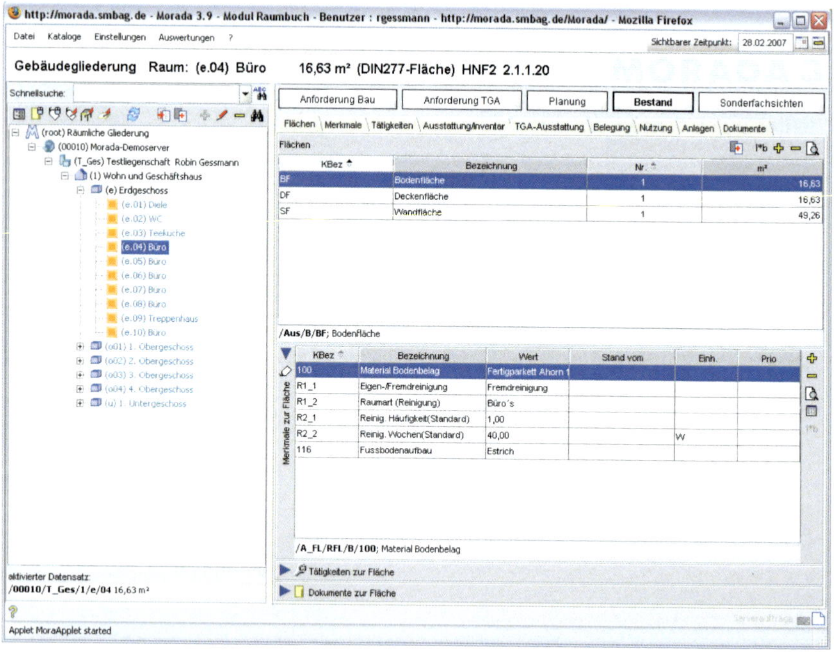

Abbildung 33: Bildschirmausdruck von MORADA mit der Ansicht des Bestandsraumbuches

Das im Rahmen eines EU-Forschungsprojektes entstandene internetbasierte Raumbuchsystem dRofus der norwegischen Firma Nosyko AS[333] bietet neben einer klassischen Raumbuch-Datenansicht hauptsächlich die Unterstützung bei der Erstellung eines Architektur- und Raumprogrammes in den frühen Planungsphasen sowie der Abbildung des technischen Ausbaus. Das Programm lässt sich nicht über einen herkömmlichen Browser benutzten. Stattdes-

332 http://www.smbag.de
333 http://www.drofus.no

sen muss eine Clientsoftware installiert werden. Das Programm setzt sich aus unterschiedlichen Modulen und Datenbanken zusammen, die auf einem SQL-Server aufsetzt. Die Raumdatenbank besitzt als Schlüsselinformation Funktion im architektonischen[334] Sinne, Räume und Flächen. Bei letzteren wird zwischen geplanten und tatsächlichen Flächen differenziert. Die Ausstattungsdatenbank ist für die Planung und Budgetierung aller Arten an Ausstattung gedacht. Hierauf aufbauend wird mit einem Beschaffungsmodul die Informationen für die Ausschreibung zusammengestellt. Des Weiteren ist eine technische Datenbank für die Beschreibung der Anforderungen an alle technischen Systeme und Installationen vorhanden. dRofus unterstützte den IFC Im- und Export. Hierbei ist geplant, dass mit dRofus die Anforderungen der Bedarfsplanung mit den eigentlichen CAAD-Daten über den IFC-Import validiert werden. In folgender Abbildung ist ein Bildschirmausdruck der Oberfläche von dRofus mit dem Beispiel eines Krankenhauses dargestellt. Die Sortierung der Räume, die im linken Bereich abgebildet ist, erfolgt nach den Funktionsbereichen im Sinne der Raumprogrammerstellung. Im rechten Fensterbereich sind die zugeordneten Räume mit Nutzungscode, Architekturcode, Raumname, Raumprogrammbedarfsfläche, vorhandener Fläche (aus IFC-Import) sowie krankenhausspezifischer und technischer Ausstattung (nach Vorlage oder individuell) tabellarisch dargestellt. Diese Inhalte lassen sich nach den Ausstattungen, Räumen, Funktionsbereichen usw. auswerten und in verschiedenen Formaten exportieren.

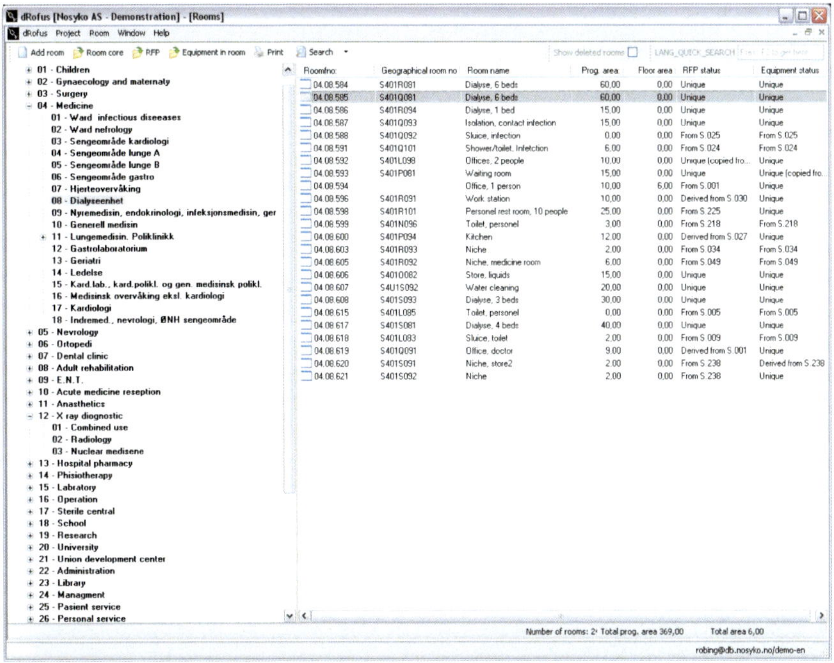

Abbildung 34: Bildschirmausdruck von dRofus mit der Ansicht der einzelnen Räume für den Funktionsbereich „Dialyse" eines Krankenhauses

[334] Im Sinne von nutzerseitig.

Für weiterführende Informationen zu den verschiedenen Raumbucharten und ihren Anwendungsbereichen, sei auf die folgende Quellen verwiesen.

- Ein allgemeiner Überblick über Ausschreibungsprogramme, die Ursprungsdisziplin in der Raumbuchanwendung, kann bei RÖSCH entnommen werden[335].
- Ein weiterer kurzer Überblick über die verschiedenen Raumbucharten findet sich bei DINGLER[336].
- Eine Übersicht über die am Markt befindlichen Raumbuchsoftwaresysteme für die Umplanungsphase (eigenständig oder in CAAD eingebunden) ist bei JUISTER aufgelistet[337].

[335] RÖSCH 1996, Teil 6/8.4.1 Stand: 04/1996
[336] DINGLER 1998, S. 17ff.
[337] Siehe JUISTER 2004, S. 29ff.

2.7.10 Leistungsspektrum des Raumbuches

HALBHUBER erkennt, dass das Raumbuch weniger ein weiteres Werk im Aktenschrank, sondern „in erster Linie ein funktionierendes Instrument zur Erfassung und Wiedergabe von Informationen: hier speziell von Informationen über Qualitäten und Quantitäten“[338] ist.

Das Raumbuch weist verschiedene Einsatzgebiete mit unterschiedlichen Anforderungen auf. Als klassische Anwendung kann der Einsatz des Raumbuches als Hilfe zur Sammlung und Umsetzung von Planungsergebnissen für die Ausschreibung gesehen werden[339].

Die Unterteilung des Raumbuches in einen analytischen und einen planerischen Teil ist bereits eine Weiterentwicklung zur methodischen Anwendung des Raumbuches. HÄDLER sieht das analytische Raumbuch als eine „gute Erziehung zur Systematik, Präzision und Urteilsfähigkeit“[340] an.

Bei MARTIN schließlich wird das Raumbuch als integrativer Bestandteil einer Maßnahme betrachtet: Das Raumbuch muss „sämtliche von einer Maßnahme betroffenen Baudetails und Umstände darstellen und zum Gegenstand der Fortführung machen“[341].

Das Raumbuch vermag sehr detaillierte Informationen darzustellen, gewährleistet jedoch nicht die Gesamtschau des Objektes. Daher bedarf es oft zusätzlicher Instrumente, zum Beispiel zur Darstellung geometrischer und topologischer Zusammenhänge, die neben dem Raumbuch hinzugezogen werden müssen. Allein um die Orientierung des Raumbuchnutzers im Gebäude sicher zu stellen, bedarf es in Ergänzung zum Raumbuch zumindest eines Grundrisses als Orientierungsplan, auf dem die eindeutige Kodierung ersichtlich ist.

Alle Informationen, die nicht raumabhängig sind, können auch nicht im Raumbuch dargestellt werden. So werden Raumbücher oft um raumbuchfremde Anlagen ergänzt, um eine Gesamtschau auf das Objekt zu ermöglichen. In der Umplanungsphase kann es sich bei solch einer Anlage zum Beispiel um die Beschreibung der Außenfassade handeln. Die Informationen über Aussehen, Zustand und Schäden an der Fassade sind für Maßnahmen der Gebäudesanierung wichtig, können aber nicht durch eine raumweise Sicht dargestellt werden. Ähnliches gilt auch für räumliche Abschnitte des Gebäudes, deren Eigenschaften, Bauteile und Funktionen nur sehr eingeschränkt im Raumbuch dargestellt werden können. So werden die Dachstühle von Gebäuden häufig raumbuchunabhängig behandelt. Die Systematisierung des Dachstuhles erfolgt nach anderen Methoden als die Zusammenfassung der Räume im Raumbuch.

[338] HALBHUBER 1981, S. 1689.
[339] HALBHUBER 1981, S. 1686.
[340] HÄDLER 1998, S. 52.
[341] MARTIN 1997, Kapitel 46.23, S.4.

Die nachfolgende Auflistung bietet einen Überblick über Ergänzungen des Raumbuches, die nötig sind oder sein können, um die Gesamtsicht auf das Objekt sicherzustellen. Dabei liegt der Schwerpunkt auf Ergänzungen für ein Sanierungsraumbuch, für weitere Einsatzgebiete kann dies beliebig erweitert werden. Neben dem Raumbuch können folgende Aspekte unerlässliche oder ergänzende Informationen sein, die das Raumbuch vervollständigen und für den Nutzer sinnvoll ergänzen[342]:

- » Objektbeschreibung
- » Gesamtwürdigung von Objekt und Vorhaben
- » Aufgabenstellung
- » Entwicklung der Arbeitsmethoden
- » Orientierungssystem für den Gesamtbestand
- » Gesamtplanung
- » Gesamtleistungsverzeichnisse
- » Gesamtkostenermittlung
- » Gesamtdrehbuch
- » Bautagebuch
- » Darstellung von Ablauf und Erfolg
- » Darstellung zur Abnahme und Gewährleistung
- » Wartungs- und Pflegeplan

Der Einsatz der Raumbuchmethode als Managementwerkzeug kann nur dann gelingen, wenn der Bezug des Raumbuches beziehungsweise der abgebildeten Räume zum Gesamtsystem deutlich ist.

Im Folgenden eine Zusammenfassung der Vor- wie auch Nachteile der Raumbuchmethode wie sie in der Literatur dargestellt wird[343].

- » Vorteile
  - » Flexibilität: je nach individuellen Bedürfnissen, nach Gegenstand und Detaillierungsstufen ist das Raumbuch ausbaufähig und durch die alphanumerischen Daten leicht zu verarbeiten.
  - » Gesamtschau: ein einheitliches System von Bau, Maßnahmen, Kosten und Wartung.
  - » Dokumentation: Vor der Maßnahme dient es der Planung (eventuell Raumprogramm und für Modernisierungsmaßnahmen zur Ableitung der erforderlichen Maßnahmen über den Ist-Zustand). Während der Ausführung kann der Baufortschritt über das Raumbuch kontrolliert werden. Hiermit kann entweder der Stand der Bauausführung festgestellt oder Fortschritte von Anwendern dokumentiert werden. Zur Übergabe sind dann im Raumbuch die Planungsgrundlage und der Bauablauf im Raumbuch dokumentiert.
  - » Managementinstrument: umfassende Erfassung, Planung, Steuerung und Dokumentation, nicht nur prozess- sondern auch objektorientierte Informationen können abgebildet werden.

[342] Martin 1997, Kapitel 46.23, S. 4f.

[343] Nach Martin 1997, Kapitel 46.23, S. 7, Juister 2004, S. 48f., Richter 1997, OM 10.200, S. 21, Volkmann 2002, S. 44.

- Nachteile:
  - Durch Trennung von Zeichnung und Raumbuch kann Redundanz und Inkonsistenz auftreten[344].
  - Standards fehlen, da keine Normierung des Orientierungssystems der räumlichen Gliederung und Codierung vorhanden ist.
  - Konsequenz und Gewissenhaftigkeit ist unerlässlich für alle mit dem Raumbuch arbeitenden Akteure.
  - Einheitlichkeit in der inhaltlichen und formalen Durchgängigkeit der Raumbuchführung erhöht die Anforderungen an die Koordinierung und Einbindung aller Beteiligten.
  - Bei klassischen Raumbüchern in papiergebundener Form ist der Standort für die Aufbewahrung nach Abschluss des Projektes von Wichtigkeit, da die Akteure Informationen abrufen oder einstellen müssen. Hinzu kommt die Einmaligkeit, wodurch nur asynchrones Arbeiten mit dem vorhandenen Exemplar möglich ist. Auch ist nicht allein der Zugriff auf das Raumbuch selbst, sondern auch auf die im Raumbuch vorliegenden Informationen und das damit verbundene Wissen zentraler Bestandteil der Raumbuchmethode. Wenn dies nicht mit adäquatem Aufwand gefunden oder bereitgestellt werden kann, verliert die Raumbuchmethode die Vorteile eines integralen Managementsystems.

[344] Hauptsächlich bei papiergebundenen Raumbüchern und Systemen mit getrennter alphanumerischer und geometrischer Datenhaltung. Bei Ansätzen von modernen CAFM-Systemen trifft dies nicht zu (vergleiche Kapitel 2.6.3).

2.8 Baudokumentation

im Rahmen der technischen Produktdokumentation anhand der Bauaufnahmezeichnung nach DIN 1956-6 wird zwischen verschiedenen Informationsdichten unterschieden[345]:

- » Informationsdichte I
- » Informationsdichte II

Die Informationsdichte I wird als Grundlage für die Darstellung des Bestandes verwendet. Dies umfasst zeichnerische Darstellungen, textliche Inhalte, zeichnerische Inhalte und Bemaßung. Hier dient die Photographie zur Ergänzung der textlichen Inhalte. Die Informationsdichte II unterscheidet sich hauptsächlich durch die vermehrten Messpunkte und die Anzahl der textlichen und grafischen Informationen. Diese dient als Grundlage von Genehmigungsplanungen und Sanierungen, Orts- und Stadtbildanalysen und den daraus abgeleiteten Gestaltungssatzungen. Die Photodokumentation ist bei der Informationsdichte II ein wesentlicher Bestandteil der Bauaufnahme. Hiermit werden von den aufzunehmenden Objekten beispielsweise Farben, Strukturen, Oberflächen, Veränderungen, örtliche Zusammenhänge, Größenverhältnisse und Details verdeutlicht.

Die Ergebnisse der Bestandsaufnahme des Ausgangszustandes bilden die Basis für die Dokumentation der Modernisierungsarbeiten. Dies wird in Form einer kombinierten Zuordnung von Plänen, Baudetails, Photos und textlichen Beschreibungen dargestellt[346]. Eine Fortschreibung dieser Planungsunterlagen mit Darstellung der letztendlichen Realisierung der Modernisierung ist Bestandteil der HOAI-Leistungen. Hier bietet es sich an, ein Bautagebuch mit zugehöriger Photodokumentation zu führen, in welches die täglichen Ergebnisse des Baufortschrittes inklusive der Änderungen der ursprünglichen Planungsfestlegungen eingepflegt werden.

[345] DIN 1356-6, S. 8ff.

[346] ILS 2005, Kapitel 7.3 Dokumentation der Arbeiten.

2.9 Konfigurationsmanagement

Im folgenden Kapitel werden die Grundlagen des Konfigurationsmanagements erläutert. Zur Gewährleistung einer konsistenten Datenhaltung über den Gesamtprozess stellt die Anwendung der Prinzipien des Konfigurationsmanagements einen zentralen Bestandteil des Lösungsansatzes dieser Arbeit dar. Sie fließen daher als fundamentaler Baustein sowohl in das erarbeitete Konzept des Gebäudedatenrepositoriums als auch in dessen prototypische Umsetzung ein.

2.9.1 Definition

Beim Konfigurationsmanagement handelt es sich um eine Teil-Disziplin des Projektmanagements, die angewandt wird, um Projektergebnisse zu sichern und eine Reproduzierbarkeit zu gewährleisten. Für das Konfigurationsmanagement existieren viele Definitionen, daher, dass es mit der grundlegenden Veröffentlichung von Babich[347] im Jahre 1986 auch im Zusammenhang mit Softwareentwicklung betrachtet wird. Saynisch[348] definiert Konfigurationsmanagement als die notwendige fachlich-inhaltliche Beschreibung des „Projektgegenstandes“[349], um diesen zu entwerfen, herzustellen, abzunehmen, einzusetzen und geeignet zu dokumentieren. Dies bedeutet, dass Änderungen in der Ausführung dokumentiert werden müssen und eines Genehmigungsprozesse bedürfen. Das CMMI[350] des Software Engineering Instituts der Carnegie Mellon University, Pittsburgh USA definiert Konfigurationsmanagement als technische und administrative Vorschriften, um[351]

» Konfigurationseinheiten zu identifizieren und deren funktionale und physische Eigenschaften zu dokumentieren,
» Änderungen bei diesen Eigenschaften zu steuern
» Änderungs- und Implementierungsstatus aufzuzeichnen und zu veröffentlichen und
» die Erfüllung der spezifischen Anforderungen zu verifizieren.

In der ISO 9000 ist keine explizite Definition des Konfigurationsmanagements vorhanden, jedoch sind hier Anforderungen beschrieben, die denen des Konfigurationsmanagements entsprechen[352]. Die DIN ISO 10007 ist ein Leitfaden für Konfigurationsmanagement und enthält hierfür folgende Definition: „Konfigurationsmanagement ist eine Managementtätigkeit, die die technische und administrative Leitung des gesamten Produktlebenszyklus, der Konfigurationseinheiten des Produktes und der produktkonfigurationsbezogenen Angaben übernimmt. Konfigurationsmanagement dokumentiert die Produktkonfiguration. Konfigurationsmanagement sorgt für Kennzeichnung und Rückverfolgbarkeit des Produkts und hält den erreichten Stand seiner physischen und funktionellen Anforderungen sowie den Zugang zu genauen Informationen in allen Phasen seines Lebenszyklus bereit.“[353]

[347] Babich 1986: *Software configuration management.*
[348] Saynisch 1984, S. 50 und Saynisch 1994, S. 4.
[349] Dies steht in diesem Kontext für Produkt, System oder Erzeugnis.
[350] Englisches Akronym für „Capability Maturity Model Integration“. Vereinigung von bisherigen Modellen für Software, System Engineering und Integrierter Produktentwicklung zu einem so genannten Reifegrad Modell. Vergleiche Versteegen 2003, S. 5 und Ahern 2001 S. xif.
[351] Ahern 2001 S. 144f.
[352] Siehe Versteegen 2003, S. 6.
[353] DIN ISO 10007:2004-12, S. 4.

Der Konfigurationsmanagementprozess umfasst integrierte Tätigkeiten die in einem Konfigurationsmanagement-Plan zusammengefasst werden. Die DIN ISO 10007 gibt hierfür im Anhang A eine informatives Beispiel für Struktur und Inhalt eines solchen Konfigurationsmanagement-Plans[354].

Auch wenn keine einheitliche Definition vorliegt, so haben alle Aussagen eine übereinstimmende Schnittmenge: Es handelt sich um eine vollständige fachlich-inhaltliche Beschreibung auf Dokumentenbasis eines Systems oder Produktes über seinen gesamten Lebenszyklus hinweg.

Saynisch beschreibt Konfigurationen als ein Mittel um Ordnung in die Vielfalt von Zuständen zu bringen[355]. Nach DIN ISO 10007 sind „miteinander verbundene funktionelle und physische Merkmale eines Produkts"[356] eine Konfiguration. Für Abeln[357] ist, mit dem Fokus auf das CAD gerichtet, eine Konfiguration „ein Zustand der Systemumgebung im Hinblick auf die bereitgestellte Funktionalität". Als Beispiel für Inhalte, die eine Konfiguration ausmachen, sei hier Folgendes genannt:

- » Spezifikationen
- » Pflichtenheft
- » Zeichnungen und Pläne
- » Stücklisten

Einheiten innerhalb einer Konfiguration, die eine Endgebrauchsfunktion erfüllen, werden Konfigurationseinheiten genannt. In Abbildung 35 sind die Elemente, welche die Konfiguration für ein Gebäude darstellen, exemplarisch dargestellt.

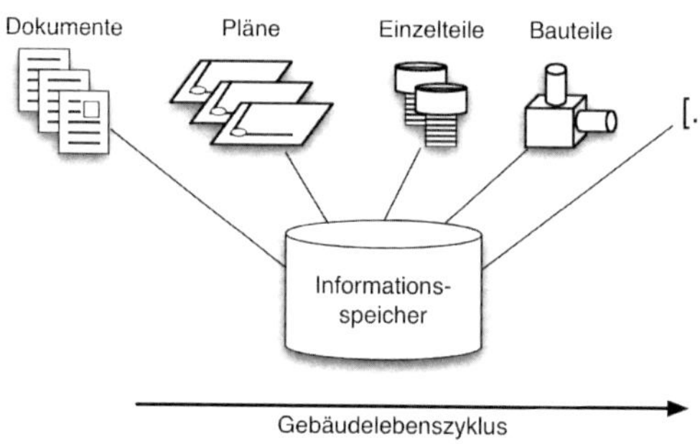

Abbildung 35: Gesamtheit der Gebäudeinformationen zur Repräsentation der Konfiguration

2.9.2 Entwicklung

Das Konfigurationsmanagement entstand als eine der ersten Teildisziplinen des Projektmanagements Ende der 50er Jahre des letzten Jahrhunderts im militärischen Bereich der Luft- und Raumfahrtbranche in den Vereinigten Staaten von Amerika. Hierbei wurden unterschiedlichste Systeme in verschiedenen Konfigurationen gebaut und getestet, um die Besten von ihnen herauszufinden. Da die Tests zumeist mit der Zerstörung des Versuchskörpers einhergingen, war ein Reverse Engineering nicht mehr möglich. Durch die Mangelhaftigkeit der vorhande-

[354] DIN ISO 10007:2004-12, S. 14f.
[355] Saynisch 1984, S. 73, Saynisch 1994, S. 2.
[356] DIN ISO 10007:2004-12, S. 6.
[357] Abeln 1995, S. 327.

nen Aufzeichnungen und da selbst kleinste Änderungen große Auswirkungen nach sich ziehen konnten, durften im Folgenden nur Änderungen durchgeführt werden, wenn diese auch in den Dokumenten detailliert nachgeführt wurden. Dies wurde in den 60er Jahren in Standards wie der MIL-STD 480, AFSCM 375 System Managementserie der amerikanischen Luftwaffe sowie dem „Apollo Configuration Management Manual" NPC 500-1 der NASA festgehalten. Später wurden diese Normen durch kommerzielle Standards ersetzt, wie im Jahre 1998 die MIL-STD 973 durch die EIA/ANSI-649[358].

2.9.3 Ansätze

Der zentrale Bezugspunkt des Konfigurationsmanagements ist der „Änderungsprozess". Die Koordinierung und Verwaltung dieser Änderungsprozesse stellt somit den Kern des Konfigurationsmanagements dar. Dieser Ansatz beruht auf der Idee, methodisch den evolutionär-orientierten „Prozess der ingenieurorientierten Leistungserstellung als eine Abfolge von Änderungen gegenüber anfänglich erstellten und abgestimmten Vorgaben, Planwerten und Zwischenergebnissen aufzufassen"[359]. Obwohl keine einheitliche Definition vorliegt, beinhalten die meisten Ansätze des Konfigurationsmanagement die folgenden Tätigkeiten in nur leicht abgewandelter Form[360]:

- » Konfigurationsidentifikation (Identifikation und Referenzkonfiguration)
- » Konfigurationsüberwachung, Konfigurationssteuerung
- » Konfigurationsbuchführung, Konfigurationsverfolgung
- » Konfigurationsauditierung

Dies bedeutet nicht, dass es sich lediglich um ein Änderungswesen handelt, sondern als Teildisziplin des Projektmanagement auch die Ankopplung der Entscheidungsträger, die Ausdehnung auf weitere involvierte Bereiche (Dokumente, funktionale und semantische Zusammenhänge) und den Einbezug der frühen Planungsphasen beinhaltet.

Da das Konfigurationsmanagement eine Teil-Disziplin des Projektmanagements ist, legt SAYNISCH[361] eine Kopplung von Entscheidungspunkten mit einem streng systematischen Informationsfluss einschließlich entsprechender Dokumentation nahe, der sich an wesentlichen Punkten des Projektablaufes orientiert[362]. Aufgrund der Zielsetzung dieser Arbeit kann der Bereich des Projektmanagements nur angerissen werden[363].

2.9.4 Referenzkonfiguration

Zur Initialisierung eines Konfigurationsmanagements ist als Ausgang eine Referenz- oder auch Bezugskonfiguration notwendig. DIN ISO 10007 definiert dies als die Merkmale eines Produkts, welche dieses „zu einem festgelegten Zeitpunkt darstellen und als Grundlage für Tätigkeiten während des gesamten Produktlebenszyklus dienen"[364]. Die Referenzkonfiguration eignet sich für die Überprüfung von Kosten, da der Stand genau definiert ist[365] [366]. Des

[358] Siehe VERSTEEGEN 2003, S. 2 sowie SAYNISCH 1984, S. 79ff.

[359] SAYNISCH 1994, S. 5.

[360] Vergleiche VERSTEEGEN 2003, S. 6f und SAYNISCH 1984, S. 74.

[361] SAYNISCH 1984, S. 88.

[362] Ein Grundprinzip des Konfigurationsmanagements ist, dass solange Systemspezifikationen nicht verabschiedet sind, keine detaillierte Entwicklungsarbeit stattfinden darf (SAYNISCH 1984, S. 86).

[363] Zur möglichen Anbindung des erarbeiteten Prototyps an PDM-Systeme siehe Kapitel 5.3.

[364] DIN ISO 10007:2004-12, S. 6.

[365] SAYNISCH 1984, S. 83, 87 und SAYNISCH 1994, S. 9.

Weiteren lassen sich Terminpläne, Umweltschutzmaßnahmen, Technikbewertungen und Ähnliches auf dieser Basis realisieren. Die Referenzkonfiguration ist zum Zeitpunkt x die Konfigurationsgesamtheit und stellt somit Bezugspunkte für nachfolgende Änderungen dar. Die Referenzkonfiguration plus aller Änderungen stellt den aktuellen Ist-Zustand des Produktes dar[367].

Werden mehrere Bezugskonfigurationen erstellt, um beispielsweise verschieden Zustände des Produktes oder im Softwarebereich verschiedene Releases zu erzeugen, wird dieser Vorgang Baselining genannt[368].

Im Folgenden werden die einzelnen Teilprozesse des Konfigurationsmanagements erläutert.

2.9.5 Konfigurationsidentifikation

Um bestimmte Konfigurationen aufzufinden beziehungsweise zusammenzustellen, wird die so genannte Konfigurationsidentifikation verwendet. Die Voraussetzungen und Aufgaben für eine gut durchführbare Konfigurationsidentifizierung sind[369]:

» Definition der Erzeugnisstruktur und Auswahl von Konfigurationseinheiten sowie die Kennzeichnung des Standes.

» Dokumentation der physischen und funktionellen Merkmale von Konfigurationseinheiten durch eine eindeutige, einmalige Identifikation anhand so genannter Konfigurationsdokumente.

» Die Schaffung eines Ordnungswesens für eine spätere Suche durch Aufstellen von Regeln zur Benummerung von Konfigurationseinheiten, ihren Teilen und Zusammenstellungen von Dokumenten, Schnittstellen, Änderungen und Sonderfreigaben vor und nach der Realisierung.

» Das Einrichten einer Referenzkonfiguration durch formalisierte Vereinbarungen. Dies stellt einschließlich der genehmigten Änderungen die aktuelle Konfiguration dar.

Die Auswahl der Konfigurationseinheiten, um die Gesamtleistung des Produktes für den Endgebrauch sicherzustellen, sollte nach DIN ISO 10007 so stattfinden, dass funktionelle und physische Merkmale getrennt behandelt werden können[370].

2.9.6 Konfigurationssteuerung

Die Konfigurationssteuerung, auch Konfigurationsüberwachung sowie Änderungslenkung genannt, wird als das eigentliche Änderungswesen begriffen. Hierbei sind folgende Inhalte interessant und müssen nach den gegebenen projektspezifischen Randbedingungen abgelegt werden[371]:

» Wie wurde konstruiert / geplant / designed?

» Wie wurde gebaut / ausgeführt?

» Wie wurde überprüft?

» Wie war der „Auslieferungszustand"?

---

366 Dies lässt sich mit dem Zusammenhang „Raumbuch → Leistungsverzeichnis → AVA" im Bauwesen vergleichen. Siehe hierzu auch Kapitel 2.7.3.

367 DIN ISO 10007:2004-12, S. 9.

368 Versteegen 2003, S. 12f.

369 Saynisch 1984, S. 105, Versteegen 2003 S.6f.

370 DIN ISO 10007:2004-12, S. 8.

371 Saynisch 1984, S. 106.

Die Konfigurationssteuerung umfasst alle Maßnahmen zur Veranlassung, Beantragung und systematischen Erfassung, Bewertung, Genehmigung und Entscheidung über Änderungsanträge sowie die Einführung, Durchführung und Umsetzung der jeweiligen Entscheidung, was der Dokumentation und Realisierung der genehmigten Änderungen sowie der Überprüfung der durchgeführten Änderungen entspricht[372]. Die Konfigurationssteuerung kann auf folgende vier Tätigkeiten zusammengefasst werden[373]:

» Dokumentation und Begründung von Änderungen[374].
» Beurteilung der Änderungsauswirkungen.
» Genehmigung oder Ablehnung der Änderung.
» Bearbeitung von Sonderfreigaben vor oder nach der Realisierung.

Diese Prozesse sind im Baubereich mehr oder minder vorhanden, werden aber nicht zwingend abgebildet.

2.9.7 Konfigurationsverfolgung

Die Konfigurationsverfolgung, auch Konfigurationsbuchführung genannt, dient der Dokumentation der Entwicklung der Konfiguration. Dies beinhaltet nach SAYNISCH[375] folgende Bereiche:

» gelöste Probleme über ihren Weg bis zur Ursache zurückzuverfolgen
» gegenwärtige Konfiguration identifizieren
» Vergleich von ursprünglichem Entwurf und tatsächlicher Ausführung

Nach VERSTEEGEN sollten die hierfür notwendigen Aufzeichnungen und Berichte die Nebenprodukte der Konfigurationsidentifikation und -steuerung sein[376]. Die Konfigurationsverfolgung stellt sozusagen das Interface für die Visualisierung der konzeptionellen Ansätze von Konfigurationsidentifikation und Konfigurationssteuerung dar und integriert diese Gebiete in den Ansatz eines ganzheitlichen Konfigurationsmanagements. Die Konfigurationsverfolgung wurde früher über Konfigurationsstatusberichte bewerkstelligt, welche die Konfiguration des Produktes, die eingeführten Änderungen sowie deren Nachverfolgung beinhalteten. Inzwischen bieten EDV-Systeme Lösungen zu einer aktuelleren und übersichtlicheren Umsetzung.

[372] SAYNISCH 1994, S. 13.
[373] Versteegen 2003, S. 7.
[374] In DIN ISO 10007:2004-12, S. 10f wird hier noch ergänzend die Bewertung der Änderung genannt.
[375] SAYNISCH 1984, S. 130.
[376] Siehe VERSTEEGEN 2003, S. 6.

2.9.8 Konfigurationsauditierung

Zusätzlich zu den Überprüfungspunkten der Konfigurationssteuerung, die einen prophylaktischen Charakter haben, stellen Revisionen eine Verifizierung dar. Um die vertraglich spezifizierten Anforderungen, denen das Erzeugnis entsprechen soll, sicherzustellen, sollte vor Annahme einer Bezugskonfiguration ein Konfigurationsaudit stattfinden. VERSTEEGEN unterscheidet hier folgende zwei Arten von Konfigurationsaudits[377]:

» Funktionsbezogenes Konfigurationsaudit zur formalen Prüfung einer Konfigurationseinheit bezüglich ihrer tatsächlichen, in den Konfigurationsdokumenten festgelegten Leistungen und funktionellen Merkmale.

» Physisches Konfigurationsaudit als formale Prüfung der Ist-Konfiguration einer Konfigurationseinheit bezüglich ihrer Übereinstimmung mit den Konfigurationsdokumenten.

2.9.9 Anwendungen

Im Softwarebereich sind Entwicklungen ohne Konfigurations- oder Änderungsmanagement nur noch in Kleinstprojekten möglich. Hier findet sich eine Vielzahl an Herstellern und Produkten. VERSTEEGEN gibt hier einen Überblick über die vier Keyplayer und ihre Produkte am Deutschen Markt: Merant mit *Merant PVCS*, MKS mit *MKS Integrity*, Rational Software mit *ClearCase* und Telelogic mit *Telelogic CM Synergy*[378].

Sehr weit bei der Erfassung von Produkthistorien und Konfigurationen ist der Baumaschinenhersteller Caterpillar[379]. Hier werden systematisch Produktlebenszyklusdaten in einer Datenbank erfasst und zentral ausgewertet. Gespeichert wird hierbei die Konfiguration des jeweiligen Produktes, die Einsatzstunden und die getätigten Instandhaltungsmaßnahmen. Der Nutzen wird hier in der Reparatur, der Instandhaltung, des Rückverkaufs und Leasings, sowie bei dem Produktrecycling gesehen.

Im Bauwesen wurde durch die Veröffentlichung *Dokumentation von Änderungen und deren kostenseitige Bewertung beim Umbau von Bauwerken* von MAROHN[380] im Jahre 2003 das Konfigurationsmanagement im Zusammenhang mit dem Raumbuch erwähnt. Der Fokus liegt hier auf der Unterstützung aller am Bau Beteiligten durch ein Dokumentations- und Änderungsmanagement und weniger auf der Konfigurationsverfolgung. In der folgenden Erläuterung der Umsetzung mit der Datenbankanwendung Microsoft Access findet sich aber keine Implementierung von diesem Ansatz. Das formularbasierte Raumbuch dient hier lediglich der Verknüpfung der Räume und den Bauelemente mit Kosten und der Erstellung einer abschließenden Dokumentation. Die bestehenden Daten werden bei einem Editieren überschrieben. Somit wird keine Möglichkeit geboten, vorhergehende Zustände des Raumbuches (=Konfigurationen) wiederherzustellen. Des Weiteren wird bei der Implementierung keine Verknüpfung mit Projektmanagementwerkzeugen erläutert, um das Dokumentations- und Änderungsmanagement in Bezug auf die verschiedenen Nutzerebenen effektiv zu unterstützen.

[377] Vergleiche VERSTEEGEN 2003, S.7, aufbauend auf DIN ISO 10007:2004-12, S. 13. SAYNISCH 1984, S. 127ff benennt die Audits als Revisionen und erwähnt hierbei noch zusätzlich die formale Qualifikations-Revision.

[378] VERSTEEGEN 2003, S. 91ff.

[379] Siehe BÜRKNER 2001, S. 64f.

[380] MAROHN 2003, S. 128f.

2.10 Internetbasierte Konzepte

Im folgenden Kapitel werden internetbasierte Konzepte vorgestellt, da ein entscheidender Punkt im Lösungsansatz die zentrale Bereitstellung der Daten für verteilt agierende Akteure darstellt.

2.10.1 Grundlagen der Internettechnologie

Das Internet hat sich von einem Militärnetz über ein Forschungs- und Universitätsnetz zu der weltweit größten Informationsstruktur entwickelt[381]. Die Angebote an Basisdiensten umfassen elektronische Post (E-Mail), Datentransfer (FTP – Filetransfer Protocol) sowie Webseitenaufrufe über das Hypertext Transfer Protokol (http). Die Technologie hat sich bei den Webseiten inzwischen von anfänglich statischen Seiten hin zu dynamisch generierten Seiteninhalten gewandelt. Hierfür werden Technologien wie Lotus Notes Domino, CGI, php, Perl, JAVA und ASP um nur einige zu nennen, benutzt. Hierbei werden die Seiten bezüglich des Nutzers individuell generiert. Dabei werden Inhalte, die in darunterliegenden Datenbanken gespeichert sind aufbereitet und dargestellt.

Durch den universellen Standard und die allgemeine Verfügbarkeit hat sich das Internet zu einer globalen Plattform des Handels, Wissens und Informationsaustausches etabliert.

2.10.2 Entwicklungsstufen

Die Komplexität der Internetangebote ist in den letzten Jahren stark angestiegen. Nach Bürkner können sechs verschiedene Entwicklungsstufen identifiziert werden[382]:

- » Statische Webseiten: Es war keine Interaktion mit den Seiten möglich. Auch war der Aktualisierungsaufwand sehr hoch.
- » Datenbank Anbindung: Hierdurch konnte der Aktualisierungsaufwand verringert werden, größere Datenbestände den Benutzern zugänglich gemacht werden und über Eingabemasken den Benutzern gezielte Abfragen des Datenbestandes ermöglicht.
- » Online Zahlungsverkehr: Durch die Schaffung des elektronischen Zahlungsverkehrs konnten kommerzielle Geschäfte über Internet-Shops und Transaktionen für das Online-Banking abgewickelt werden. Hierbei wurden neue Sicherheitsstandards geschaffen und das Internet entwickelte sich als Verkaufs- und Vertriebskanal.
- » Online-Dienstleistungen: Auslegung und Konfiguration sowie Kostenvoranschläge wurden über das Internet abrufbar. Auch Unternehmensinterne Software wurde in das Internet übertragen.
- » Datenintegration: Funktionen des Produktdatenmanagements wurden integriert, um Datenbestände über das Internet anderen Anwendungen bereit zu stellen.
- » Individuelle Webportale: Durch die personalisierte Verwaltung der Benutzer kann eine individueller Bündelung von Angeboten auf einen spezifischen Kundennutzen hin stattfinden.

Nach O'Reilly stellt der so genannte Dot-Com-Kollaps im Herbst 2001 den Wendepunkt des World Wide Webs dar: Es entwickelt sich das zentrale Prinzip der Nutzung der kollektiven Intelligenz des Webs sowie einer kollaborativen Nutzung von Services und Inhalten[383]. Die Inhalte von Web 2.0 sind nichts vollkommen Neues, sondern vielmehr eine vollständigere Realisierung des wahren Potentials der Web-Plattform. Der Unterschied zu oben genannter

[381] Bürkner 2001, S. 32.
[382] Bürkner 2001, S. 37f.
[383] O'Reilly 2006.

Auflistung ist aus organisatorischer Sicht, dass die Benutzer die Inhalte im Internet in zunehmendem Maße selbst erstellen und / oder bearbeiten sowie verschiedene Anwendungen individuell kombinieren können. Anwendungen, die Web 2.0 zugerechnet werden, verwenden oft Web Service APIs[384], Ajax[385] und Abonnement-Dienste wie RSS[386] sowie so genannte soziale Software wie Blogs[387] und Wikis[388]. Letzteres ist eine Entwicklung, die Anwender inzwischen zu Mitentwicklern und Autoren des abgebildeten Inhalts werden lässt. Dies kann datentechnisch, gerade beim Verknüpfen von verschiedener Quellen, wie auch anwendungstechnisch von statten gehen. Zur Generierung der dynamischen Inhalte liegen unter den meisten webbasierten Anwendungen Datenbanken - gerade das Datenbankmanagement ist somit eine Kernkompetenz von Web 2.0 Firmen geworden. Zu deren Realisierung haben sich dynamische Sprachen, auch Skriptsprachen genannt, wie Perl, php, Python und Ruby etabliert.

Auch die Geschäftsmodelle für Softwareanbieter haben sich in der Internet-Ära gewandelt: Statt eines reinen Vertriebs des Produktes „out of the box" wird Software bezüglich der Nutzung als Service angeboten. Dies wirkt sich auf die Logistik des Vertriebs (Webshop oder „Service Plus") aber auch auf die Lizenzmodell aus. Lizenzkonzepte, wie „software ondemand" oder „application service providing" (ASP)[389] erlauben Unternehmen völlig neue, zumeist Dienstleistungs- und Consulting-orientierte Geschäftsmodelle. So werden Services der Web 2.0-Anwendungen täglich von Benutzern abgerufen, während andere Firmen erwarten, dass alle zwei bis drei Jahre vom Benutzer die neue Software gekauft wird.

Der Trend bei den internetbasierten Konzepten geht somit stark in die Richtung einer Bereitstellung der Anwendung als ein Service, der vom Kunden ohne lokale Installationen direkt bei Bedarf genutzt werden kann.

[384] Englisches Akronym: application programming interface. Deutsch: Schnittstelle zur Anwendungsprogrammierung.

[385] Englisches Akronym: Asynchronous JavaScript and XML. Mit dieser Technik lässt sich innerhalb einer HTML-Seite eine HTTP-Anfrage durchführen und Inhalte abrufen ohne die komplette Seite neu zu laden.

[386] Englisches Akronym: Really Simple Syndication. Mit dieser Technik können Nutzer Webseiteninhalte, oder Teile davon, abonnieren.

[387] Englische Abkürzung von Weblog. Dies ist eine Webseite, die periodisch neue Einträge erhält.

[388] Wikis sind Wissensmanagementtools die über eine Seitensammlung verfügen, die von den Nutzern nicht nur gelesen sondern auch verändert werden können.

[389] Auch SaaS (englisches Akronym: Software as a Service) genannt.

3 Ein integratives Gebäudedatenrepositorium

3.1 Lösungsansatz

„Nichts ist beständiger als der Wandel."
Heinrich Heine

Aufbauend auf der Problemstellung und den daraus abgeleiteten Zielen werden folgende Lösungsansätze erarbeitet.

Im Zentrum der Arbeit steht die Entwicklung eines objektbezogenen Datenmodells mit einer Raumbuch-orientierten Beschreibung für den gesamten Objektlebenszyklus. Um das Objekt objektorientiert und nicht prozessorientiert zu beschreiben, ist ein Objektstrukturmodell notwendig, welches eine für die meisten Prozesse geeignete Navigationsstruktur unterstützt. Um für verschiedene Prozesse über den Lebenszyklus die relevanten Objektdaten bereitzustellen, wird ein gemeinsamer Nenner der Objektdaten erarbeitet und zur Prozesskopplung verwendet. Für diese durchgängige Beschreibung ist eine Sichtweise notwendig, die in allen Lebenszyklusphasen von zentraler Bedeutung ist. Diesen Anforderungen entspricht die raumweise Gliederung des Gebäudes, da der Raum in allen Lebenszyklusphasen die zentrale Stellgröße darstellt. Um eine einfache Beschreibungssystematik des Objektes zu gewährleisten, wird hierfür der Ansatz des Raumbuches gewählt. Dieses führt die komplexen Informationen und Abhängigkeiten in übersichtlicher und leicht nachvollziehbarer Form zusammen. Im Gegensatz zu dem zumeist Bauteil- und Geometriebezogenen Ansatz des CAAD hat das Raumbuch seinen Fokus eher auf einer alphanumerischen und topologischen Ebene (vergleiche Abbildung 36).

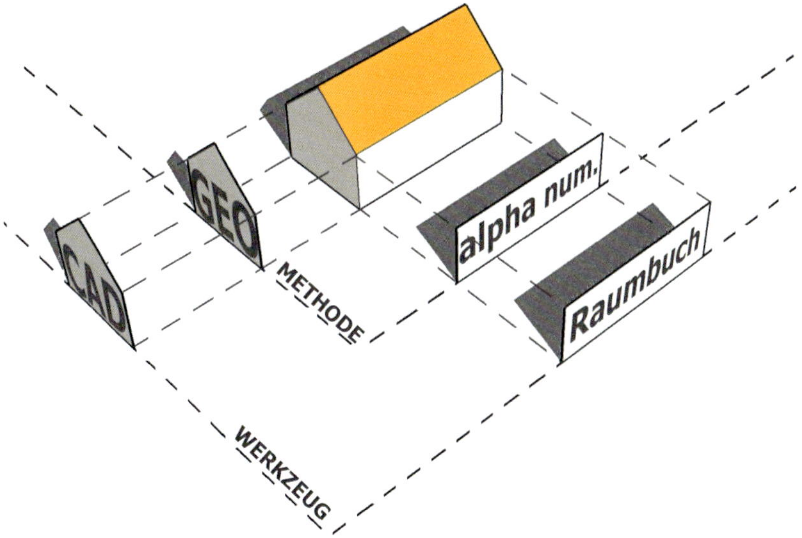

Abbildung 36: Methoden und Werkzeuge zur Objektmodellierung

Die Objekte unterliegen über den gesamten Lebenszyklus einer hohen Dynamik. Um diese abbilden zu können, muss als ein entscheidendes Wesensmerkmal die Veränderung der Objektdaten in den Lösungsansatz integriert werden. Änderungen müssen somit zugelassen werden und vorhergehende Zustände abbildbar und nachvollziehbar sein. Ebenso muss zur Erstellung einer Gebäudehistorie eine Fortschreibung der Daten bei gleichzeitigem Rückgriff auf alte Zustände und vorgenommene Änderungen gewährleistet werden. Auch die Bereitstellung der Objektdaten in aktueller Form erfordert deren beständige Fortschreibung. Dies kann durch entsprechende Einbindung aller relevanten Akteure - auch auf semi-professioneller Ebene - zur Pflege des ganzheitlichen Datenbestandes gewährleistet werden.

Mit dem Ansatz der Interoperabilität und somit der Nutzung des firmenübergreifenden Austauschformates IFC kann eine Übernahme und Weiterverarbeitung von Daten langfristig gewährleistet werden. Die Daten sind somit nicht an bestimmte Softwarelösungen gebunden und können auf verschiedenste Weise genutzt werden.

Durch die Unterstützung verschiedener Nutzergruppen lässt sich eine Einbindung aller am Objekt involvierten Akteure gewährleisten. Um flexible, nutzerspezifische Informationsbereitstellung zu unterstützen, werden nutzerorientierte Sichten bereitgestellt. Daten werden aber nicht nur in ihrer ursprünglichen Form benötigt. Zur Unterstützung von Monitoring-, Management- und Planungsprozessen wird eine Aufbereitung und Verdichtung der Information durch entsprechende Reporting-Funktionalitäten ermöglicht (siehe Abbildung 37).

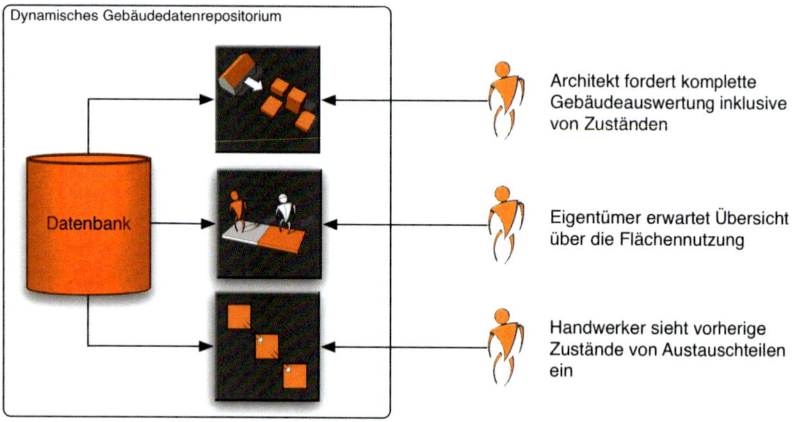

Abbildung 37: Benutzerspezifische Sichten und Auswertungen des Gebäudedatenrepositoriums

Zur Ermöglichung eines verteilten Zugriffs wird der Ansatz eines zentralen Datenbestandes erarbeitet der über das Internet genutzt werden kann. Dies betrifft somit nicht nur den Zugriff auf die Daten sondern auch deren Speicherung und interoperable Nutzung. Hierfür bietet sich eine reine Browser-orientierte Umsetzung an, da die Softwareanforderungen an die Nutzer somit sehr gering sind. Um eine fortwährende, aktuelle Datenbasis mit Gebäudedaten zu haben ist es zwingend notwendig, einen integrativen Ansatz zu verfolgen. Die Gewährleistung der fachübergreifenden Bereitstellung der Gebäudeinformation sowie die Fortschreibung durch die jeweiligen Nutzer stellt einen zentrales Merkmal dar.

Insgesamt kann zusammengefasst werden, dass mit dem vorliegenden Ansatz ein Gebäudemodell beschrieben wird, welches sowohl auf die Dynamik des Objektes als auch auf den jeweils relevanten Nutzerbedarf eingeht. Dies wird in einen inhaltlichen sowie technischen Entwurf überführt und in einen Prototyp umgesetzt. An diesem können die relevanten Ansätze auf ihre Tauglichkeit verifiziert werden.

3.2 Das Gebäudedatenrepositorium

Um wie im Lösungsansatz vorgestellt, einen ganzheitlichen, lebenszyklusorientierten Gebäudebeschrieb zu gewährleisten, müssen verschiedene Aspekte berücksichtigt werden. Der Lösungsansatz des Gebäudedatenrepositoriums beinhaltet daher die folgenden Teilaspekte:

» Ganzheitlichkeit,
» dynamisches Objektstrukturmodell und
» Konfigurationsmanagement.

Zur Umsetzung dieser Aspekte wurden, wie in Abbildung 38 dargestellt, konkrete Umsetzungsansätze erarbeitet, die im weiteren Kapitel durch Anforderungen weiter konkretisiert werden.

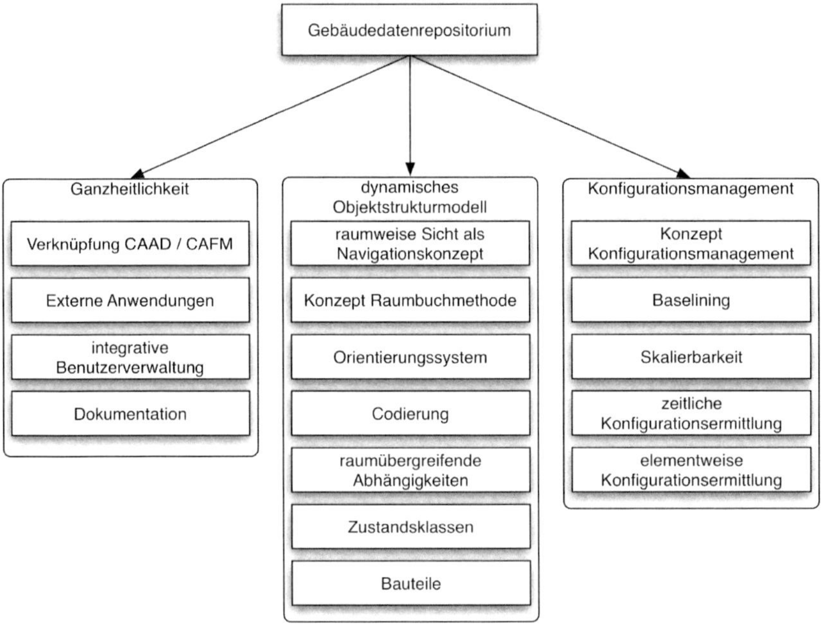

Abbildung 38: Systementwurf des Gebäudedatenrepositorium

3.3 Dynamisches Objektstrukturmodell

Für die Strukturierung des Objektes im Gebäudedatenrepositorium bietet sich, wie im Lösungsansatz vorgestellt, der Raum als zentrale Stellgröße an. Das Objektstrukturmodell des Raumbuches ist hierfür der ideale Ansatz für ein Gebäudedatenrepositorium, da das Raumbuch als eine „möglichst unkomplizierte Systematik zur Erfassung komplizierter Sachverhalte“[390] verstanden werden kann. Da anhand dieses Gebäudedatenrepositoriums das Gebäude - im Sinne einer produktbezogene Datenbasis zur Dokumentierung des Produktlebens[391] - über

[390] Hädler 1991, S. 19.
[391] Bürkner 2001, S. 54.

seinen gesamten Lebenszyklus abgebildet und verwaltet werden soll, muss somit das Anlegen und Weiterführen der Daten auch zu jeder Lebenszyklusphase möglich sein.

Während der Planung entsteht der Bedarf, das Anlegen des Raumprogramms zu unterstützen. Hier ist die Abbildung von funktionalen Abhängigkeiten bei der Bauwerksplanung während der Phase des Nutzerbedarfprogramms bezüglich der Vorgaben zur geometrischen Anordnung der Teilflächen als besonders wichtig[392]. Gerade hier sollten zeichnerische und textliche Beschriebe eingesetzt werden. Das Gebäudedatenrepositorium unterstützt somit die frühen Planungsphasen und das Anlegen eines Raumprogramms.

In der Ausführungsplanung kann gerade durch das klassische Umlagern von raumweisen Beschrieben in positionsgebundene Leistungsverzeichnisse[393] die Arbeit optimiert und kontrolliert werden. WIEDEMANN fordert, dass je nach Gewerk „die Detailtiefe der Beschreibung der Aufgabe angepasst“[394] werden soll. Daher müssen unterschiedliche Detaillierungsstufen, von grob bis sehr fein, unterstützt und die Möglichkeit zur benutzerdefinierten Zusammenstellung geboten werden.

Auch die Bestandsbeschreibung wird mit dem Gebäudedatenrepositorium unterstützt. Hierbei stellen sich die folgenden Anforderungen: Die Bestandsbeschreibung betrifft in der Hauptsache die den Raum umfassenden Bauteile, sowie allgemeine Informationen zum Raum wie Grundfläche und Höhe. Sie soll wertungsfrei, nachvollziehbar und fachlich korrekt sein. Wenn bei einer Bestandsaufnahme keine eingreifenden Untersuchungen stattfinden, kann meist nur die oberste Schicht eines Bauteils beschrieben werden. Die Konstruktion des Bauteilkerns kann dann nur grob erfasst werden, soweit sich diese feststellen lässt. Der Detaillierungsgrad der Bauteilbeschreibung hängt von den Eigenschaften des Objekts und dem Anwendungskontext ab: Für was sollen die im Raumbuch gesammelten Daten verwendet werden? Wenn es um Umplanungsmaßnahmen geht, so wird der Umfang der Bauteilbeschreibung von den Planungsvorstellungen abhängen. Hierbei wird der Fokus je nach Gebäude und Anwendung auch unterschiedlich sein. Bei Gebäuden mit einer erhaltenen hochwertigen, historischen Innenausstattung wird beispielsweise der Detaillierungsgrad der Bauteilbeschreibung höher sein, als bei Gebäuden, denen diese Ausstattung fehlt.

Für die Anwendung in der Nutzungsphase sind hingegen wieder andere Kerndaten des Gebäudebeschriebes interessant. Das Gebäudedatenrepositorium unterstützt daher die Aufnahme, das Einpflegen und Fortführen der Daten immer im Hinblick auf die weitere Verarbeitung und Datenauswertung bei entsprechender Detaillierungstiefe.

Zusammenfassend bietet der Ansatz des Raumbuches als Grundlage für eine Lebenszyklusorientierte Beschreibung des Objektes nach HEPERMANN besondere Vorteile „wenn ein durchgängiger Einsatz von der Projektidee bis zum Nutzungsende des Bauwerkes vorgesehen wird und das Raumbuch die unterschiedlichen Einsatzziele der Phasen Nutzerbedarfsprogramm, Gebäudeplanung und Bestandsmanagement insgesamt abdeckt“[395].

3.3.1 Die raumweise Sicht als Navigationskonzept

Durch raumbezogenes Verwalten von Informationen und Planungslösungen wird eine „raumbezogene Denkweise“ unterstützt[396]. Mit der Anwendung der raumweisen Strukturierung des Gebäudes eröffnet sich dem Benutzer die Möglichkeit, die Objektdaten so einzupflegen, wie

[392] HEPERMANN 1994, S. 17.
[393] Siehe Kapitel 2.7.3.
[394] WIEDEMANN 2004, S. 76.
[395] HEPERMANN 1994, S. 15.
[396] Vergleiche BOTH 2004a, S. 392.

das Gebäude bei einer Begehung erlebt wird: Nämlich als Abfolge von einzelnen Räumen. Dies bedeutet aber nicht zwingend, dass die vorgehaltenen Gebäudeinformationen auf das Niveau des Raumes atomisiert werden[397]. Auch Netze, Verbindungen, Abhängigkeiten und Topologien über den einzelnen Raum hinaus lassen sich mit dem Gebäudedatenrepositorium erfassen und abbilden[398].

Da mit der Fertigstellung des Gebäudes und dem Übergang zum Betrieb dieses als Abfolge von Räumen durch den Benutzer erlebt wird, stellt der Raum für die folgenden Lebenszyklusphasen die entscheidende Bezugsgröße dar[399]. Die Beschreibung des Objektes orientiert sich an einem „bottom-up"-Ansatz, der von der innenräumlichen Ebene ausgeht[400]. Das Objekt wird von seiner inneren räumlichen Struktur aus beschrieben. Diese Beschreibung erfolgt gemäß der Stratigrafie des Objektes von der Oberfläche zum Unterbau, beziehungsweise vom Inneren des Raumes hin zum raumtrennenden Kern.

3.3.2 Konzept Raumbuchmethode

Für das Objektmanagement wird die Anbindung von Managementsystemen im Sinne der Raumbuchmethode[401] erforderlich. Um die hiermit verbundenen Prozesse und Akteure integrativ unterstützen zu können, muss eine entsprechende Datenbasis mit Informationen über das Gebäude zur Verfügung stehen. Wichtig sind im Falle der Planung im Bestand und der einhergehenden Bestandserfassung hierbei die Punkte

» Analyse,
» Synthese und
» Planung.

Die Konzeption beinhaltet zur Unterstützung der Analyse im Kern die Gebäudehierarchie gegliedert in sieben Stufen sowie zusätzlich die Liegenschaften[402]. Damit lässt sich eine größtmögliche Variabilität bei der Abbildung von Objekten erreichen.

Die Synthese muss durch entsprechende Ordnungs- und Auswertungsfunktionalitäten unterstützt werden. Um das Gebäudedatenrepositorium integrativ als Raumbuchmethode zu verstehen muss die Anbindung beziehungsweise Vernetzung mit Managementinstrumenten möglich sein.

Nach HEPERMANN sollten die Daten, welche erhoben und eingepflegt werden, auch planmäßig für die weitere Verwendung benötigt werden und in einem angemessenen Verhältnis zum jeweiligen Einsatzziel stehen[403]. Gerade das Fortschreiben des Raumbuches stellt einen zentralen Aspekt der Raumbuchmethode dar[404]. Die Daten müssen daher dynamisch verwaltet und

---

[397] MARTIN 1997, Kapitel 46.23, S. 6, formulierte die Auswertungsmöglichkeiten des ganzheitlichen Datenbestandes des Raumbuches in einem heutzutage trivial erscheinenden Vergleich: „Vorstellen kann man sich den gesamten Informationsbestand wie eine Datenbank auf einem Computer, die von einem Könner umfassend hinsichtlich der Gesamt- wie auch aller Teilleistungen abgefragt und eingesetzt werden kann".

[398] Siehe Kapitel 3.3.5.

[399] Vergleiche BOTH 2004c, S. 46.

[400] Vergleiche BAUMANN 1991, S. 93 und PETZOLD 2001, S. 57f.

[401] Siehe hierzu Kapitel 2.7.4 „Die Raumbuchmethode".

[402] Vergleiche Kapitel 2.7.6 Raumbucherstellung.

[403] Vergleiche HEPERMANN 1994, S. 16, 19.

[404] MARTIN 1997, Kapitel 46.23, S. 2, formuliert dies folgendermaßen: „Vielmehr besteht das Wesen der Raumbuchmethode gerade darin, dass diese „Datenbank" fortgeschrieben wird, d.h. tagtäglich mit dem Erkenntnis- und Baufortschritt ergänzt und aktualisiert wird".

verschiedenste Detaillierungsgrade zugelassen werden. Verfeinerungen und Fortschreibungen der Daten können im Sinne der Raumbuchmethode auch zu einem späteren Zeitpunkt geschehen und müssen unterstützt werden.

3.3.3 Codierung

Eine durchgängige, einheitliche Codierung und Bezeichnung aller Bestandteile des digitalen Raumbuches muss gewährleistet sein[405]. Nur so können, mit einmaligen Codes, eindeutige Identifizierungen sichergestellt werden. Die Codierung von Unterelementen, wie zum Beispiel Räume innerhalb einer Ebene, kann automatisch stattfinden. Für andere Anwendungskontexte kann diese auch angepasst werden. Die automatische Generierung der Codierung gewährleistet eine Fehlerminimierung durch doppelt verwendete Codes. Das bedeutet, dass die Codierung unabhängig von der Nummerierung der angelegten Elemente sein kann. Somit ist es möglich verschiedene Standards, wie beispielsweise der vom BBR[406] vorgegebene, zu erfüllen und gegebenenfalls, abhängig vom Anwendungsfall, zwischen diesen zu wechseln.

3.3.4 Festlegung eines einheitlichen Orientierungssystems

Bisher existiert hier keine Norm oder festgelegter Standard über Orientierungssysteme von Raumbüchern. Um aber nutzbare und übersichtliche Daten sowie Abbildungen des Objektes zu erhalten, ist ein Vorgehensmuster unabdingbar. Das Erstellen des Orientierungssystems sollte aufgrund der Übersichtlichkeit und Vermeidung von Redundanzen auf Basis von Grundrissen durchgeführt werden[407]. Es muss zu dem eine Einheitlichkeit und Logik besitzen. Nur so kann eine nachvollziehbare Strukturierung des Gebäudes stattfinden, der vorgehaltene Informations- und Datenbestand langfristig genutzt werden und die Möglichkeit zur umfassenden Auswertung genutzt werden.

3.3.5 Abbildung von raumübergreifenden Abhängigkeiten

Der verfolgte Ansatz geht davon aus, dass der Raum über das umbaute Raumvolumen als solcher beschrieben wird. Von hier aus wird über die Oberflächen bis zum Kern umgebender Bauteile, wie Wände, Decken und Böden, die topologische Abhängigkeit aufgebaut. Es wird also die Beschreibung von Innen nach Außen[408] mit dem Raum als topologisches Modul gewählt. Somit lassen sich von dem kleinsten Element, dem Raum aus, dreidimensional alle Nachbarn identifizieren. Durch Aneinanderreihung dieser kleinsten, topologischen Einheiten, die bestimmte Merkmalsausprägungen aufweisen, lassen sich beispielsweise horizontal Stockwerke oder Raumgruppen aber auch vertikale Abhängigkeiten topologisch beschreiben, identifizieren und auswerten.

3.3.6 Zustandsklassen

Im Gegensatz zu den wertungsneutralen Beschrieben eines Bauteiles wird im Rahmen der Zustandsbeschreibung selbiges bewertet. Hierbei ist die klare Trennung von vorhergehendem „wertungsneutral“ und anschließendem „vom Bearbeiter bewertet“ entscheidend. So können auch im Folgenden noch von anderen Bearbeitern die Inhalte bezüglich ihrer „Färbung“ unterschieden werden. Damit wird der Zweck des analytischen Raumbuches erfüllt und zugleich dem Bearbeiter die Möglichkeit zur eigenen Beurteilung gegeben[409].

[405] Siehe HEPERMANN 1994, S. 19.
[406] BBR 2004, Kapitel 4, S. 3ff.
[407] Siehe auch PANTLI 2003, S. 4/4.
[408] Vergleiche BAUMANN 1991, S. 93.
[409] Vergleiche HÄDLER 1998, S. 52.

In Anmerkungen werden die ergänzenden Beobachtungen des Raumbucherstellers erfasst. Dies können Besonderheiten einzelner Bauteile oder Zusatzinformationen zum Alter oder besonderen Erscheinungsbild bestimmter Bauteile sein, die sich nur schwerlich kategorisieren lassen können. Erst die Betrachtung von Anmerkungen rundet das Bild des Bauteils ab. Im Rahmen von denkmalpflegerischen Bestandsaufnahmen zeigt sich hier das Fachwissen des Raumbucherstellers: Interpretationen über Alter, Bauphase und künstlerische Bedeutung stellen den historischen und kulturell nachhaltigen Wert der Bauteile dar, der berücksichtigt werden sollte.

Um in diesem Bereich eine Lösung für möglichst alle Beschreibungen zu finden, müssen Zustandsbeschreibungen nach einen vorgegebenen System klassifiziert werden. Nur so lassen sich einheitliche Auswertungen schaffen. Neben der Klassifizierung des Zustandes müssen freie Eingaben möglich sein. Hier muss aber der Anwender auf eine Vermeidung von Redundanzen zu bereits vorhandenen Inhalten, wie beispielsweise Alter, Oberflächenstruktur oder ähnliches, achten.

3.4 Konfigurationsmanagement

3.4.1 Konzept Konfigurationsmanagement

Bei Raumbüchern in papiergebundener Form ergibt sich häufig das Problem, dass Informationen, die erst nach dem Abschluss der Raumbucherstellung bekannt werden, nicht mehr in das alte Raumbuch eingearbeitet werden können. Dies kann sowohl bauhistorische Erkenntnisse, Veränderungen von Schadensbildern (zum Beispiel Risse) oder das neue Erscheinungsbild der Räume nach der Sanierung betreffen. Das Gebäudedatenrepositorium verknüpft daher die Raumbuchmethodik mit einer IT-gestützten zentralen Verwaltung, die zum einen Konsistenz sichert, zum anderen eine Fortschreibung während der Nutzung gewährleistet[410]. Das Gebäudedatenrepositorium geht aber noch einen Schritt weiter, und ermöglicht zusätzlich die Dokumentation der Transaktionen. Es leistet somit die Abbildung des aktuellen Standes bei gleichzeitigem Rückgriff auf vorherige Zustände. Entwicklungen und Veränderungen sind so nachvollziehbar.

Durch die Zusammenstellung von Konfigurationseinheiten zu Konfigurationen[411] lässt sich dies durch Anwendung der Managementdisziplin Konfigurationsmanagement lösen (siehe folgende Abbildung 39).

[410] Vergleiche Marohn 2003, S. 128.
[411] Siehe hierzu Kapitel 2.9.1.

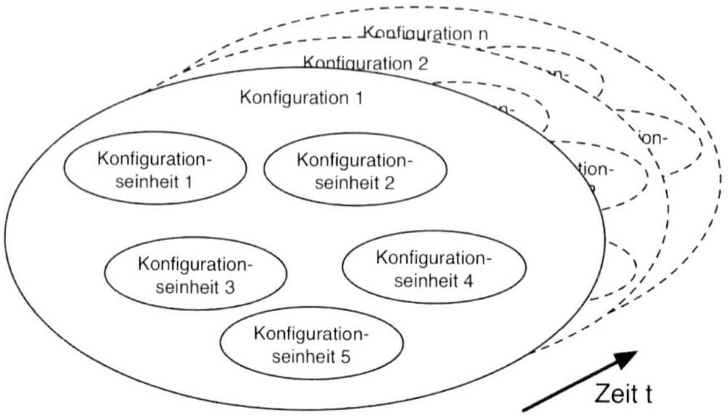

Abbildung 39: Konfigurationsverwaltung: Zusammenstellungen von Konfigurationen anhand von Konfigurationseinheiten

Verschiedene Konfigurationseinheiten, welchen den Räumen im Gebäudedatenrepositorium entsprechen, bilden in ihrer jeweiligen zusammengehörenden Menge eine Konfiguration, welche einen spezifischen Stand des Objektes darstellt.

3.4.2 Skalierbarkeit

Durch eine freie Skalierbarkeit ist es mit dem Gebäudedatenrepositorium möglich, sehr kurze Veränderungen, beispielsweise tägliche Bautagebucheinträge, oder langfristig wie bei jährlichen Revisionen oder Kontrollgängen üblich zu unterstützten. In folgender Abbildung ist dieser Zusammenhang zeitlichen Skalierbarkeit grafisch dargestellt.

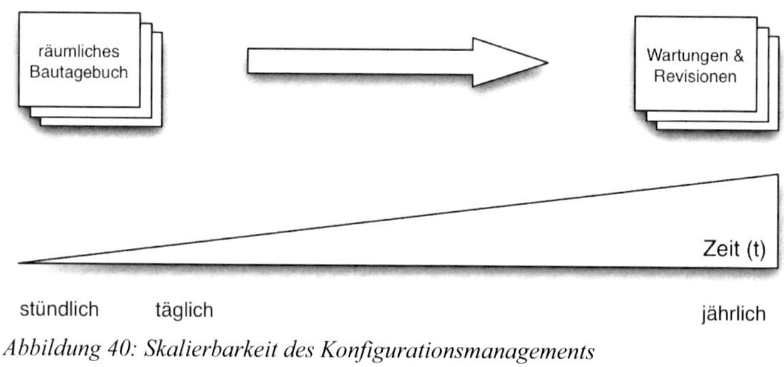

Abbildung 40: Skalierbarkeit des Konfigurationsmanagements

Durch die Möglichkeit der Skalierbarkeit des Konfigurationsmanagements lassen sich Kernbestandteile der Raumbuchmethode[412] mit dem Gebäudedatenrepositorium unterstützen.

3.4.3 Baselining

Bei der Anwendung des Konfigurationsmanagements muss zum einen zu Beginn eine Referenzkonfiguration, also ein Ausgangszustand festgelegt werden, zum anderen müssen klar

[412] Siehe Kapitel 2.7.4.

definierte Zustände, wie Bestandsaufnahme, Planungsergebnis, Ende der Maßnahmen etc. genannter Baselinings abbildbar sein. Diese Festlegungen müssen vom jeweiligen Anwender zusammengestellt werden können, um eine variable aber dennoch datentechnisch gesicherte Vorgehensweise beim Fortschrieb des Gebäudeinformationsbestandes zu gewährleisten und spezifische Zustände für bestimmte Prozesse festzuhalten.

3.4.4 Zeitliche Konfigurationsermittlung

Neben dem Baselining kann auch eine Konfigurationsermittlung abhängig von bestimmten Zeitpunkten für den Anwender wichtig sein. Beispielsweise die tägliche Zusammenstellung von Veränderungen kann bei der Bauüberwachung von Ausführungsleistungen interessant sein. Dem Akteur muss eine Funktionalität zur Verfügung stehen, anhand welcher er zu Zeitpunkten oder innerhalb von Zeitspannen Inhalte und Änderungen abrufen sowie auswerten kann.

3.4.5 Konfigurationsermittlung einzelner Elemente

Des Weiteren können für den Anwender vorhergehende Zustände von einzelnen Elementen des Gebäudedatenrepositoriums von Interesse sein. Gerade dies sollte durch einen einfachen Zugriff auf vorhergehende Zustände direkt am jeweiligen Element möglich sein. Auf diesem Wege kann der Anwender sich schnell ein Bild von der Historie dieses einzelnen Elementes machen.

3.5 GANZHEITLICHKEIT

3.5.1 Zentrale Speicherung

Gab es bislang Probleme bei der Aufbewahrung von papiergebundenen Raumbüchern, einzelnen Softwareprogrammen mit deren Datenbestand auf lokalen Computern und die häufige Frage, wer im Besitz des aktuellen Raumbuchs ist, so kann dieses Manko durch eine digitale Version, die zentral gespeichert ist, behoben werden. Alle raumbezogenen Informationen sind in einer fachübergreifenden Informationsquelle abgebildet und können recherchiert werden[413]. Durch die Bereitstellung dieser im Internet wird zudem für alle relevanten Benutzergruppen der Zugang zur aktuellen Raumbuchversion gewährleistet. Allen Planungsbeteiligten liegen die entsprechenden Informationen vor und sie können ununterbrochen auf die aktuelle Raumbuchversion zurückgreifen, diese bearbeiten oder die Daten auswerten.

3.5.2 Kopplung mit CAAD / CAFM

Durch die Nutzung zwar ausgereifter aber proprietärer Daten- und Austauschformate entsteht bei der digitalen Bearbeitung von Planungsdaten oft das Problem des Datenaustausches. Um das Gebäudedatenrepositorium integrativ zu verwenden, sollte es mit vorhandenen Werkzeugen, wie beispielsweise CAAD und CAFM, interagieren und vorhandene Daten ein- und auslesen können. Hierfür bietet sich das nicht properitäre Austauschformat IFC an. Zum einen ist der Import von Daten unabhängig vom Programmhersteller möglich, zum anderen können so gegebenenfalls andere Folgeanwendungen, wie zum Beispiel Simulationswerkzeuge, angesteuert werden.

[413] POTRECK 2002, S. 66.

3.5.3 Typisierung

Bei sich häufig wiederholenden Elementen in Gebäuden bietet sich zur schnelleren Bearbeitung und einfacheren Auswertung die Klassifizierung zu Typen an[414]. Im Gebäudedatenrepositorium soll der Anwender sich gegebenenfalls Typen erstellen beziehungsweise festlegen können, die dann in einfacher Weise wieder verwendet werden können. Ein solches Vorgehen bietet sich bei identisch wiederkehrenden Bauteilen, wie beispielsweise bestimmten Wandaufbauten oder Fenstern, an. Elemente können mit ihren in spezifischen Ausprägungen vorhandenen Attributen typisiert werden.

3.5.4 Gebäudedokumentation

Im Rahmen von Modernisierungsmaßnahmen bildet die Dokumentation des Bestandes die Grundlage für darauf aufbauenden Prozesse und Informationen wie zu ergreifende Maßnahmen, Kosten und Befunde. Die Erfassung der Bestandsdaten kann sich aber auch während eines Neubaues auf die Abbildung der Daten im Sinne von „wie geplant“ und „wie gebaut“ beziehen. Diese grundlegende, für Neu-, wie auch Umplanung zutreffende Dokumentation besteht aus folgenden Modulen:

- » Bilddokumentation
- » Bestandsbeschreibung
  - » -Bauteilbeschreibung (wertungsneutral)
  - » -Zustandsbeschreibungen
- » Anmerkungen

Die Bilddokumentation kann sowohl Photographien als auch Zeichnungen, Skizzen und Planunterlagen beinhalten. Diese grafischen Informationen werden benötigt, um in Ergänzung zu den verbalen Beschreibungen auch visuelle Informationen zu vermitteln. Einschätzungen und Beurteilungen des Raumbucherstellers können so von weiteren Bearbeitern nachvollzogen werden. Außerdem kann die Beschreibung von Sachverhalten, die auf dem Foto gleich zu erkennen sind, äußerst umfangreich sein, wobei die grafische Darstellung die verbale Beschreibung nicht ersetzen kann.

Um die Aussagekraft der eingebrachten Photographien zu gewährleisten, sollte die Photodokumentation immer eine Messtafel mit Bauteilbezeichnung nach DIN EN ISO 4157 sowie Messskala, Datum und Name des Bearbeiters enthalten.

Um eine solche Baudokumentation im Gebäudedatenrepositorium zu gewährleisten, muss ein Export der geforderten Inhalte in einer gewohnten Form, wie beispielsweise dem klassischen Raumbuchausdruck mit Bild- und Tabellendokumentation, unterstützt werden.

3.5.5 Benutzerverwaltung

Eine breit gefächerte Bereitstellung der Inhalte des Gebäudedatenrepositoriums für verschiedenste Benutzergruppen erhöht den Mehrwert der Anwendung aber auch der eingestellten Gebäudeinformation durch verschiedenste Akteure, welche diese bereitstellen und einpflegen. Dies muss durch eine Benutzerverwaltung, die eine breit gefächerte Anwenderschicht und eine dynamische Rechteverwaltung zulässt, gewährleistet werden. Das Spektrum der einzubindenden Akteure reicht von professionellen Benutzern wie Architekten, Fachplaner, Ingenieure und Gebäudebewirtschafter über semiprofessionelle Benutzer, wie Handwerker und Hausmeister bis zu Laien, wie Bewohner und Nutzer des Gebäudes sind. Hierbei ist es ebenso notwendig, die Anbindung von vorhandenen PDM-Systemen möglich zu machen.

[414] Vergleiche HÄDLER 1991, S. 20.

3.5.6 Informationsintegration

Da es sich bei dem Systementwurf des Gebäudedatenrepositoriums um eine internetbasierte, zentrale Anwendung handelt, bietet sich die Möglichkeit, andere internetbasierte Anwendungen anzubinden und somit einen Mehrwert an Information zu erzeugen. Anwendungen, die auch das Austauschformat IFC unterstützen, lassen sich natürlich über diese Schnittstelle ansteuern. Bei der direkten internetbasierten Anbindung geht es um die Methodik der Informationsintegration was in Richtung eines so genannten Portals geht. Durch die Kombination bestimmter Merkmalsausprägungen lassen sich spezifische Anfragen ableiten. Dies kann beispielsweise das jeweilige Bauteil mit dem zughörigen Material sein. Zu diesen abgeleiteten Abfrageinhalten lassen sich von externen Quellen zusätzliche Informationen bereitstellen.

4 Prototypische Umsetzung

4.1 Inhaltliche Umsetzung – Systementwurf

Im Folgenden werden die Lösungsansätze aus Kapitel 1 in eine inhaltliche Umsetzung überführt, welche den Systementwurf für das Gebäudedatenrepositorium darstellt.

4.1.1 Anlegen des Orientierungssystems

Wie im Lösungsansatz erläutert ist die Festlegung eines verbindlichen Orientierungssystems eine grundlegende Voraussetzung zur systematischen Erfassung und damit besseren Nutzbarkeit der Daten. Im Folgenden wird daher ein solches Ordnungssystem für alle Bereiche des Gebäudedatenrepositoriums definiert. Auf dieser Grundlage kann ein späterer Mehrwert und eine Eindeutigkeit der vorgehaltenen Daten gewährleistet werden.

Die Strukturierung des Objektes sollte nach der in Abbildung 41 dargestellten Gebäudehierarchie verlaufen. Einige Elemente sind optional, so dass Strukturebenen, die im zu erfassenden Objekt nicht vorhanden sind, wie beispielsweise Gebäudeabschnitt oder Gebäudebereich, ausgelassen werden können. Beim Anlegen des Gebäudes ist es zur einfacheren Erfassung vor Ort zunächst nicht verpflichtend für die übergeordneten Gliederungsebenen exakte Bezeichnungen und Gliederungen einzugeben. Dies kann später zugeordnet oder umstrukturiert werden. Damit kann das erfasste Gebäude auch nachträglich auf vorhandene Codierungsvarianten angepasst werden.

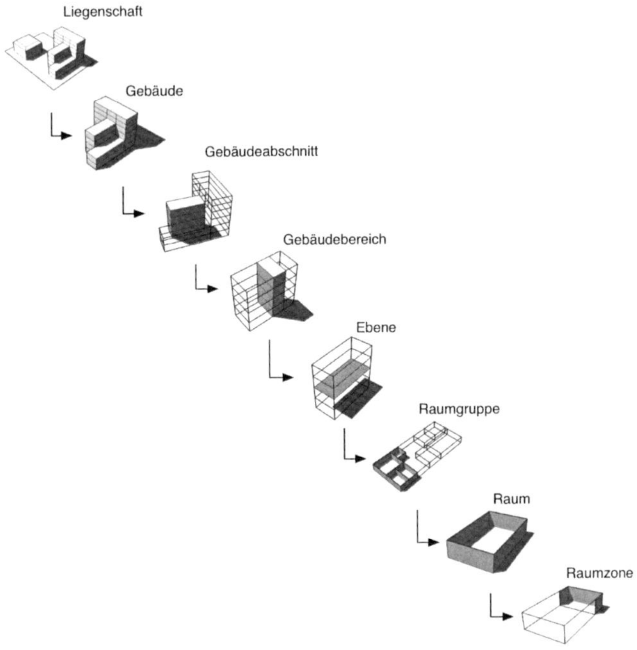

Abbildung 41: Gebäudehierarchie des Gebäudedatenrepositoriums

Auf Ebenenniveau werden die Räume im Uhrzeigersinn aufsteigend nummeriert. Begonnen wird mit 1 beim Erschließungsraum beziehungsweise bei der Haupterschließung. In folgender Abbildung ist dies dargestellt. Ein Pfeil kennzeichnet die Erschließung von außen, ein weiterer die aufsteigende Nummerierung im Uhrzeigersinn.

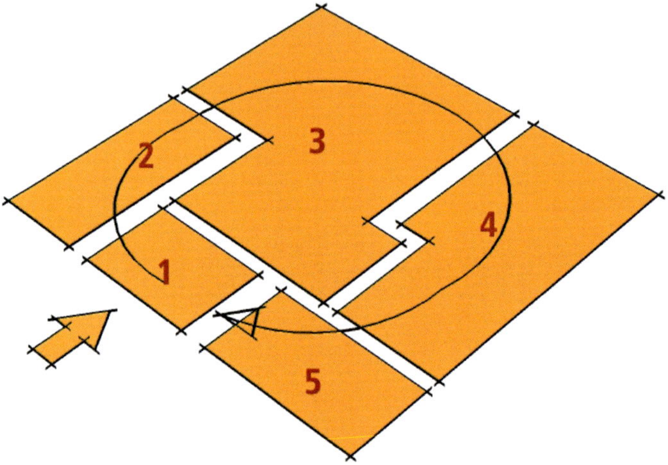

Abbildung 42: Vorgehen zur Nummerierung von Räumen

Für die Nummerierung der Wände wird die der Erschließung gegenüber liegende Wand, als a festgelegt[415] und dann im Uhrzeigersinn innerhalb des Raumes fortgeschritten[416]. Die folgenden Wände werden fortlaufend alphabetisch gekennzeichnet. Somit erhält man innerhalb des Gebäudes eine konstante Bezeichnung die sich an der Erschließung orientiert. Somit erhält man innerhalb des Gebäudes eine konstante Bezeichnung die sich an der (Haupt-) Erschließung orientiert. In Abbildung 43 ist dies exemplarisch dargestellt.

[415] Vergleiche HÄDLER 1998, S. 52.

[416] Nummerierungen, welche die Zugangs- oder Erschließungstür als a festlegen(siehe PANTLI 2003, S. 4/4), können mehrdeutig sein und weisen auf Grundrissen eine geringere Übersichtlichkeit auf.

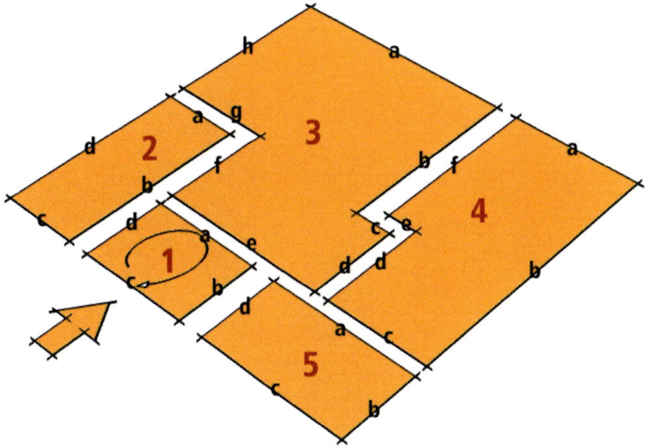

Abbildung 43: Vorgehen zur Nummerierung der Wände

In vielen Fällen kann es notwendig sein, einen Raum weiter zu unterteilen. Dies kann durch unterschiedliche Nutzungen, wie beispielsweise Verkehrs- und Wohnflächen, oder durch die Verwendung von unterschiedlichen Materialen, wie beispielsweise unterschiedlichen Bodenbelägen, notwendig sein. Zur Abbildung solcher Bereiche bietet sich die Aufteilung des Raumes in unterschiedliche Raumzonen an. In folgender Abbildung 44 ist diese Unterteilung für einen gefliesten Küchenbereich exemplarisch dargestellt.

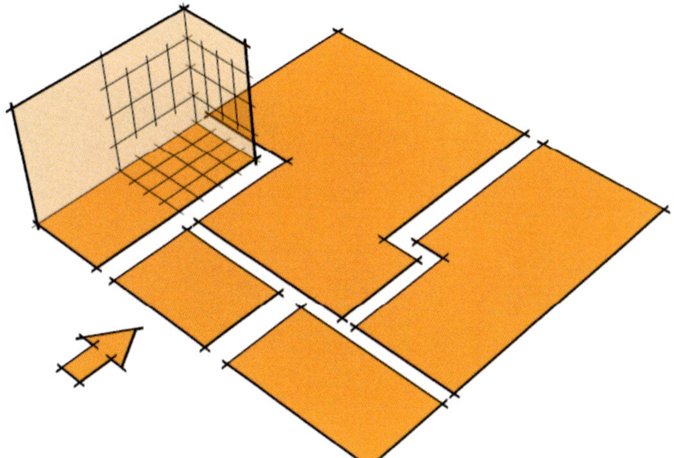

Abbildung 44: Erstellung von Raumzonen

Die Türen werden im Uhrzeigersinn vom Erschließungsraum aus linker Hand beginnend mit T1 aufsteigend durchnummeriert werden. In Abbildung 45 ist dieses Vorgehen exemplarisch dargestellt.

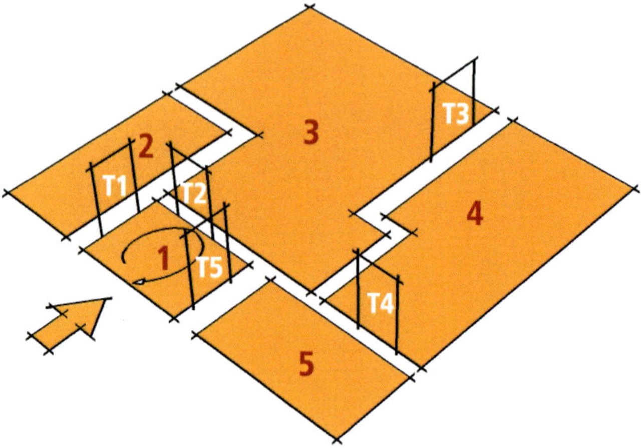

Abbildung 45: Vorgehen zur Nummerierung der Türen

Die Definition der Fenster findet analog zu den Türen statt: Vom Erschließungsraum aus linker Hand beginnend mit F1 wird im Uhrzeigersinn aufsteigend durchnummeriert. In folgender Abbildung ist dies grafisch abgebildet.

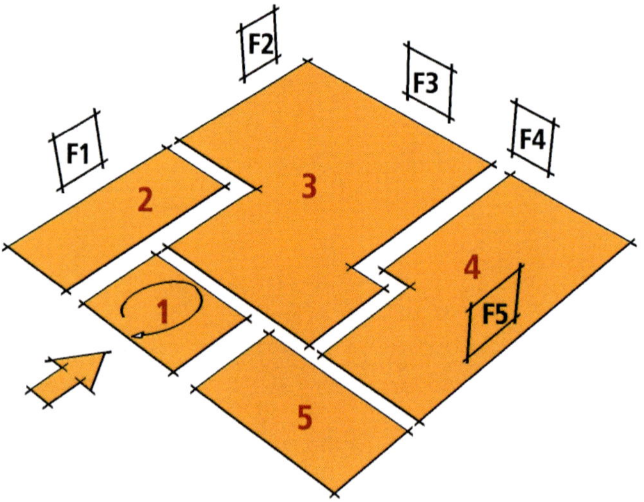

Abbildung 46: Vorgehen zur Nummerierung der Fenster

4.1.2 Abbildung der Gebäudehierarchie

Der Detaillierungsgrad eines Bauteils ist objekt- und projektbezogen. Die Objektbezogenheit ergibt sich aus den besonderen Eigenschaften des Objekts, wie dem Alter oder der kulturellen Bedeutung. Die Projektbezogenheit entsteht aus den Zielen und dem Zweck der Raumbucherstellung. Von daher kann als minimales Raumbuch lediglich die Gebäudehierarchie angelegt werden. Für diese Art der Datenstruktur, die eine dynamische Erweiterung und Feingliederung über die Zeit benötigen kann, bietet sich für die Persistenzebene eine relationale Abbildung an[417]. Die Möglichkeit, mehrere Objekte[418] in derselben Datenbank zu verwalten, ist durch die Verwaltung mehrerer Liegenschaften sowie die Möglichkeit, Benutzer und Objekte Projekten zuzuordnen, gegeben.

Zur Abbildung der Gebäudehierarchie wurden die notwendigen baulichen Elemente, in welche sich das Gebäude untergliedern lässt, in Kapitel 2.7.2 vorgestellt. Um eine möglichst große Flexibilität und Vielfalt bei der Beschreibung zu gewährleisten, wird ab Gebäudeniveau eine siebenstufige Gliederung angeboten. In folgender Abbildung ist dies in Form eines ER-Diagrammes in der Bach'schen Notation dargestellt.

In einer 1 – n Beziehung ist die Liegenschaft mit dem Gebäude verknüpft. In gleicher Weise geschieht dies hierarchisch absteigend bis zur Raumzone. Falls nicht alle der mitgeführten Elemente zur Abbildung der Gebäudehierarchie benötigt werden, lassen sich die unbenötigten Ebenen als reine Relationsobjekte ohne Inhalt anlegen. Wenn beispielsweise kein Gebäudeabschnitt vorhanden ist, wird dieser trotzdem angelegt, aber sein Inhalt, bis auf die Relationsbeschreibungen, bleibt leer.

An den Gebäudeabschnitt ist mit einer 1 – n Beziehung noch die Klasse Dach, die ihrerseits mit der Klasse Dachbekleidung verknüpft ist, angebunden. So lassen sich für verschiedene Gebäudeabschnitte, unterschiedliche Dachausprägungen und Bekleidungen festlegen. So lässt sich beispielsweise ein Anbau mit Flachdach an einem Gebäude mit Satteldach abbilden.

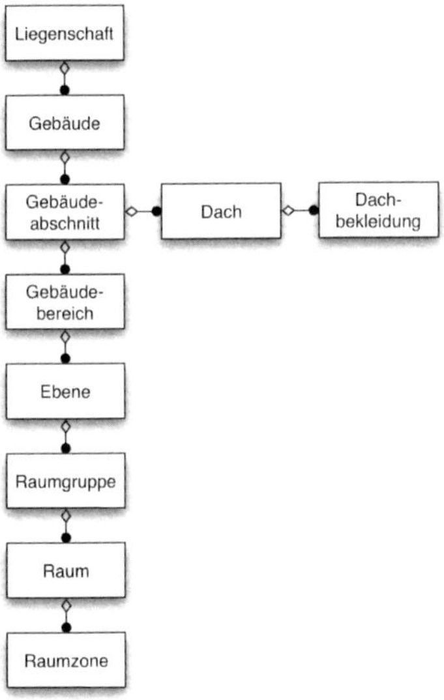

Abbildung 47: ER-Modell der Gebäudehierarchie

[417] Dies hat gegenüber objektorientierten Ansätzen für die Persistenzebene den Vorteil einer einfachen Portierbarkeit. Im speziellen ist dies für den gewünschten Low-Budget-Ansatz von Bedeutung. Vergleiche hierzu Kapitel 4.2.1.

[418] Hier: Gebäude.

Bei der Erfassung von den Räumen können auch die jeweiligen Raumgeometrien aufgenommen werden. Der Fokus liegt allerdings auf der Abbildung der Topologien der Räume zueinander. Die Geometrien hängen als Attribut an den Räumen beziehungsweise Elementen und werden somit über die Topologie verknüpft[419]. Aus den Raumgeometrien können Rückschlüsse bezüglich des Grundrisses gezogen werden. Die Geometrien für einzelne Räume lassen sich jederzeit wieder verändern und anpassen. Änderungen im zugrunde liegenden Datenbestand stehen somit auch in Auswertungen zur Verfügung.

4.1.3 Konzept zur Abbildung der Oberflächen

Bezug nehmend auf das Konzept des Raumbuches steht im Zentrum der Datenverwaltung des Gebäudedatenrepositoriums der Raum, beziehungsweise die Raumzone. Von hier aus werden alle weiteren Inhalte angeknüpft. Dies umfasst sowohl die im Raum sichtbaren Elemente (Oberflächen, Ausbauteile, Fenster, Türen, elektrische Installationen, etc.) als auch die topologisch verknüpften Elemente (Kerne, Aufbauten, angrenzende Räume als auch Fassaden, etc.).

Bei Bestandsbeschreibungen kann mit zerstörungsfreien Methoden meist lediglich die Oberfläche erfasst werden. Die Qualitäten von Unterbau und Schichten können also erst zu einem späteren Zeitpunkt festgelegt werden. Dieser Vorgang muss natürlich möglich sein und unterstützt werden. In folgender Abbildung ist eine Unterteilung einer Wand in einzelne Elemente abgebildet, wie sie sich vom Raum ausgehend erschließen. Der Pfeil stellt hierbei die Blickrichtung vom (Innen-)Raum aus dar. Die erste Oberfläche repräsentiert das Finish. Diesem folgen die Bekleidung, der Aufbau und schließlich der Kern. Die Anzahl dieser Oberflächenschichten kann aber natürlich variieren. Ebenso kann die Wandoberfläche zoniert sein und somit je Bereich unterschiedliche Oberflächenschichten aufweisen, wie beispielsweise der Fliesenspiegel in Küchen.

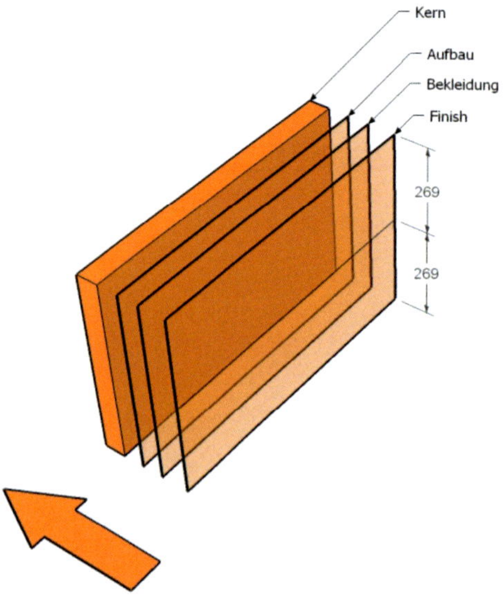

Abbildung 48: Gliederung einer Wand (vom Innenraum zum Kern)

[419] Vergleiche HEILIGER 2005, S. 63.

Um ein sinnvolles Abbilden dieser Gegebenheiten zu gewährleisten und eine hohe Variabilität zu erhalten, muss eine entsprechende Art der Modellierung gefunden werden. Bei der Decke, dem Boden und den Wänden handelt es sich um Bauteile mit einem Kern, der nicht allein einem Raum zugeordnet werden können. Die Lösung besteht in einer Differenzierung dieser Bauteile in einen Kern und beidseitiger Ausbauschichten - Aufbau, Bekleidung beziehungsweise Beläge und Finish – zu den jeweiligen Räumen. Allen Kernbauteilen und Belägen werden gleichsam eine Fläche, eine Elementbeschreibung und eine Zustandsbeschreibung zugeordnet. Dies ist so variabel gestaltet, das die Oberfläche zoniert und die Anzahl der Zwischenschichten frei gewählt werden kann. Auch die Schicht-Reihenfolge ist als wichtige Information hinterlegt.

Im Gegensatz zu IFC hat der Raum eine direkte Beziehung zu den Oberflächen und darüber zu den Wänden, Decken und Böden. In IFC können *IfcCoverings*, also Bekleidungen für Wände definiert werden, diese müssen aber nicht unbedingt physisch vorhanden sein[420]. Stattdessen wird über *IfcRelSpaceBoundary* in einer 1:1 Beziehung der Raum mit angrenzenden Bauelementen verknüpft[421]. Darüber kann dann beispielsweise die Bekleidung einer Wand einem eindeutigen Raum zugeordnet werden.

In folgender Abbildung ist das ER-Modell des Raumes, seiner zugeordneten Raumzonen sowie aller zugeordneten sichtbaren und topologischen Elemente abgebildet. Über die Oberfläche findet die Zuweisung zu den Kernen (horizontal wie vertikal) statt, sowie deren Typisierung anhand des Oberflächentyps in Wand, Decke oder Boden.

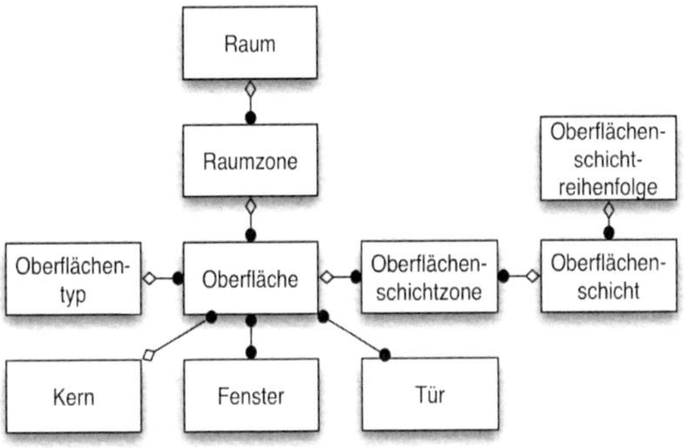

Abbildung 49: ER-Teilmodell des Raumes mit der Abbildung seiner Inhalte

Topologische Nachbarschaftsbeziehungen der Räume lassen sich so auf effiziente Weise sowohl vertikal als auch horizontal über die den Oberflächen zugeordneten Kerne identifizieren.

4.1.4 Elektroausstattung

Zur Darlegung der Abbildbarkeit auch raumübergreifender Strukturen mit diesem Strukturansatz werden im Schema auch technische Systeme erfasst. Exemplarisch werden diese auch in der prototypischen Umsetzung anhand der Elektroausstattungen dargelegt. An den einzelnen Oberflächen der Räume befinden sich Elektroausstattungen, die von einem bestimmten Elektroausstattungstyp (zum Beispiel Steckdose, offenes Stromkabel, etc.) sind und einem überge-

420 LIEBICH 2004, S. 115.
421 LIEBICH 2004, S. 112f.

ordneten Stromkreis angehören. Damit ist der Aufbau raumübergeordneter beziehungsweise raumunabhängiger Gliederungsprinzipien möglich. Die Stromkreise sind in einem Gebäude eindeutig identifizierbar[422]. Durch einen Zustandscode ist die Elektroausstattung genauer klassifizierbar. Dies ermöglicht es, auch technische Systeme mit in die Bestandsdiagnose zu integrieren. In folgender Abbildung 50 ist dieser Zusammenhang in dem entsprechenden ER-Teilmodell in der Bach'schen Notation dargestellt. Des Weiteren ist die Elektroausstattung durch einen Zustand klassifiziert [423].

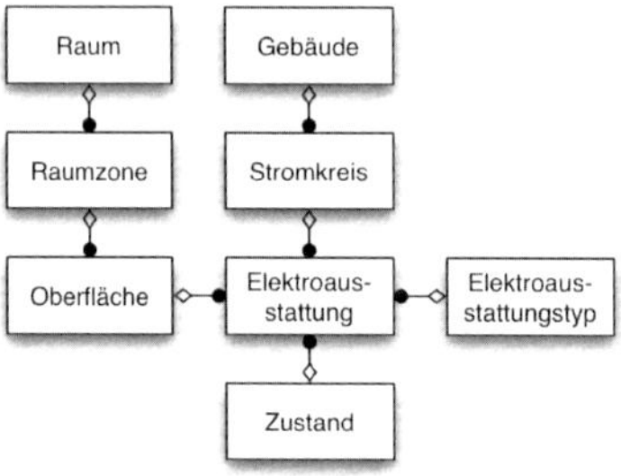

Abbildung 50: ER-Teilmodell Elektroausstattungen

Analog zu dieser Abbildung der überräumlichen Vernetzung von Stromkreisen kann diese Art der Modellierung auch mit Zu- und Abwasserrohren, Zu- und Abluftleitungen wie auch mit Kommunikationsverbindungen stattfinden.

4.1.5 Zustandsbeschreibung

Bei der Beschreibung der Bauteile ist es unerlässlich, den Zustand zu beschreiben, in dem sich diese befinden. Hierbei ist auf eine strikte Trennung in Beschreibung und Bewertung des Bauteiles zu achten. Allzu leicht mischt sich unter die reine Beschreibung bereits ein bewertendes Vorurteil[424]. Neben frei formulierten Zustandsbeschreibungen können an dieser Stelle auch Zustandsklassifizierungen oder vorformulierte Beschreibungen benutzt werden. Die Zustandsklassifizierungen hängen von dem durch den Bearbeiter verwendeten System ab. BÖHNING sieht eine dreistufige Unterteilung des Zustandes in gut, ausreichend und schlecht vor[425]. Die Grob-Diagnose nach IP-BAU[426] unterteilt dies dagegen vierstufig in:

» guter Zustand,
» leichte Abnutzung,
» größere Abnutzung und
» Ende der Lebensdauer.

Diese Form der Zustandsbeurteilung wurde auch für den ImmoPass der DEKRA[427] übernommen. Diese Zustandsbeschreibung wird dem hier beschriebenen Konzept des Gebäudeda-

[422] Die Stromkreise könnten als Erweiterung noch mit einer weiteren Klasse verknüpft werden, welche noch den jeweiligen Sicherungskasten repräsentiert.
[423] Vergleiche Kapitel 4.1.5.
[424] Vergleiche HÄDLER 1998, S. 52.
[425] BÖHNING 2002, S. 243f.
[426] IP-BAU 1993, S. 16 ff.
[427] DEKRA 2001, S. 19.

tenrepositoriums zugrunde gelegt. Diesen Zuständen können im weiteren Beurteilungsverlauf noch Dringlichkeitsstufen sowie Maßnahmen zugeordnet werden.

Die Klasse „Zustand“ kann somit global im Gesamtmodell zur Attributierung beziehungsweise Diagnose aller Entitäten mit einem spezifischen Zustand herangezogen werden[428]. Der Zustand von Bauteilen stellt eine wichtige Kenn- und Stellgröße im Wartungs- und Sanierungsprozess dar. Aufbauend auf dieser Zustandsdiagnose können somit auf effiziente Art und Weise Abfragen und Auswertungen aufgesetzt werden.

4.1.6 Bauwerkshistorie

Die inhaltliche Umsetzung des Konfigurationsmanagements erfolgt über die Abbildung und Speicherung aller vorhergehenden Zustände der einzelnen Elemente des Datenmodells. Dieser Zustand wie auch die darauf aufbauenden Transaktionen werden als Referenz mit dem jeweiligen Benutzer verknüpft, welcher Elemente angelegt, editiert oder gelöscht hat. Somit bietet sich zur Speicherung dieser Änderungen eine zentrale Entität, welche „Historie“ genannt wird, an. Diese bildet die veränderten oder gelöschten Inhalte mit ihrer Ursprungszugehörigkeit, dem involvierten Benutzer und den jeweiligen Zeitpunkten der Veränderung ab.

4.1.7 Lebenserwartungen von Bauteilen

Um das Gebäudedatenrepositorium als unterstützendes Werkzeug für Revisionen, Kontrollgänge und Betriebsüberwachung einzusetzen, bietet es sich an, durchschnittliche Lebenserwartungen von Bauteilen vorzuhalten. Hierzu wurden die Lebensdauern von Bauteilen und Bauteilschichten aus der Loseblattsammlung des KOMPETENZZENTRUM „KOSTENGÜNSTIG QUALITÄTSBEWUSST BAUEN“[429], - eine Auswertung und Zusammenfassung von verschiedenen Quellen -, herangezogen. Diese Sammlung umfasst ein sehr breites Spektrum an Elementen von Bauteilen der Tragkonstruktion über diverse Bauteilschichten bis zu Ausbauteilen. Diese sind jeweils mit minimaler, maximaler und durchschnittlicher Lebenserwartung in Jahren versehen. Diese Gliederung lässt sich logisch mit vorhandenen Materialien, beziehungsweise Materiallisten, verknüpfen. Durch die zeitliche Instanziierung aller Inhalte des Gebäudedatenrepositoriums lässt sich die noch vorhandene Dauer bis zum Erreichen der minimalen Lebenserwartung für jedes Element einzeln berechnen, anzeigen und auswerten. Damit ist es möglich, Benutzer auf das Erreichen von bestimmten Zuständen von Bauteilen hinzuweisen und eine Art Inspektionsplan dynamisch und individuell angepasst zu erzeugen. Die vorhandenen Listen der Loseblattsammlung wurden in ein ER-Modell übertragen. Dieses ist in Abbildung 51 dargestellt.

[428] Als Beispiel, wie diese Attributierung aussieht, sei auf Abbildung 50 als Einzelbeispiel oder auf das Gesamtmodell des Prototypen in Abbildung 55 verwiesen.

[429] IEMB 2004, S. 1.

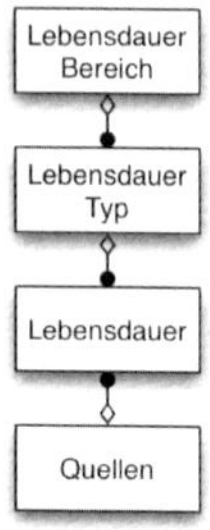

Abbildung 51: ER-Teilmodell der Bauteillebensdauern

So lassen sich die Inhalte, die zu verschiedenen Domänen (Tragkonstruktion, Nichttragende Konstruktion, etc.) zusammengefasst sind, sinnvoll abbilden. Die Klasse „Lebensdauer Bereich“ beschreibt gerade diese Domänen und attributiert so die Klasse „Lebensdauer Typ“, die Bauteile und Bauteilschichten (wie zum Beispiel Außenwände, Innenwände, etc.) umfasst. Das eigentliche Bauteil ist in der Klasse „Lebensdauer“ mit seinen jeweiligen Attributen erfasst. Diese Klasse wird noch durch die Klasse „Quelle“ attributiert, die beschreibt aus welcher die Informationen zu den Lebenserwartungen stammen.

4.1.8 IFC-Anbindung

In den IFC sind Räume als explizite Objekte definiert (*IfcSpace*). Somit müssen diese beim Austausch nicht über die umgebenden Wände beschrieben werden. Außerdem können Räume eigene Informationen wie Flächenkennzahlen nach DIN 277 oder Heizlasten aus der Wärmebedarfsrechnung tragen[430].

Die vorgehaltene Gebäudehierarchie ist in IFC deutlich simpler angelegt, als sie für Gebäudedatenrepositorium zugrunde gelegt ist. Es werden neben dem Projekt (*IfcProject*), welches auf oberster Ebene angeordnet ist, vier Hierarchiestufen zur Abbildung der räumlichen Struktur als Entitäten verwendet[431]:

- » Liegenschaft (*IfcSite*)
- » Gebäude (IfcBuilding)
- » Ebene (IfcStorey)
- » Raum (IfcSpace)

Zur feineren Erstellung von räumlichen Strukturen lassen sich Gebäude und Ebenen als Gruppe, als Ganzes und gegebenenfalls auch als Teilbereiche von sich selber, also als Gebäudeabschnitt und Ebenen- oder Geschossbereich, gliedern[432]. Dies geschieht über das *CompositeType*-Attribut des jeweiligen Elementes. Es kann entweder den Wert COMPLEX, für eine Gruppe (zum Beispiel eine Liegenschaftsgruppe), ELEMENT für ein Ganzes (Gebäude, Ebene, Raum, etc.), oder PARTIAL, für einen Teilbereich (zum Beispiel ein Gebäudeabschnitt), annehmen. Da alle vier Grundebenen der räumlichen Struktur als Gruppe, Ganzes oder Teil vorkommen können, ist eine maximale Anzahl von 12 Gliederungsebenen möglich.

[430] DAYAL 2004, S. 20.
[431] LIEBICH 2004, S. 101.
[432] LIEBICH 2004, S. 102, siehe auch BBR 2004, Kapitel 4, S. 5.

Die Merkmale der räumlichen Struktur werden mit *IfcPropertySets* abgebildet[433]. Ein Beispiel kann ein Merkmal des Gebäudes sein, dass als *Pset_BuildingCommon* abgebildet wird. Jedes *IfcPropertySet* besteht aus 1:n *IfcProperty* (Eigenschaft) und jedes Element kann 0:n *IfcPropertySets* tragen. Das *IfcProperty* besitzt Name, Beschreibung, Wert und Einheit.

Mengen der räumlichen Struktur können über die Nutzung der *IfcElementQuantity* abgebildet werden. Dies umfasst die genaue Definition der Mengenbegriffe sowie der Methode der Erfassung[434]. Einzelne Mengen werden über Mengenelemente ausgetauscht. Jedes *IfcElementQuantity* kann 1:n *IfcQuantity* enthalten, welche sich in *IfcQuantityLength*, *IfcQuantityArea*, *IfcQuantityVolume* und *IfcQuantityCount* aufteilen.

Falls die räumlichen Strukturen im Sinne einer Richtlinie klassifiziert werden sollen, lässt sich dies über *IfcClassificationReference* bewerkstelligen[435]. Hierzu ist ein Verweis auf die Klassifikationstabelle (hierarchischer Katalog) und die Klassifikation, beziehungsweise die Richtlinie notwendig.

Die räumlichen Strukturentitäten sind untereinander mit *RelAggregates* verknüpft. Zu höheren Gliederungsstrukturen wird dies einfach, zu Niederen über eine 1-n-Beziehung abgebildet. In folgender Abbildung ist das Erstellen von Gebäudestrukturen mit den IFC-Entitäten dargestellt.

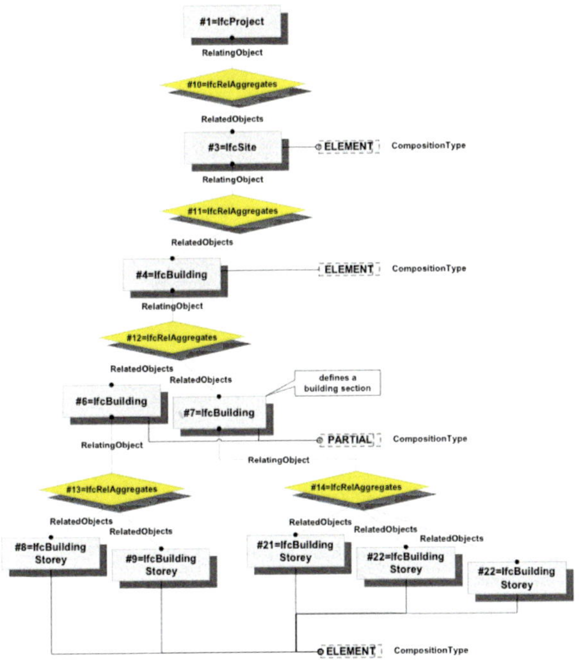

Abbildung 52: Zerlegung einer räumlichen Struktur mit IFC-Entitäten (Quelle: Liebich 2004, S. 103)

433 Liebich 2004, S. 70f.
434 Liebich 2004, S. 90f.
435 Liebich 2004, S. 30.

Um einen Datenaustausch in und aus dem Gebäudedatenrepositorium zu weiteren Softwareapplikationen zu ermöglichen, wurde ein Mapping-Konzept zur Überführung der Strukturen entwickelt. Die in den IFC-Basisklassen fehlenden Strukturebenen lassen sich über die beschriebenen *RelAggregates*- und *CompositeType*-Attribute ergänzen. So wird es möglich, bestehende Gebäudemodelle über IFC in das Gebäudedatenrepositorium zu überführen – zum Beispiel als Referenzkonfiguration nach Beendigung der Planung in CAAD-Systemen. Zudem kann aus dem Gebäudedatenrepositorium heraus auf selbigen Weg über IFC eine Anbindung an Facility-Management-Systeme geschehen. In folgender Abbildung 53 ist das Mapping-Konzept für alle Gebäudegliederungsstrukturen des Gebäudedatenrepositoriums mit der entsprechenden Überführung nach IFC dargestellt.

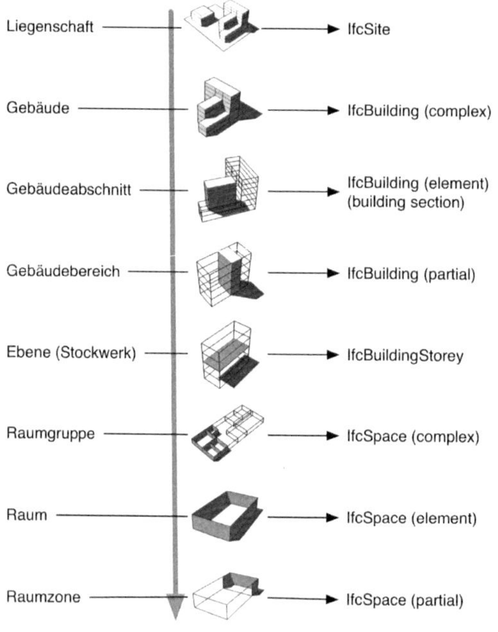

Abbildung 53: Gebäudegliederungsstrukturen im Gebäudedatenrepositorium mit entsprechender Abbildung in IFC

4.2 Technische Umsetzung

4.2.1 Das 3-Schichten-Modell

Die Umsetzung des Konzeptes in eine prototypische internetbasierte Applikation erfolgt als 3-Schichten-Modell mit einer grundlegenden Datenbankschicht, einer darauf aufsetzenden mittleren Schicht, welche den Großteil der Logik beinhaltet, sowie einer Klientenschicht[436]. In Abbildung 54 ist schematisch der Aufbau des verwendeten 3-Schichten-Modells dargestellt.

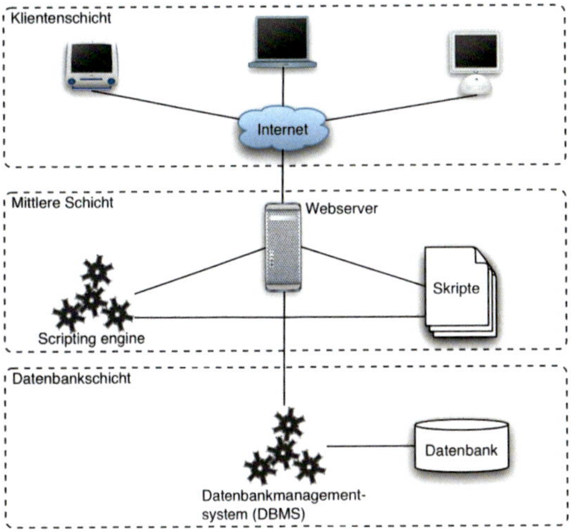

Abbildung 54: Aufbau des 3-Schichten-Modells zur Umsetzung (nach Williams 2002, S. 2)

Fokus ist hierbei, einen Low-Budget-Ansatz durch die Verwendung von freier, nicht proprietärer Software, zu verwirklichen. Dies beinhaltet auch eine einfache Portierbarkeit der Persistenzebene. Als unterste Schicht kommt somit eine relationale Datenbank zum Einsatz. Hier werden die Daten des Raumbuches in Form von Datensätzen (Tupeln) in Datenbanktabellen eingeschrieben, vorgehalten und abgerufen. Zwischen den Tabellen sind dem Datenbankmodell entsprechend Beziehungen definiert. Als Datenbanksystem wird MySQL[437] verwendet, welches auch auf der Abfragesprache SQL basiert. MySQL ist eine kostenlose Datenbankapplikation, die von der MySQL AB entwickelt wird. Der Quellcode ist frei verfügbar. Lediglich für die Verwendung von MySQL in kommerziellen Produkten sind kostenpflichtige Lizenzen zu erwerben.

Die mittlere Schicht, die auf der Grundlage der Datenbank aufbaut, enthält die Applikationslogik, welche die Kommunikation mit der Klientenschicht ermöglicht. Diese Schicht besteht aus Skripten, welche Abfragen, Sortierungen und Veränderungen der Datenbankinhalte durchführen. Die mittlere Schicht interpretiert die Struktur und den Inhalt der Datenbank so, dass dem Benutzer diese als HTML-Seiten angezeigt werden. Ferner werden die eingehenden Daten in Datenbankabfragen geformt, um Daten zu lesen oder zu schreiben. Diese mittlere

[436] Gessmann 2003, S. 191f. Je nach Anwendungsfall können auch zwei oder vier Schichten zur Umsetzung eingesetzt werden (Alzoobi 2003, S. 97f)

[437] Webseite des Herstellers: http://www.mysql.com

Schicht wird durch die Skriptsprache php[438] gebildet. php ist ebenfalls kostenfrei und mitsamt des Quellcodes verfügbar.

Die oben auf die mittlere Schicht aufsetzende Klientenschicht, interagiert mit der Applikation. Da es sich um eine internetbasierte Applikation handelt, kann als Klientenschicht jeder gebräuchliche Browser verwendet werden. Somit ist die vom Klienten erforderliche Hardwarevoraussetzung sehr gering und es muss in der Regel keine zusätzliche Software installiert werden. Dadurch ist die Klientenschicht plattformunabhängig und eine weite Verbreitung und Zugänglichkeit ist gegeben. Über dieses Front-End haben die Anwender die Möglichkeit Daten zu lesen, zu schreiben oder zu verändern. Dies geschieht über formularbasierte Eingabefelder.

Die Verwendung von php und MySQL als technische Umsetzung hat den Vorteil, dass dies Betriebssystemunabhängig mit geringem Aufwand und benötigten Hardware-Ressourcen auf verschiedensten Servern installiert werden kann und diese Kombination sich großer Beliebtheit erfreut und dementsprechend weit verbreitet ist[439]. Gerade in Kombination mit dem Betriebsystem Linux und dem freien Webserver Apache hat sich der Begriff „lamp“[440] etabliert.

4.2.2 Die Datenbank

Die in Kapitel 4.1 erarbeiteten Inhalte in Form eines Datenmodells wurden anschließend in ein relationales Datenbankschema übertragen. Dies wurde durch das Anlegen der einzelnen Tabellen instanziiert. Dies geschah mit dem freien Werkzeug DBDesigner 4[441], welches für das Entwerfen und Verwalten von MySQL-Datenbanken optimiert ist. In der Abbildung 55 ist das Schema des Gesamtmodells mit allen Tabellen, den jeweiligen Primär- und Fremdschlüsseln und den zugehörigen Relationen als ein Export aus DBDesigner 4 dargestellt. Einzelne Tabellen sind in Bereichen zusammengefasst, da sie sich thematisch oder logisch dementsprechend einordnen lassen. Die Benennung der Attribute erfolgt nach einer einheitlichen Nomenklatur für die gesamte Datenbank.

Die detaillierte Auflistung der einzelnen Datenbanktabellen mit ihren jeweiligen Attributen, Datentypen, Primär- und Fremdschlüsselzuordnung ist im Anhang I zu finden.

Die einzelnen Bereiche des Datenbankmodells gliedern sich in globale Definitionen, welche zum Beispiel die DIN 277 enthalten, den Bereich zum Abbilden der Oberflächen, einen Bereich für die Benutzerverwaltung und einen Material- und Bauteilekatalogbereich. Die keinem Bereich zugeordneten Tabellen beschreiben das eigentlich Gebäudemodell.

Am unteren Bildrand der Abbildung 55 befinden sich die Verknüpfungstabellen zur Dateien-Tabelle. Mit diesen Tabellen wird dem jeweiligen Element (Gebäudehierarchie, Oberflächen) eine Datei der Dateien-Tabelle über eine n-m-Beziehung zugewiesen.

[438] Englisches, rekursives Akronym: Hypertext PreProcessor. Webseite von php mit ausführlicher Dokumentation: http://www.php.net

[439] Über 40% der Apache-Webserver (73,28% globaler Marktanteil) haben nach E-SOFT 2006 das php-Modul installiert.

[440] Englisches Akronym: Linux, Apache, MySQL, php. Eine, sich der lamp-Thematik widmende Webseite ist http://www.onlamp.com des O'Reilly Verlages.

[441] http://fabforce.net/dbdesigner4/

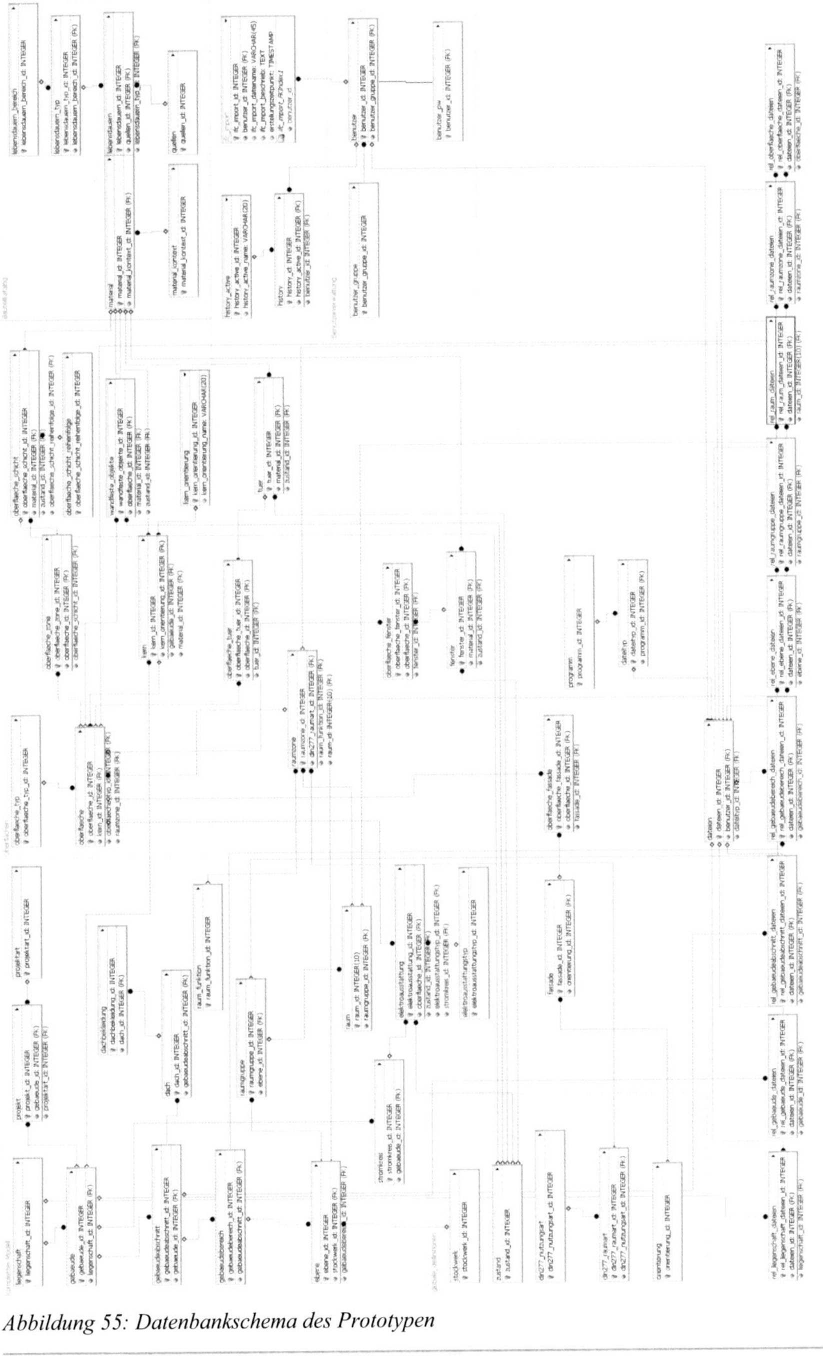

Abbildung 55: Datenbankschema des Prototypen

4.2.3 Die Programmlogik

Anhand der standardisierten Sprache UML[442] zur Beschreibung für die Modellierung von Software wird die Programmlogik des Prototyps erläutert. Hierzu wird zur Darstellung der realisierten Arbeitsabläufe der einzelnen php-Skripte das Aktivitätsdiagramm verwendet[443]. Dieses wurde bereits in Kapitel 2.3.5 erläutert. Es werden die Skripte vorgestellt, welche das Session-Management[444] sowie das Anlegen, Editieren und Löschen von Inhalten betreffen. Dabei stellt index.php die Startseite dar, bei welcher die detailansicht.php eingebunden ist. Die so genannte Session beschreibt hierbei den Datenspeicher der serverseitig gespeicherten, anwenderspezifischen Variablen.

In folgender Abbildung 56 ist das Aktivitätsdiagramm der Datei detailansicht.php dargestellt. Mit diesem Skript werden die verschiedenen Ansichten zur detaillierten Anzeige von Elementen gesteuert. Die Defaultanzeige wird genutzt, wenn kein Element ausgewählt wurde. In diesem Zustand können Liegenschaften angelegt werden.

Generell holt sich die Funktion *anzeigeDetail*, welche zentraler Bestandteil der Datei detailansicht.php ist, die Anweisung welche Aktion ausgewählt wurde aus der Session. Wenn keine Anweisungen vorhanden sind, wird die Defaultanzeige aufgerufen. Ansonsten wird auf verschiede Skripte, welche die jeweilige ausgewählte Aktion durchführen, weitergeleitet. Diese Skripte sind im Anschluss erläutert.

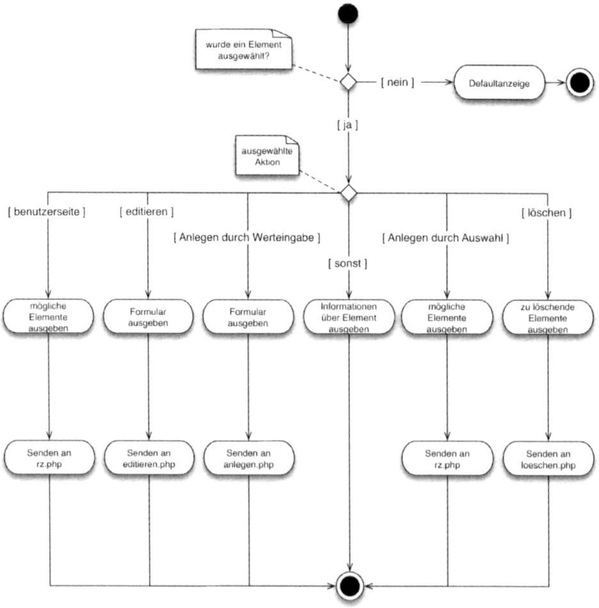

Abbildung 56: UML Aktivitätsdiagramm zu detailansicht.php

[442] Englisches Akronym: Unified Modeling Language.
[443] ARLOW 2005, S. 283ff.
[444] Einem Anwender werden hierbei eindeutig Sitzungsdaten serverseitig zugeordnet.

Das jeweilige Formular, welches für das Anlegen und Editieren angezeigt wird, wird durch die Funktion *writeForm* erstellt. Diese wird aber nicht direkt aufgerufen, sondern durch die Funktion *writeForm_extended.* Der Grund dafür ist die Rückführung. Wenn wegen einem Fehler zurückgeführt werden muss, dann sollen die alten Werte, bis auf den Falschen wieder in die Tabelle geschrieben werden. Dazu kommen noch Ausnahmen, dass Elemente mit *default* angelegt werden können oder anderes, wie beispielsweise Kerne oder Elektroausstattungen auf Gebäudeniveau. Dies wird ebenfalls von dem Skript detailansicht.php bearbeitet.

Für den Vorgang des Löschens wird das zu löschende Element und die hierarchisch untergeordneten Kindelemente (Raum, Raumzone, etc) in einem Array gespeichert. Dieses wird grafisch ausgegeben und gibt dem Nutzer somit eine Übersicht über das rekursive Löschen und der dabei involvierten Kindelemente.

Das Skript anlegen.php hat das komplexeste Aktivitätsdiagramm und ist in Abbildung 57 dargestellt. Dieses Skript wird nach der Werteingabe, also dem Formular aufgerufen. Hier wird als erstes das hierarchisch untergeordnete Element ermittelt (zum Beispiel Gebäudeabschnitt bei Gebäude). Dies wird dann an das Skript rz.php übergeben. rz.php wandelt die GET-Variablen[445] in SESSION-Variablen um und leitet diese an die entsprechenden Skripte weiter. Es wird also das anzulegende Element in die Session geschrieben und falls eine der Ausnahmen eingetreten ist, an anlegen.php weitergeleitet. Ansonsten wird zurück an index.php geleitet. Die Auswahl kommt so an *anzeigeDetail* zurück, diesmal aber als Eingabe gekennzeichnet. Es wird also die zweite Möglichkeit der Eingabe aufgerufen. Dabei werden über eine Datenbankanfrage die Felder ermittelt. Alle Funktionen die mit der Datenbank kommunizieren befinden sich in dem objektorientierten Skript namens detaildatabase.php. Da die Datenbanktabellen und Attribute nach einer einheitlichen Nomenklatur benannt sind, ist hier die entscheidende Logik zur Interaktion mit der Datenbank hinterlegt. Anschließend wird *writeForm_extended* zur Erstellung des entsprechenden Formulars aufgerufen. Für das Anlegen gibt es die Möglichkeit die eingegebenen Werte zu übernehmen oder nach Standardeingabe zu verfahren. Letzteres legt Elemente als *default* an, wenn diese wie beispielsweise ein Gebäudeabschnitt oder Gebäudebereich bei einem Objekt nicht vorhanden, für eine durchgängige Hierarchie aber notwendig sind. Dies geschieht dadurch, dass der Anwender auswählt, was angelegt werden soll (siehe anlegen.php). Anschließend werden durch das Skript rz.php die eventuellen *default*-Elemente und das eigentliche Element, für welches Werte eingegeben werden sollen, in die Session geschrieben. Diese Information wird bei anlegen.php empfangen. Somit werden die *default*-Elemente und das eigentlichen Elemente mit Werteingabe gleichzeitig in die Datenbank geschrieben. Dadurch wird der mögliche Fehler umgangen, dass bereits *default*-Elemente in der Datenbank existieren, aber der Anwender die Eingabe abbricht. Beim Anlegen findet kein Eintrag in die history-Tabelle[446] statt, da das Erstellungsdatum in jeder Datenbanktabelle in Form eines Zeitstempels[447] vorgehalten wird.

[445] Variablen die von einem Skript über die Browseradressleiste an ein weiteres Skript übergeben werden, werden hierbei GET-Variablen genannt.

[446] Vergleiche Kapitel 4.2.4.

[447] Englisch: timestamp. Siehe hierzu Anhang I Auflistung Datenbanktabellenstruktur mit den verwendeten Variablen.

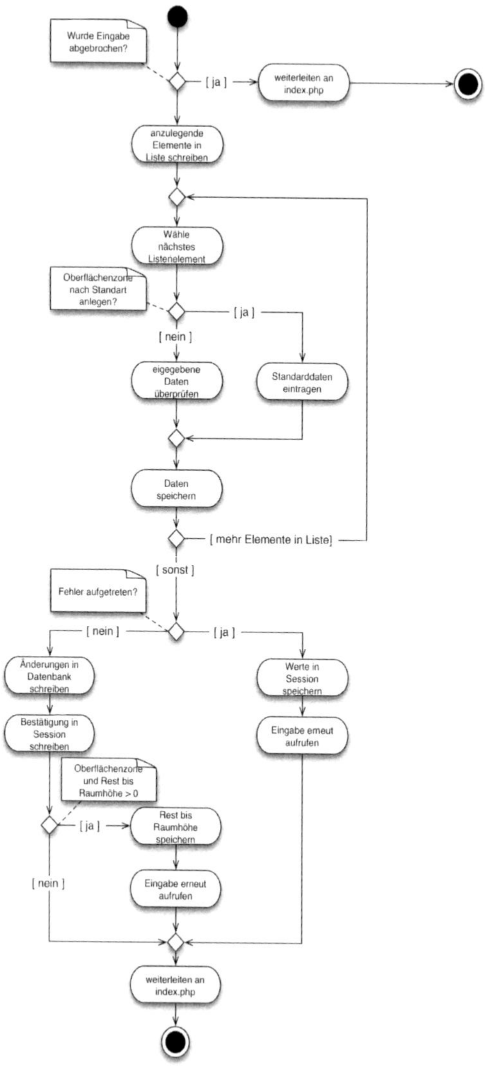

Abbildung 57: UML Diagramm des Skriptes anlegen.php

Gerade für das Anlegen der Oberflächen und der möglichen Unterteilung einer Oberfläche in verschiedene horizontale Zonen sind noch einige zusätzliche Unterscheidungen im Aktivitätsdiagramm notwendig. Die Summe der Höhen der angelegten Oberflächenzonen muss der Raumhöhe entsprechen. Dies wird von dem Skript überprüft und bei einem Widerspruch wieder das Formular zur Eingabe einer weiteren Oberflächenzone aufgerufen.

Für das Editieren wird in detailansicht.php ebenfalls die Funktion *writeForm_extended* zum Erstellen des Editierformulares verwendet. Dieses wird noch mit den vorhandenen Werten gefüllt. In dem Skript editieren.php, welches in Abbildung 58 dargestellt ist, werden diese Werte überprüft. Anschließend werden diese Daten in die Datenbank geschrieben, eine Bestätigung in die Session eingefügt und die ursprünglichen Daten in der history-Tabelle[448] gespeichert. In der history-Tabelle werden diese mit dem Attribut „editiert" versehen.

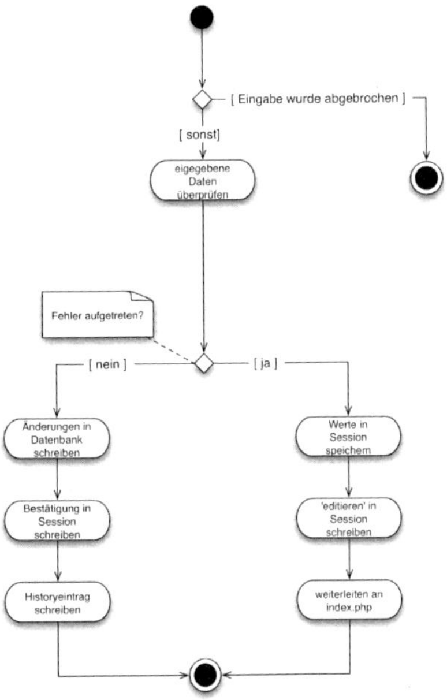

Abbildung 58: UML-Aktivitätsdiagramm des Skriptes editieren.php

In folgender Abbildung 59 ist das UML-Aktivitätsdiagramm des Skriptes löschen.php dargestellt. Hierbei werden als erstes die ursprünglichen Daten des zu löschenden Elementes ermittelt. In einem zweiten Schritt wird der Datenbankeintrag gelöscht. War dies erfolgreich werden die ursprünglichen Daten in der history-Tabelle gespeichert und mit dem Attribut „gelöscht" versehen.

[448] Vergleiche Kapitel 4.2.4.

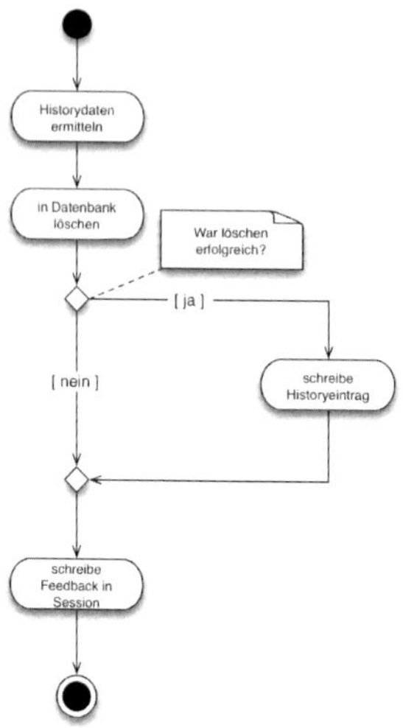

Abbildung 59: UML-Aktivitätsdiagramm für das Skript loeschen.php

Das in Abbildung 60 dargestellte UML-Aktivitätsdiagramm des Skriptes session.php wird bei jedem Seitenaufruf integriert und überprüft jedes Mal, ob die Login-Daten des Benutzers noch korrekt sind. Falls dies nicht der Fall ist, wird der Anwender zu der Benutzer und Passwortabfrage weitergeleitet um sich erneut zu identifizieren. Dies ist auf die, in der Datenbank vorgehaltene Benutzerverwaltung abgestimmt.

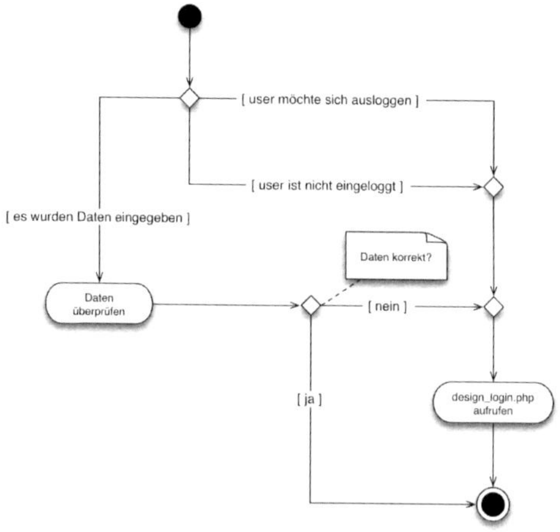

Abbildung 60: UML-Aktivitätsdiagramm des Skriptes session.php

Das schon erwähnte Skript rz.php wandelt die GET-Variablen in Session-Variablen um. Dies ist in Abbildung 61 grafisch als UML-Aktivitätsdiagramm dargestellt. Hierbei gibt es drei unterschiedliche Varianten, für was Session –Variablen erstellt werden. Zum einen wird beim

Anlegen das jeweilige Element in die Session geschrieben und zwischen dem Anlegen von Elementen mit und ohne *default*-Eintrag unterschieden. Zum anderen wird bei einem Abbruch des Anlegevorganges mit dementsprechender Benachrichtigung an index.php weitergeleitet. Zum dritten werden die Bearbeitungsmöglichkeiten der Kerne und Stromkreise, welche sich auf Gebäudeniveau befinden, gewährleistet, sowie das Anlegen und Editieren der globalen Definitionen wie Raumfunktionen und Materialdefinitionen durch das Initialisieren von Sessionvariablen ermöglicht.

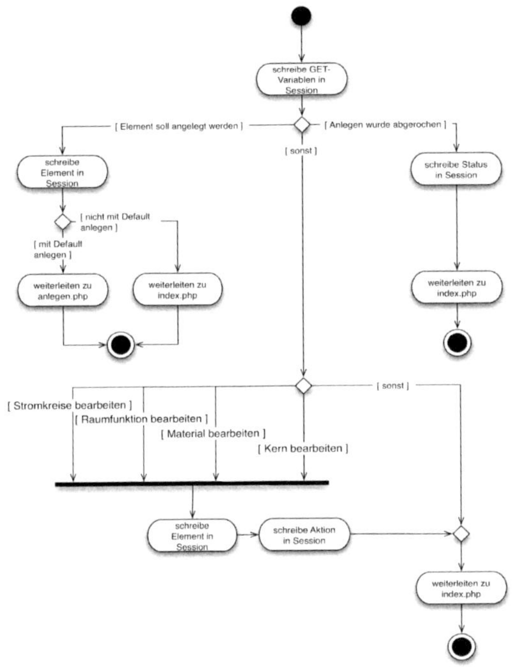

Abbildung 61: UML-Aktivitätsdiagramm des Skriptes rz.php

4.2.4 Erstellung der Bauwerkshistorie

Zur Abbildung der Bauwerkshistorie[449] wurden die Tabellen „history" und „history_active" angelegt. In Ersterer werden die Inhalte des zu speichernden, vorhergehenden Zustandes hinterlegt[450]. Letztere Tabelle attributiert lediglich die „history" Tabelle in der Form, ob die vorgehaltenen Informationen noch aktuell im Gebäude vorhanden sind, oder ob dieses Element entfernt wurde. Wie in der Erläuterung des vorhergegangenen Kapitels 4.2.3 dargestellt, wird beim Editieren sowie beim Löschen ein Eintrag in die „history"-Tabelle vorgenommen[451]. Dazu wird der ursprüngliche Tabelleneintrag in eine XML-Form transformiert und mit dem Namen und der ID der Ursprungstabellen, der Information ob editiert oder gelöscht wurde sowie der Zeit (in Form eines TIMESTAMP) und der

[449] Siehe Kapitel 4.1.6.
[450] Eine detaillierte Beschreibung der Datenbanktabelle „history" findet sich im Anhang I.
[451] Vergleiche hierzu Abbildung 58 und Abbildung 59.

sowie der Zeit (in Form eines TIMESTAMP) und der Benutzerkennung in die Tabelle eingetragen.

Die Speicherung in XML-Form lässt sich durch php sehr schnell interpretieren und für eine Darstellung auf der Oberfläche des Prototypens aufbereiten. Somit sind die Rahmendaten, wie Benutzer, Zeitpunkt, Ursprungstabelle und -ID sowie die Frage ob das Element editiert oder gelöscht wurde sehr schnell über eine simple Datenbankabfrage beantwortet. Falls die ursprünglichen Daten herangezogen werden müssen, muss hierfür lediglich der XML-Inhalt interpretiert werden[452].

4.2.5 Erstellung einer globalen Codierung

Bei jedem Element, welches hierarchisch tiefer angeordnet ist als die Liegenschaft, wird automatisch für die Anzeige eine so genannte globale Codierung erstellt. Diese setzt sich aus allen hierarchisch übergeordneten Codierungen zusammen, ist durch spezielle Separatoren[453] getrennt und gibt einen eindeutigen Code für das jeweilige Bauteil aus. Der Anwender gibt somit an jedem Element nur seine Bezeichnung für das jeweilige Element, bei Räumen zum Beispiel 01, 02, etc., ein. An jeder Stelle, an welcher eine Codierung ausgegeben wird, wird mit dem jeweiligen Element die globale Codierung über eine separate Funktion in php direkt erstellt. Änderungen in höheren Hierarchiestufen werden somit automatisch bei den untergeordneten Elementen angezeigt. Diese globale Codierung wird sowohl auf der Oberfläche des Prototyps als auch bei Auswertungen angewendet. In folgender Abbildung ist ein Bildschirmausdruck eines Teilbereiches der Oberfläche des Prototyps mit der Beschreibung einer Türe dargestellt. Der Anwender hat hierbei lediglich die Türbeschreibung T12 eingegeben. Die restlichen Elemente der Codierung (Haupthaus A, Erdgeschoss 00, Raumgruppe 3, Raum 10) werden automatisch ergänzt.

Tuer Name	Tuer Code	Einbaudatum	Oberflaeche Tuer Beschrieb	Tuer Beschrieb	Zustand
»Badtür	A - 00 . 3 . 10 - T12		default	Holztüre; beidseitiger weiß-beiger, Lackanstrich auf Blatt und Zarge; schließbar; verschmutzt;entspricht nicht mehr dem Komfortstandard	b

Abbildung 62: Prototyp Bildschirmphototeilbereich mit einer Türbeschreibung inklusive der globalen Codierung

4.2.6 Die Benutzeroberfläche

Für den Anwender ist die Datenbankstruktur nicht ersichtlich, er nimmt seine Eingaben auf der Benutzeroberfläche vor. Dies ist klassisch nach der Raumbucheingabe, also als kleinste Zuordnungseinheit steht der Raum zur Verfügung, gelöst. Dies ist somit der Ansatz für das Navigationskonzept und stellt aber lediglich eine Sichtweise auf den hinterlegten Datenbestand dar. Die Daten werden nur wegen der Raumweisen Eingabe nicht auf den Raum atomisiert. Sie können trotz allem unabhängig davon ganzheitlich (zum Beispiel auf Gebäudeniveau oder nach Zuständen[454]) ausgewertet werden.

Die Benutzeroberfläche ist in drei Bereiche aufgeteilt. Neben einem großen Feld für die Eingaben und Informationsanzeige findet sich eine Spalte am linken Rand, welche die hierarchi-

[452] In Anhang II ist exemplarisch die XML-Darstellung eines veränderten Datenbankeintrages aufgelistet.

[453] Die Unterteilung durch Separatoren orientiert sich an der in Kapitel 2.7.6 vorgestellten Weise.

[454] Siehe hierzu Kapitel 5.2.2.

sche Objektgliederung zeigt und eine Kopfzeile am oberen Rand, in welcher übergeordnete Einstellungen wie Materiallisten und benutzerspezifische Funktionen verwaltet werden, sowie der ifcXML-Import und der Auswertungsassistent geöffnet werden können.

Die hierarchische Gebäudestruktur in der linken Spalte zeigt beginnend bei der Liegenschaft bis zur Raumzone hinab die gesamten Inhalte als verlinkten interaktiven Baum. Der Anwender hat so einen direkten Überblick über die Struktur des Gebäudes. Wird ein Element aus der Hierarchie angewählt, so wird die Baumstruktur auf die darunter liegende Ebene expandiert und in dem Anzeigefeld die dem Element zugeordneten Daten wie Name, zugehöriges Element ect. angezeigt. Dies ist in folgender Abbildung exemplarisch für eine Liegenschaft dargestellt.

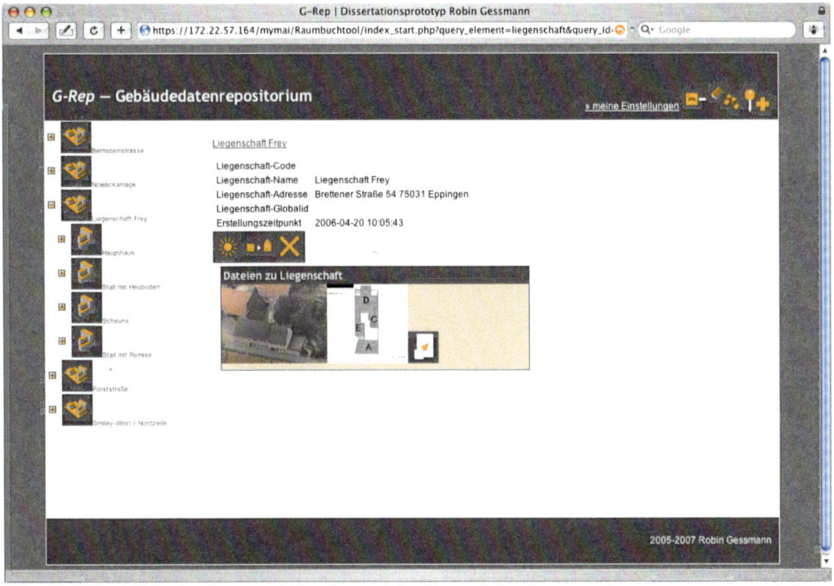

Abbildung 63: Prototyp Bildschirmphoto mit der Ansicht der Liegenschaft Frey

Die drei Icons, die über Informationsanzeige abgebildet sind, stehen von links nach rechts gesehen für das Neuanlegen eines Objektes unter der jeweiligen Hierarchieebene[455], dem Editieren der Informationsanzeige und das rekursiv absteigende Löschen des angezeigten Elementes.

In die entsprechende Eingabemaske für die Anlage von Räumen kann auf der Benutzeroberfläche ein eindeutiger Name, eine Funktion, die Raumart nach DIN 277, die Höhe und eine Beschreibung im Freitextformat zugewiesen werden. Ebenfalls sollte ein Raumcode eingegeben werden. Dieser wird bei der Anzeige automatisch als ein globaler Code dargestellt.

[455] Die einzige Ausnahme betrifft hierbei das Anlegen einer Liegenschaft. Da es über der Liegenschaft keine Hierarchieebene gibt, ist dies auf Niveau einer anderen Liegenschaft möglich.

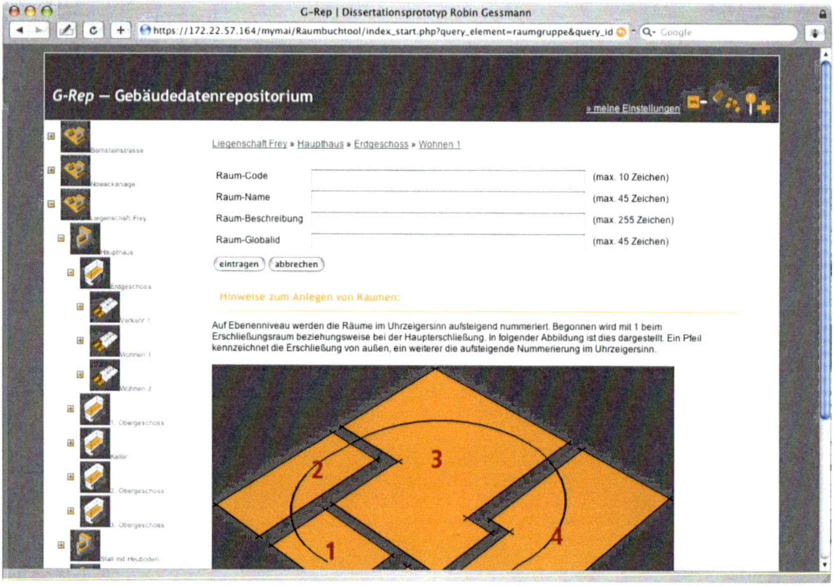

Abbildung 64: Prototyp Bildschirmphoto mit der Eingabemaske zum Anlegen eines neuen Raumes

Wird der Raum, beziehungsweise die Raumzone[456] durch den Anwender angewählt, so zeigen sich die allgemeinen Rauminformationen, die bei der Anlage des Raumes eingetragen werden. Im Auswahlfenster besteht nun für den Anwender die Möglichkeit, für den ausgewählten Raum Bauteile und Objekte anzulegen oder sich anzeigen zu lassen. Folgende Bauteile und Objekte stehen dem Anwender zur Auswahl: Boden, Decke, wandfeste Objekte, Wände, Türen, Fenster und Elektroausstattung sowie die Möglichkeit Multimediadateien abzurufen oder einzustellen. In Abbildung 65 ist auf Hierarchieebene „Raumzone" die Darstellung der Wände eines Raumes einschließlich aller zugehörigen Schichten dargestellt. Die Erfassung der Bauteile wird pro Schicht (Finish, Bekleidung, Aufbau) für jedes einzelnen Bauteil (Wand, Decke, Boden) mit Materialangaben, einer zusätzlichen Beschreibung und dem Zustandscode eingegeben.

[456] Abhängig davon, ob verschiedene Raumzonen in einem Raum vorliegen (Beispiel: Wohnzimmer mit Kochnische).

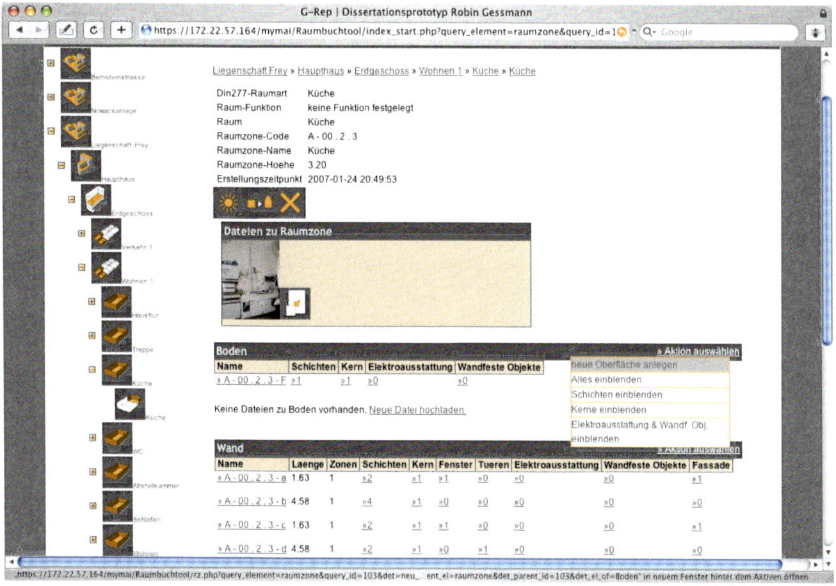

Abbildung 65: Prototyp Bildschirmphoto mit der Ansicht einer Raumzone

In Abbildung 66 ist das Formular zum Anlegen einer neuen Oberfläche am Beispiel von Wänden dargestellt.

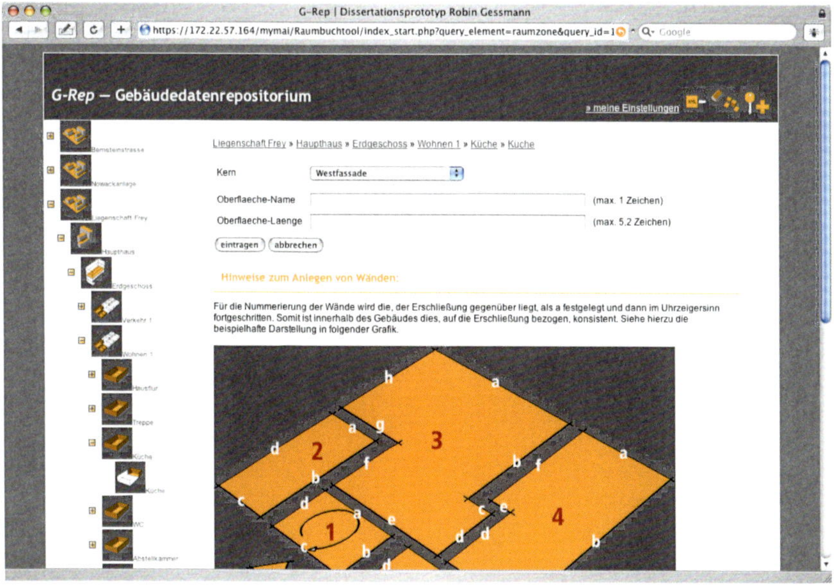

Abbildung 66: Prototyp Bildschirmphoto mit der Eingabemaske einer neuen Oberfläche

Beim Anlegen muss die Oberfläche einem Kern, der auf Gebäudeniveau angelegt wird, über ein Pulldownmenü zugeordnet werden. Unterhalb des Eingabeformulars findet sich eine Erklärung zum Anlegen, sowie eine Grafik, die die Bezeichnung der einzelnen Wände nochmals veranschaulicht.

Nach dem Anlegen der Oberflächen und deren Schichten lassen sich an diesen Fenster, Türen, Elektroausstattungen und wandfeste Objekte erstellen. So sind diese Objekte immer an einer der Oberflächen des Raumes verortet. Gerade bei Türen ergeben sich so zwei unterschiedliche Oberflächen, die jeweils unterschiedlichen Räumen und deren Oberflächen aber derselben Tür zugeordnet sind. So lassen sich die verschiedenen Oberflächen getrennt beschreiben und klassifizieren und auch dementsprechend auswerten. Bei der klassischen Raumbuchführung ist der Verfasser häufig genötigt, sofern die Türen nicht gesondert erfasst werden, diese entweder beiden Räumen zuzuschreiben und dieselbe Tür zweimal anzulegen oder er ist auf zusätzliche Festlegungen angewiesen. Häufig werden dann die Türen den Räumen zugeordnet, nach denen sie aufgeschlagen werden. Sie werden also nur einmal erwähnt und sind im zweiten Raum nicht erfasst. Diese Problematik entfällt beim Prototyp, denn die Tür wird nur einmal angelegt und dann beiden Räumen zugeordnet. Türen sind ebenso wie die anderen Bauteile Zuständen zugewiesen und einem entsprechenden Element aus der Materialtabelle zugeordnet werden. In Folgender Abbildung ist das Editieren einer Tür dargestellt.

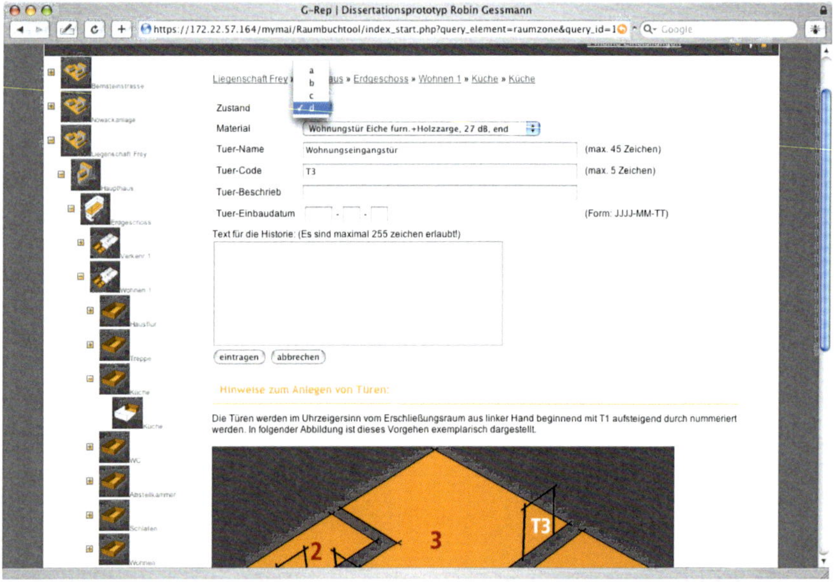

Abbildung 67: Prototyp Bildschirmphoto mit der Eingabemaske zum Editieren einer Türe

Fenster werden analog zu den Türen gehandhabt nur dass hierbei die inneren wie äußeren Gegebenheiten des Fensters direkt beschrieben werden, da die äußere Oberfläche nur über den Außenraum, welcher keinen Eingang in das Modell gefunden hat, abrufbar wäre.

Elektroausstattungen werden auch den Oberflächen zugeordnet und zusätzlich, analog wie Oberflächen zu Kernen, dem jeweiligen Stromkreis zugeschrieben. Diese lassen sich, wie die Kerne, auf Gebäudeniveau anlegen und repräsentieren die im Sicherungskasten hinterlegten Stromkreise. Als sinnvolle Ergänzung bietet es sich an, auf Gebäudeniveau Photographien der

Sicherungskästen in der Dateibox hochzuladen. In Folgender Abbildung ist das Editieren einer Elektroausstattung dargestellt.

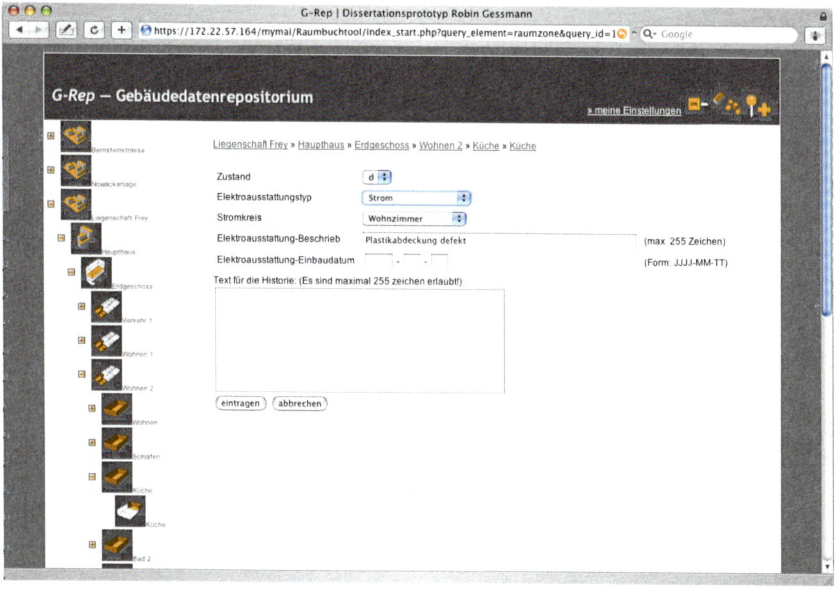

Abbildung 68: Prototyp Bildschirmphoto mit der Eingabemaske zum Editieren einer Elektroausstattung

Bauteile können nur angelegt werden, wenn in der Gebäudehierarchie ein Raum beziehungsweise eine Raumzone angewählt wird. So wird sichergestellt, dass das entsprechende Bauteil schon bei seiner Erstellung dem richtigen Raum zugeordnet wird. Des Weiteren besteht bei fast jedem Element die Möglichkeit Dateien anzuhängen, welche als kleine Vorschaugrafiken in einer extra Datei-Box mit Scrollbalken dargestellt werden. Dies können Bilder, Pläne in CAAD-Datei-Form oder andere Dateiformate sein. Bilder werden beim Upload automatisch skaliert und in das jpeg-Dateiformat umgewandelt. Dateien, welche nicht von einem Browser dargestellt werden können, werden durch ein Icon des jeweiligen Dateiformates repräsentiert. Nach Abschluss des Hochladevorgangs wird das entsprechende Bild in der jeweiligen Datei-Box angezeigt. Nicht-browserfähige Dateiformate müssen dagegen vom Anwender heruntergeladen und mit dem entsprechenden Programm lokal geöffnet werden. Diese sind somit direkt über die Oberfläche sichtbar und fliesen auch in automatisch generierte Raumbuchausdrucke[457] ein. Es bietet sich gerade auf Ebenenniveau für das bessere Verständnis an, Orientierungspläne mit Beschriftung aller Elemente in einem browserfähigen Bildformat[458] des jeweiligen Stockwerkes hochzuladen. In folgender Abbildung ist das Dateifenster mit einer Ansicht eines Orientierungsplanes einer Ebene dargestellt.

---

[457] Siehe hierzu Kapitel 5.2.2.

[458] Browserfähige Bildformate haben folgende Dateiendungen: *.gif (Graphics Interchange Format), *.jpeg (Joint Photographic Experts Group) oder *.png (Portable Network Graphics).

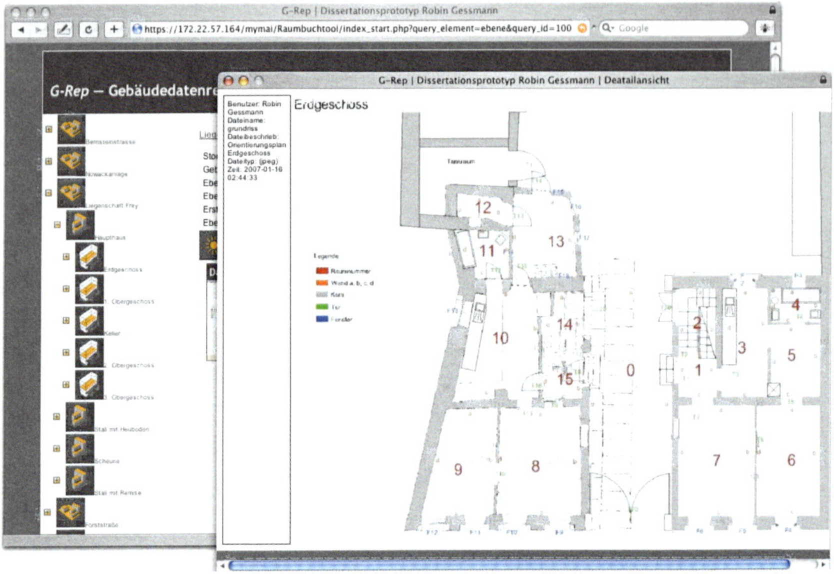

Abbildung 69: Prototyp Bildschirmphoto mit Ansicht einer Datei einer Ebene

Bei der Beschreibung der Bauteile kann bei dem Prototyp eine selbsterstellte Materialtabelle oder eine Stammdatenbank mit eingetragenen Bauteilen zu Grunde gelegt werden. Die Stammdatenbank ist ein von der Firma SiraDos[459] erstellter Bauteilkatalog und findet im Rahmen der Benutzung der Software LEGEP[460] zur Ökobilanzierung und anderer Lebenszyklusbetrachtungen am Institut für industrielle Bauproduktion der Universität Karlsruhe (TH) seine Anwendung. In folgender Abbildung ist ein Bildschirmausdruck des hinterlegten Bauteilkataloges, welcher mehrere tausend Zeilen umfasst, am Beispiel der Auswahl eines zu editierenden Elementes aus dem Pulldown-Menü dargestellt.

[459] Firmenwebseite: http://www.sirados.de/
[460] Firmenwebseite: http://www.legep.de/

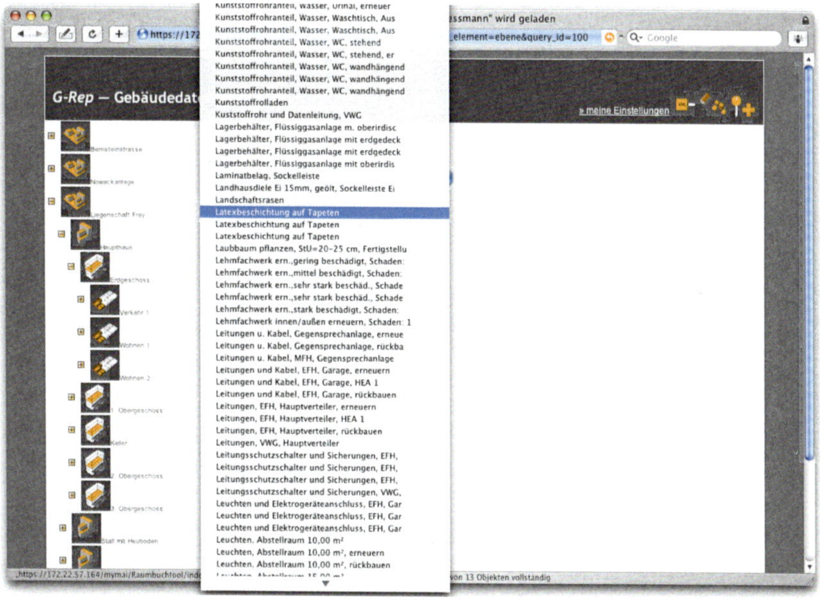

Abbildung 70: Prototyp Bildschirmphoto bei der Auswahl zum Editieren eines Elementes aus dem hinterlegten Bauteilkatalog

Für die Aufnahme eines spezifischen Objekts bietet es sich jedoch an, einen objektspezifischen Bauteilkatalog zu erstellen. Bei Gebäuden, die eine noch einheitliche Innenausstattung aufweisen, wiederholen sich Bauteile mehrfach wie der Wandaufbau, bestimmte Bodenaufbauten oder die Türen. Dieser Bauteilkatalog kann durch den Raumbuchersteller angelegt werden und ist für alle weiteren Planungsbeteiligten einsehbar. Nicht nur der ungehinderte oder eingeschränkte Zugriff aller Planungsbeteiligten auf den jeweils aktuellen Stand des Raumbuches, sondern auch die direkte Datenerfassung vor Ort, werden durch den Einsatz des Raumbuches als internetbasierte Plattform ermöglicht. Die Informationen sind so jederzeit verfügbar und können einfach ergänzt oder ausgewertet werden.

Die Umsetzung des Konfigurationsmanagement und der dadurch entstehenden Gebäudehistorie findet in der Oberfläche des Prototypen Einzug durch die Anzeige der vorhergehenden Zustände eines Elementes. Wird bei einem aufgerufenen Element ein vorhergehender Stand identifiziert, wird neben dem Namen des Elementes unterstrichen dargestellt und ein kleines Symbol in Form einer Uhr daneben angezeigt. Dies symbolisiert dem Anwender, dass für dieses Element vorhergehende Zustände vorliegen. Wird der Cursor über diesen markierten Namen bewegt, erscheint ein kleines Übersichtsfeld, in welchem eine Zusammenfassung der vorhergehenden Zustände sowie das Datum der letzten Änderung angezeigt werden. Dies ist in folgender Abbildung 71 exemplarisch für einen Gebäudeabschnitt dargestellt. Die detaillierten Veränderungen lassen sich über das Anwählen des hervorgehobenen Elementes in einem separaten Fenster anzeigen. Dies ist in Abbildung 72 dargestellt.

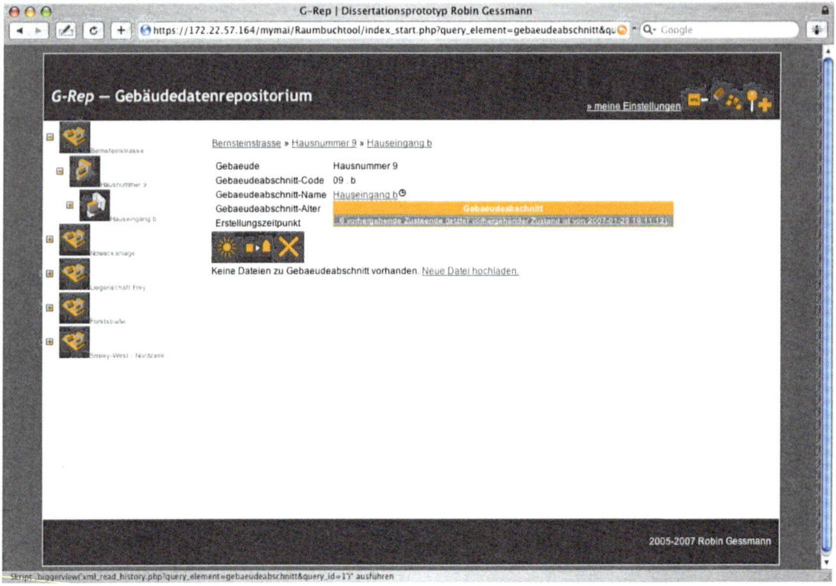

Abbildung 71: Prototyp Bildschirmphoto der Zusammenfassung der vorhergehenden Zustände am Beispiel eines Gebäudeabschnittes

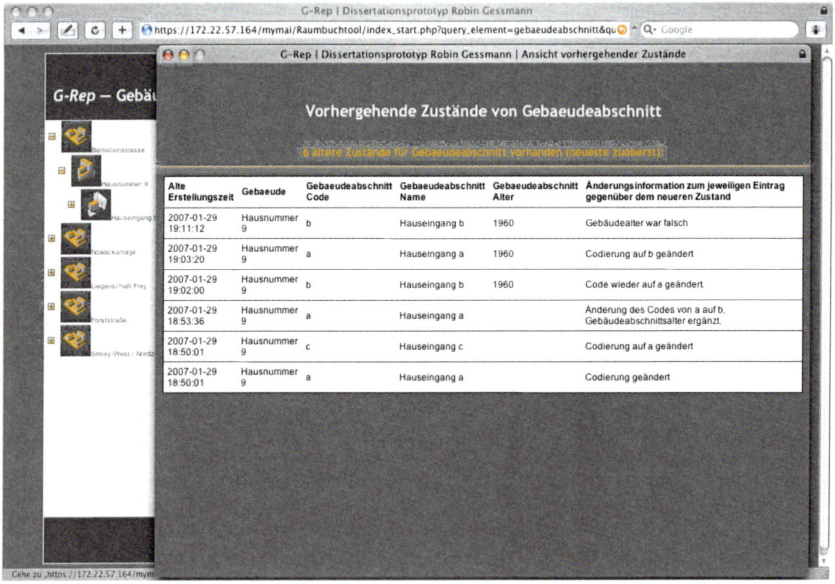

Abbildung 72: Prototyp Bildschirmphoto mit der Detailansicht der vorhergehenden Zustände am Beispiel eines Gebäudeabschnittes

Neben der bisher vorgestellten Eingabeansicht des Prototyps gibt es noch den so genannten Auswertungsassistenten, der sich in einem extra Fenster öffnen lässt. Mit diesem ist die Auswertung der vorhandenen Inhalte nach unterschiedlichsten Stellgrößen möglich. Also im Gegensatz zu der herkömmlichen Raumbuchansicht nicht nur raumgebunden, sondern lässt sich über Materialen, Zustände, Flächen oder ähnliches gebäudeweit abfragen. Der Auswertungsassistent hat verschiedene Formularspalten welche immer nach dem Anwählen einer hierarchisch übergeordneten erscheinen (siehe Abbildung 73). Hier findet sich auch die Gebäudehierarchie wieder. In der ersten Spalte lässt sich die Liegenschaft spezifizieren. In der zweiten Spalte erscheinen dann die der Liegenschaft zugehörigen Gebäude. In der dritten Spalte lässt sich schließlich das Niveau der Auswertung, nämlich komplettes Gebäude, einzelne Ebene, Raumgruppe oder Raum festlegen. In der vierten Spalte kann dann, abhängig vom vorherigen Schritt, entweder das Gebäude, die Ebene, die Raumgruppe oder der einzelne Raum aus einer dynamisch generierten Liste ausgewählt werden. In der fünften Spalte lässt sich dann themenspezifisch ein Auswertungsbereich selektieren. Dies umfasst den klassischen Raumbuchausdruck, Volumen, Wandflächen, Türen, Fenster, Bodenflächen, Deckenflächen, Nutzung und Zustand. Wurde eines dieser Themengebiete gewählt, lässt sich in der sechsten und letzten Spalte aus verschiedenen Möglichkeiten, die eigentliche Auswertung anzeigen. In folgender Abbildung ist dies exemplarisch für die Türen der Ebene „Erdgeschoss" des Haupthauses A der Liegenschaft Frey dargestellt.

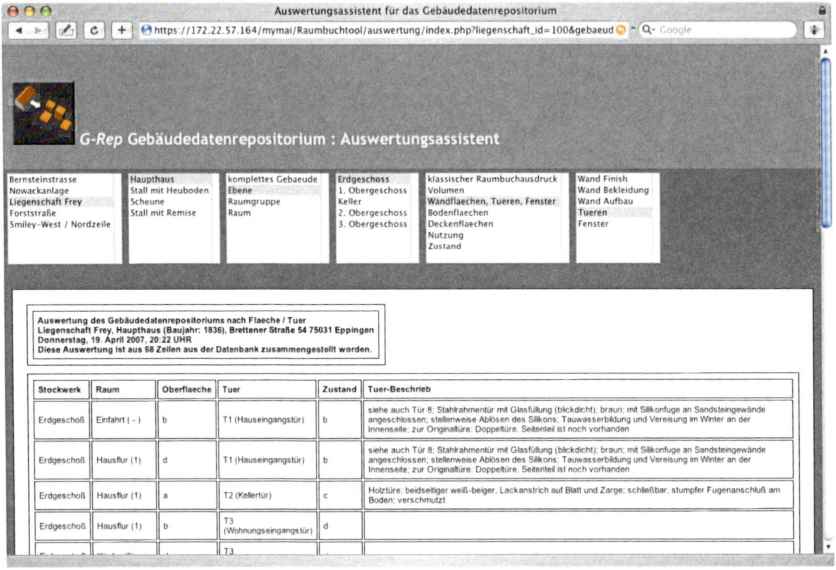

Abbildung 73: Prototyp Bildschirmphoto des Auswertungsassistenten mit den Formularspalten

4.2.7 IFC-Import

Als Import von Bestandsdaten wird, wie in Kapitel 6.5.1 erwähnt, die Industrial Foundation Classes (IFC) benutzt. Da dies kein proprietäres Austauschformat ist und verschiedene CAD-Programme diese Format bereits gut lesen wie schreiben können, ist ein programmunabhängiger Import gewährleistet. Zur Abbildung von Strukturen und Inhalten von alphanumerischen Daten bietet sich XML als strukturierte, plattform- und herstellerunabhängige Beschreibungssprache für den durchgängigen Einsatz im Internet an[461]. Aufgrund der sehr guten Eigenschaften von php XML zu interpretieren, wurde die Repräsentationsvariante in XML-Form ifcXML (*.ifcXML) im Gegensatz zu dem „Step Phyisical File“ (SPF) IFC (*.ifc) als Eingangsformat gewählt. ifcXML ist eine Implementierung nach dem ISO-10303 Teil 28-Standard und wurde in dem IFC2x2-Release im Januar 2004 eingeführt[462].

Um das simple Softwarekonzept des Raumbuches mit den Komponenten php und MySQL beizubehalten, wurde eine eigene, in php realisierte Importfunktion erstellt und nicht auf vorhandene Werkzeuge zurückgegriffen[463]. Mit dieser lassen sich ifcXML-Dateien in den Prototypen importieren. Nach dem Upload der zu importierenden Datei, wird diese verarbeitet und dem Anwender werden die zu importierenden Elemente angezeigt. Anschließend werden diese Elemente in die Datenbank des Raumbuch-Prototyps geschrieben. Da die vorhandene Struktur des Raumbuch Prototypen feiner gegliedert (vergleiche Abbildung 53) ist wie die Strukturierung durch IFC, können die entsprechenden Elemente problemlos zugeordnet werden. In folgender Abbildung ist die Ansicht des ifcXML-Importfensters mit der Auswahl der bereits hochgeladenene ifcXML-Dateien sowie im unteren Bereich die Eingabemaske zum Upload neuer Dateien dargestellt.

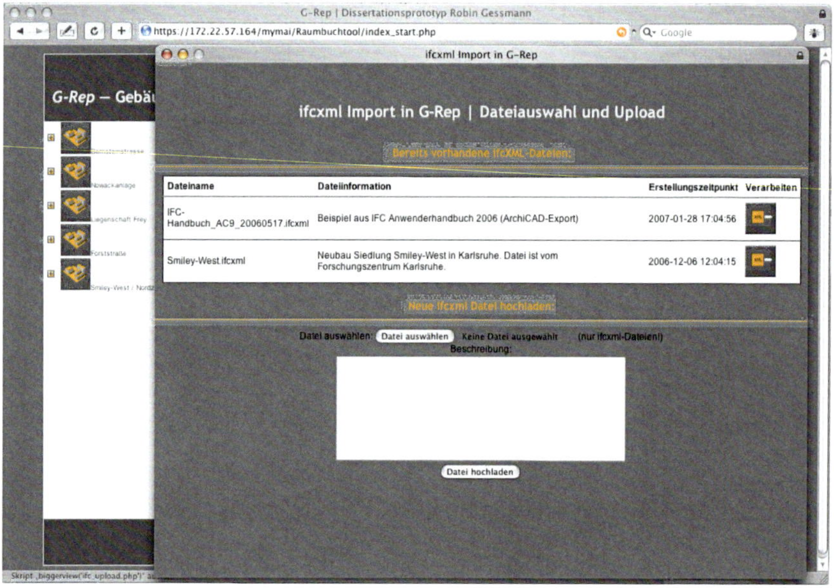

Abbildung 74: Prototyp Bildschirmphoto des ifcXML-Importfensters

IfcSite entspricht der Liegenschaft, *IfcBuilding* dem Gebäude, *IfcStorey* der Ebene und *IfcSpace* dem Raum. Gebäudeabschnitte werden in IFC über eine aggregierte Relation des Gebäudes abgebildet. Die übrige Struktur im Raumbuchprototyp wird dann mit einem „default“-Wert gefüllt und wird bei der Anzeige ausgeblendet. Exemplarisch beschränkt sich der

[461] Landesbauabteilung Hannover 2006, S. 9.

[462] Nisbet 2005, S. 12.

[463] Als ein Beispiel für ein vorhandenes Werkzeug sei die ifc-Toolbox von Eurostep genannt: http://www.eurostep.com/prodserv/ifc/ifctoolbox.html

entwickelte IFC-Import auf die Elemente, einschließlich aller Attribute (auch der IFC-eigenen GUID), Gebäudehierarchie, deren Relationen untereinander, die DIN 277 Klassifikation der Raumflächen sowie die Projektzugehörigkeit. In folgender Abbildung ist die Kontrollansicht der Daten beim Import der ifcXML-Datei von Smiley West[464] dargestellt. Hier hat der Benutzer nochmals die Möglichkeit, die zu importierenden Elemente zu kontrollieren. Die ifcXML-Datei wurde dazu bereits verarbeitet und alle entsprechenden Elemente mit ihren Attributen zusammengestellt. Dies umfasst auch die GUID. Beim Absenden des Formulars (Button befindet sich am Ende der Seite nach der Elementauflistung und ist auf dem Bildschirmausdruck nicht sichtbar.) werden diese Inhalte dann in die Datenbank des Raumbuches geschrieben.

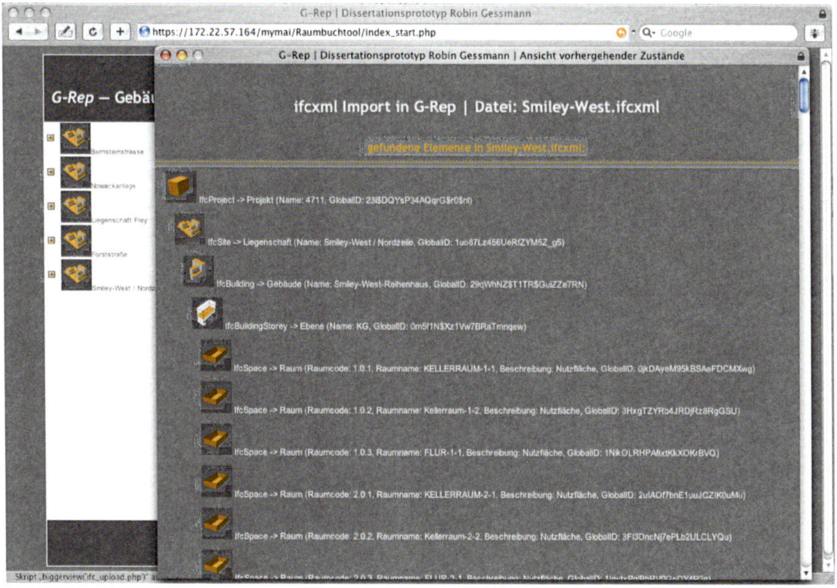

Abbildung 75: Prototyp Bildschirmphoto der Kontrollansicht beim ifcXML-Import

4.2.8 Anbindung externer Werkzeuge

Für die Anbindung externer Werkzeuge im Sinne von Kapitel 3.5.6 bieten sich zwei, aus Forschungsprojekten, welche am Institut für industrielle Bauproduktion, Universität Karlsruhe (TH) bearbeitet wurden, stammende internetbasierte Anwendungen an. Zum einen die Anwendung der elektronischen "Gebrauchsanleitung für ein Mietshaus", welches aus dem vom Bundesministerium für Bildung und Forschung (BMBF) finanzierten Forschungsprojekt „GISMO – Ganzheitliche Sanierung und Modernisierung unter Betrieb“ stammt. Zum anderen ist dies das, von der Deutschen Forschungsgemeinschaft (DFG) finanzierte Forschungsprojekt „Josef Durm und das Handbuch der Architektur als „Wissensspeicher““, welches eine

[464] Smiley West ist ein Gebäudezeile bestehend aus 5 Reihenhauseinheiten die aus einem tatsächlichen Projekt aus der Karlsruher Nordweststadt stammt. Diese Beispieldatei stammt von den Seiten des Forschungszentrums Karlsruhe (http://www.iai.fzk.de/projekte/VR-Systeme/html/Download/Beispiele/index.html) und wurde in das ifcXML-Format konvertiert.

seit 1881 herausgegebene Enzyklopädie darstellt, und für eine internetbasierte Anwendung aufbereitet wurde[465].

Die "Gebrauchsanleitung für ein Mietshaus" stellt Bedienungs-, Pflege, Inspektions- und Instandhaltungsdokumente zielgruppenspezifisch, für Mieter, für den Hausmeister/Regiebetrieb oder für Fachhandwerker, die etwa mit der Wartung oder Instandsetzung beauftragt werden, bereit. Dies ist als reine HTML-Seiten, welche hierarchisch strukturiert sind, abgebildet worden.

Ausgehend von dem Ansatz, allen am Sanierungsprozess Beteiligen und damit auch den Mietern, alle relevanten Informationen zur Verfügung zu stellen, ergibt sich eine neue Qualität dadurch, dass auch während der Nutzungsphase zum Beispiel einem Mieter, die für diesen Lebenszyklus relevanten Informationen zur Verfügung stehen. Dadurch wurde es möglich, dem Nutzer direkt vom Raumbuch aus bauteilspezifische Informationen etwa zur Inspektion, Reinigung oder Pflege oder auch produktspezifische Hintergrundinformationen zur Verfügung zu stellen.

Aus der Vielzahl der vorliegenden lebenszyklusphasenüberspannenden Dokumente unterschiedlichster Systeme und Bauteile wird hier nur beispielhaft an Hand von Bodenbelägen im Rahmen der Pflegehinweise aufgezeigt, wie diese objekt- und nutzerspezifischen Dokumente von dem Gebäudedatenrepositorium integriert werden können.

Bezogen auf unterschiedliche Fußbodenbeläge innerhalb eines Gebäudes wurden die mieterspezifischen Pflegehinweise in einer separaten Tabelle zusammengefasst. In Abbildung 62 ist ein Ausschnitt dieser Tabelle dargestellt. Darin wurden die Informationen nach Bauteil und Material differenziert. Des Weiteren wurde der Titel der jeweils angezeigten Dokumentenseite ergänzt und der weiterführende Link festgehalten.

pflegehinweise_id	pflegehinweise_bauteil	pflegehinweise_material	pflegehinweise_titel	pflegehinweise_link
1	Fußboden	Teppich	Einführung	fussboed/r_fuss_1/ueber_1.htm
2	Fußboden	Teppich	Reinigung und	fussboed/r_fuss_1/ueber_2.htm
3	Fußboden	Teppich	Herstellung	fussboed/r_fuss_1/ueber_3.htm
4	Fußboden	Teppich	Verlegung	fussboed/r_fuss_1/ueber_4.htm
5	Fußboden	Holz	Einführung	fussboed/r_fuss_2/ueber_1.htm
6	Fußboden	Holz	Pflege für geöltes	fussboed/r_fuss_2/ueber_2.htm
7	Fußboden	Holz	Pflege für	fussboed/r_fuss_2/ueber_3.htm
8	Fußboden	Laminat	Einführung	fussboed/r_fuss_3/ueber_1.htm
9	Fußboden	Laminat	Reinigung und	fussboed/r_fuss_3/ueber_2.htm
10	Fußboden	Laminat	Herstellung	fussboed/r_fuss_3/ueber_3.htm
11	Fußboden	Kork	Einführung	fussboed/r_fuss_4/ueber_1.htm
12	Fußboden	Kork	Reinigung und	fussboed/r_fuss_4/ueber_2.htm

Abbildung 76: Verknüpfungstabelle für die Anbindung der Pflegehinweise

Diese Anbindung der Pflegehinweise wurde prototypisch umgesetzt und ist Kapitel 5.2.3 für das Beispiel eines Linoleumfußbodens dargestellt.

Für die Anbindung der Anwendung „Handbuch der Architektur" ist das Vorgehen analog über die Klassifizierung nach Bauteil und verwendetem Material. Hier besteht die Möglichkeit dem Nutzer historisches Konstruktionswissen, gerade bei der Bearbeitung von Gebäuden die zur Abfassung des Werkes errichtet wurden, bereitzustellen. Diese könnte beispielsweise bei einer Gebäudeaufnahme bei Bauteilen, wie Stürzen, Wand-, Decken- und Fußbödenaufbauten etc., die nicht ohne eingreifende Untersuchungen sich eindeutig identifizieren lassen, von Bedeutung sein. Dies wurde prototypisch aber nicht realisiert.

Auch die Anbindung von Simulationswerkzeugen ist möglich. Gerade bei Simulationen zur Tageslichtberechnung ist die Geometrie und Positionierung der Raumumschließungsflächen

465 WITTE 2005, S. 2.

notwendig. Diese Daten sind über den Gebäudedatenrepositorium Prototypen vorhanden und könnten ein entsprechendes Programm, wie zum Beispiel das Programm für die Bedarfsermittlung nach SIA V 382/3 des Zentralschweizerischen Technikums Luzern[466], damit beliefern. Hierzu müssten aber bei den Programmen Schnittstellen, für welche sich IFC anbieten würde, vorhanden sein.

[466] ZWEIFEL 1998, S. 8f.

5 Validierung des Prototypen

Zur Validierung des Prototypen wurden Gebäudedaten eingegeben und ausgewertet. Im Sinne einer Bestandserfassung für eine anstehende Erneuerung wurde die Liegenschaft Frey aufgenommen Im Folgenden wird diese beschrieben und anschließend die prototypischen Funktionalitäten anhand dieser Daten aufgezeigt. Für den ifcXML-Import wurden verschiedene Beispielprojekte importiert. Dies ist ebenfalls erläutert.

5.1 Liegenschaft Frey

Bei der Liegenschaft Frey handelt es sich um eine Hofanlage mit Doppelwohnhaus, den so genannten Modellhäusern. Die Liegenschaft befindet sich in Eppingen, einer als Mittelzentrum ausgewiesenen Großen Kreisstadt. Das Wohnhaus A wurde 1836 erbaut. Die folgende Abbildung zeigt den schematischen Lageplan der Liegenschaft mit den jeweiligen Gebäudebezeichnungen.

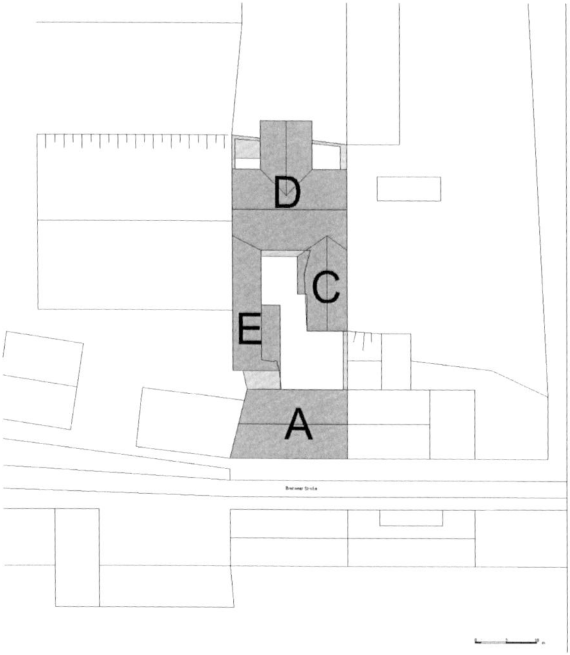

Abbildung 77: Schematischer Lageplan der Liegenschaft Frey (Quelle: Frey 2006, S. 10)

Beim Haupthaus handelt es sich um einen zweigeschossigen Putzbau mit einer Tordurchfahrt. Zur Zeit der Datenerfassung waren 4 Wohnungen mit insgesamt 225 m² Wohnfläche in diesem Haus vorhanden. Die drei Nebengebäude sind aus massivem Sandsteinmauerwerk und aus Fachwerkwänden hergestellt. Eine Doppelstallscheuer grenzt im Norden an ein unbebaubares Gartengrundstück. Das Ensemble bildet einen so genannten Vierseithof und steht unter Denkmalschutz. In folgender Abbildung ist die Ansicht der Südfassade des Gebäudes Haupthaus A abgebildet.

Abbildung 78: Südfassade Haupthaus A der Liegenschaft Frey

In Abbildung 78 ist die typische Bauweise, der nach Plänen von Baumeister Lefèbre erbauten Modellhäuser erkennbar[467]. Sie wurde unter der Herrschaft des Markgrafen Friedrich VII Magnus von Baden Durlach aufgrund immer wieder währender Brände entwickelt, um die verheerenden Folgen für die Bauern zu verringern. Es handelt sich um traufständige Häuser im klassizistischen Stil. In Eppingen kommen verschiedene Typen dieser Modellhäuser vor. Dreigeschossige Geschäftshäuser sowie zweigeschossige landwirtschaftliche und gewerbliche Bauten sind beiderseits vorhanden. Die kleinste Version zählt drei Fensterachsen, sieben waren für Bauernhöfe üblich, bei Doppelhäusern waren 8 Achsen ein übliches Maß. Im vorliegenden Fall handelt es sich um eine Version mit 9 Fensterachsen. Die dreiseitige beziehungsweise vierseitige Umschließung eines Hofes mit Wirtschafts- und Wohngebäuden war ideal für den landwirtschaftlichen Betrieb. Städtebaulich ergibt sich durch die Umschließung ein geschlossenes Bild.

Das Haupthaus A wurde mit der größtmöglichen Detailtiefe erfasst. Die Eingabe der Daten hat hierarchisch stattgefunden: So wurden zuerst die Räume, deren Raumzonen, die zugehörenden Oberflächen und deren Schichten eingegeben. Hierzu wurde ein Grundriss als Orientierungssystem verwendet, in dem vom Erschließungsraum aus beginnend im Uhrzeigersinn fortlaufend die Räume, deren Wände, sowie Fenster und Türen benannt wurden. Anhand dieses Orientierungsplanes, der in folgender Abbildung dargestellt ist, wurden die Daten in den Prototyp eingepflegt.

[467] Siehe HEIMATFREUNDE EPPINGEN E.V. 1979, S. 148ff.

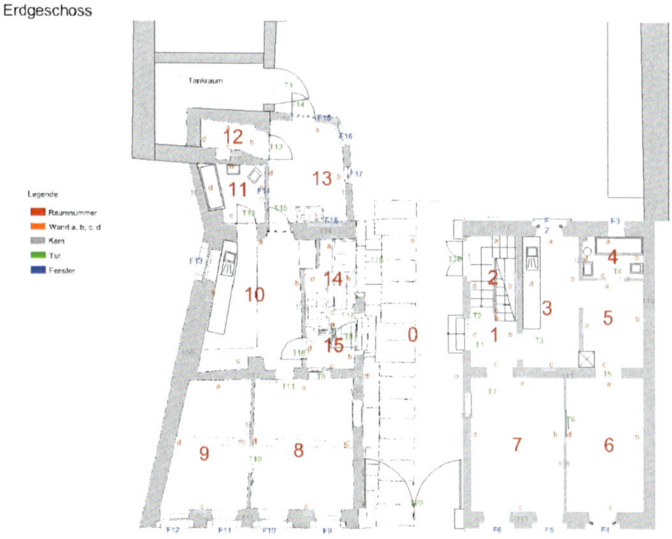

Abbildung 79: Orientierungssystem der Liegenschaft Frey, Haupthaus A, Erdgeschoss (Quelle: FREY 2006, S. 41)

Hinsichtlich der Strukturierung des Raumbuches mussten einige Anpassungen vorgenommen werden. Dies betrifft unter anderem die Codierung der Bauteile. Die Bezeichnung der Wände durch Buchstaben (a, b, c...), beginnend bei der nördlichen Wand eines Raumes wurde beibehalten, da es sich hierbei um eine sinnvolle Vorgehensweise handelt. Boden und Decke wurden nicht codiert, da sie dem Raum, beziehungsweise der Raumzone klar zugeordnet sind und jedem Raum genau eine Decke und ein Boden zugewiesen werden kann.

Die Türen und Fenster werden in dem Raumbuch üblicherweise mit raumbezogenen Schlüsseln codiert. Der Code setzt sich aus einem „T", dem Raumcode, der Wandfläche und einer Zählung für die Tür zusammen. Tür „T1.01b2" ist also die zweite Tür in der Wandfläche b von Raum 1.01. Dabei ergibt sich das Problem, dass die Tür für den zweiten Raum, den sie mit dem ersten verbindet, ebenfalls einen Code erhält, der von dem ersten abweicht, so wird dieselbe Tür neben der oben genannten Codierung auch als „T1.10d2" chiffriert, da sie auch dem Raum 1.10 und der dortigen Wandfläche d zugeschrieben wird. Bedingt durch die doppelte Codierung wird diese Tür bei beiden Räumen beschrieben. Die zweifache Anlage der Türen ist redundant. Ebenso ist es für den Raumbuchnutzer schwierig, die Türen aus dem Raumbuch herauszufiltern, da eine Tür mit zwei unabhängigen Codierungen bezeichnet ist. Für die Anwendung des Prototyps ist es erforderlich eine neue, durchgängige Türcodierung zu vergeben, um oben genannte Missverständnisse zu vermeiden. Bei den Fenstern wird die durchgehende, raumunabhängige Codierung ebenso eingesetzt. Auch SCHMIDT spricht sich für eine raumunabhängige, einfache Codierung der Türen und Fenster aus, da „komplizierte Codierungen in Hinblick auf die Bedingungen einer Sanierungsbaustelle nicht wünschenswert sind, weil sie die Gefahr von Verwechslungen und Irrtümern vergrößern"[468]. Für die Anwendung wird daher eine Codierung aus dem Buchstaben „T" im Zusammenhang mit einer fortlaufenden Nummerierung gewählt. Die Zugehörigkeit der beiden Türoberflächen zu den

[468] SCHMIDT 1989, S. 56.

Wandoberflächen der jeweiligen Räume geht dadurch aber nicht verloren. Wie in Abbildung 49 dargestellt, existiert eine n-m Beziehung zwischen den Oberflächen wodurch eine Tür, zwei Oberflächen hat, die auch zwei verschiedenen Wandoberflächen zugeordnet ist. Für Ausdruck oder Auswertungen besteht aber die Möglichkeit, einen globalen Code für Türen zusätzlich zu generieren und auszugeben.

Bei der Sichtung von bereits erstellten Raumbüchern hat sich herausgestellt, dass bei der Bestandsbeschreibung auch Vermutungen, die das Alter der Bauteile oder die bauhistorische Bedeutung dieser betreffen, notiert wurden. Bei der Eingabe in den Prototyp wird die Beschreibung des Bauteils von den Bemerkungen und Alterseinschätzungen des Raumbucherstellers deutlicher getrennt, indem die unterschiedlichen Aspekte des Bauteils in dafür vorgesehene Formularfelder eingetragen werden. Dies ermöglicht eine einfachere und eindeutigere Auswertung.

Weiterhin hat sich herausgestellt, dass bei der Zustandsbeschreibung ebenfalls Bewertungen oder sogar anzustrebende Maßnahmen vermerkt sind. Um eine Durchmischung von Zustandsbeschreibungen und Maßnahmen zu verhindern, werden die Zustände von Bauteilen bei der Anlage im Prototyp eindeutig in vier Klassifizierungen eingeteilt (Vergleiche Kapitel 4.1.5). Maßnahmen sollten in einem zweiten Schritt, gerade im Zusammenhang mit einer Auswertung der aufgenommen Rauumbuchdaten, abgeleitet werden.

5.2 Prototypische Funktionalitäten

5.2.1 Diagnose

Mit dem Raumbuch kann ein sehr hoher Detaillierungsgrad nach der flächenmäßigen Differenzierung eingetragen werden. Um dies anzuwenden, wurde die Liegenschaft Frey als tiefgehendes Beispiel aufgenommen. Dies ist im Folgenden kurz erläutert.

Für die Diagnose der Bauteile mit dem Prototyp muss zunächst einmal das für Raumbücher erforderliche Orientierungssystem erstellt werden (siehe Abbildung 79). Im vorliegenden Fall wird das gesamte Objekt mit Liegenschaft Frey bezeichnet. Diese Liegenschaft wird nach der vorgestellten Gliederung geordnet[469]. Diese Gliederung findet auch auf der Benutzeroberfläche in Form eines Menüs in Baumstruktur seinen Ausdruck. Nach der Gliederung der Liegenschaft erfolgt eine objektbezogene Kennzeichnung bei der zuerst jeder Raum eine eindeutige Codierung erhält. Für das Hauptgebäude wurde ein solches Orientierungssystem eingeführt. Dieses System hat sich schon seit Jahrzehnten in der Bauerneuerung und vor allem in der Denkmalpflege bewährt. In der Abbildung 79 kann man das System mit den jeweiligen Codierungen für die Elemente vom Erdgeschoss des Hauptgebäudes sehen. Hierbei wurde der Raum der Hofeinfahrt als erster Erschließungsraum mit der Zahl 0 bezeichnet. Die übrigen Räume werden reihum nach dem Uhrzeigersinn fortlaufend durchnummeriert. Dies ist im Prototyp auch vereinheitlicht. Eine Spezifizierung der Geschosse erfolgt mittels einer separat im Prototyp ausgewiesenen Codierung.

Jede Wand in den Räumen erhält wiederum eine eindeutige Bezeichnung wobei im vorliegenden Fall die dem Haupttor gegenüberliegende Wand mit a bezeichnet wird. Die folgenden Raumwände werden umlaufend im Uhrzeigersinn mit b, c, d benannt. In den übrigen Räumen erhält fortan immer diese nördlich gelegene Wand die Codierung a. Elemente wie Türen und Fenster erhalten ähnliche Bezeichnungen T1, T2,... für Türen oder F1, F2,... für Fenster und werden ebenso nach dem Uhrzeigersinn fortlaufend codiert. Auch die Böden und Decken erhalten eine Bezeichnungen (F und D). Das System sollte vom Ersteller selbst festgelegt wer-

[469] Vergleiche Kapitel 4.1.2

den, sich aber nach den Vorgaben und Gegebenheiten der Software und dessen Erstellungsanleitung richten.

Die Bauteile wie zum Beispiel Wand, Decke, Boden und auch Einbauteile (zum Beispiel Installationen) werden nun weiter nach der Bauteilegliederung[470] zerlegt. Diese weitere Gliederung erfolgt nach der Abfolge der Schichten vom Raum aus über das Finish, die Bekleidung, den Aufbau hin zum Kern.

Anschließend kommen noch die so genannten Einbauteile. Ist dies eingearbeitet, ist das Gebäude in seine nahezu kleinsten Einheiten zerlegt und gegliedert und die Diagnose ist beendet. Bis zu diesem Punkt wurde das Haupthaus A der Liegenschaft Frey in den Prototypen eingepflegt und konnte dementsprechend abgebildet werden. Gerade durch die formularbasierte Eingabe und der Zuordnung zu einem einheitlichen Orientierungssystem werden die Inhalte im Gegensatz zu papierbasierten Raumbüchern deutlich transparenter und besser klassifizierbar. Persönliche Einschätzungen, Deutungen und Beschreibungen des Anwenders sind nach wie vor möglich, aber durch den höheren Grad der Formalisierung sind diese nicht so weit reichend und vermischen sich nicht mit der tatsächlichen Beschreibung.

5.2.2 Auswertungsassistent

Da mit der sehr detaillierten Beschreibung des Gebäudedatenrepositoriums eine Unmenge an Daten vorhanden sind, muss der Überschaubarkeit und Einfachheit halber der Datenbestand simpel und effizient bei Bedarf zusammengefasst werden[471]. Gerade durch die redaktionelle Aufarbeitung der einzugebenden Inhalte im Prototyp wird eine Einheitlichkeit bei der Abbildung von Objekten gewahrt und dadurch die Möglichkeit der Auswertung dieser Elemente gegeben. Wenn der Anwender nicht seine Beschreibung nach einem vorgegebenen Muster klassifiziert, können diese Inhalte nicht ausgewertet werden. Gerade mit Freitextfeldern ist bei herkömmlichen, papiergebundenen Raumbüchern dieses Problem aufgetreten.

Mit Hinblick auf den Maßnahmenplan einer Instandsetzung, bei dem es notwendig wird, Kosten zu erfassen, sollten die einzelnen Elemente, die den Inhalt des Raumbuches darstellen, wieder zu sinnvollen Paketen zusammengefasst werden. Beispielhaft werden hier nun Zustände von vorhandenen Schichten, Einbauten usw. der Liegenschaft Frey abgefragt. Die Diagnose ist durch die schon erfolgte Eingabe (siehe Kapitel 5.2.1) vorhanden. Sie kann natürlich noch beschreibend ergänzt werden.

In der folgenden Abbildung wird anhand des Auswertungsassistenten eine Zusammenfassung der Oberflächenschichten nach Zustand (Zustandscode absteigend) im WC (A - 00 . 2 . 4) aufgezeigt. Auch hier ist wieder deutlich die Gliederung erkennbar, die in dem Auswertungsassistenten bis zur gewünschten Ebene hin vollzogen werden muss, um das Ergebnis zu erhalten.

[470] Vergleiche Abbildung 24 und Abbildung 48.
[471] Vergleiche VOLKMANN 2002, S. 44.

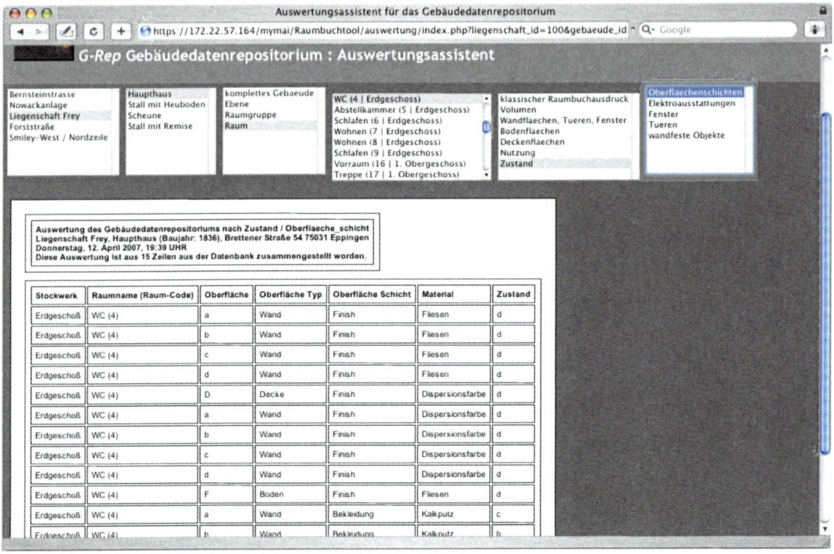

Abbildung 80: Prototyp Bildschirmphoto des Auswertungsassistenten mit den Zuständen der Oberflächenschichten

Hierbei wäre es möglich, nahezu jede beliebige Abfrage, welche die enthaltenen Daten auswertet, vorzuhalten. In den Prototypen ist hier lediglich eine kleine Menge dieser möglichen Abfragen exemplarisch eingearbeitet worden. In folgender Abbildung ist für das WC (A - 00 . 2 . 4) eine flächenweise differenzierte Raumbuchzusammenstellung dargestellt.

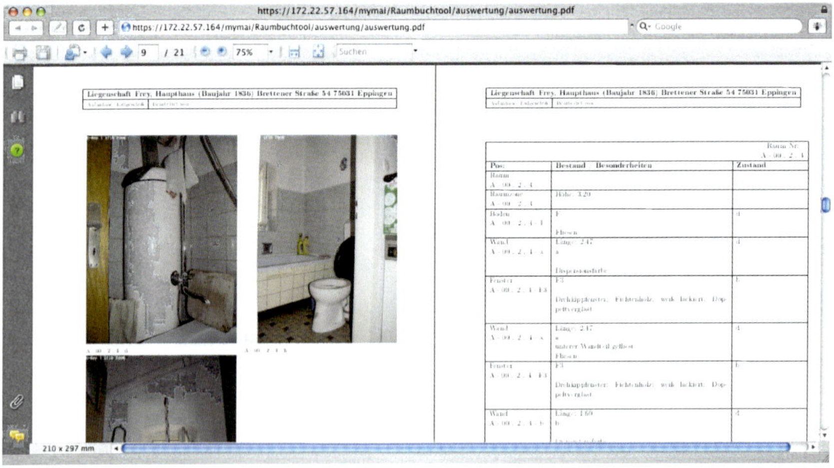

Abbildung 81: Prototyp Bildschirmphoto des flächenweise differenzierten Raumbuchausdrucks

Es besteht auch die Möglichkeit, gerade zur lokalen Speicherung oder zum Ausdruck, die Inhalte in Form dieser dargestellten flächenweise differenzierten Raumbuchzusammenstellung mit einer Bild- und einer Tabellenübersicht des jeweiligen Raumes zu erstellen.

Der Vorteil der erhaltenen Diagnose liegt im Detaillierungsgrad. Es können alle Bauteile mit allen zugehörenden Beschrieben abgerufen werden. Natürlich ist es notwendig, die Daten für eine Präsentation gegenüber dem Bauherren entsprechend aufzuarbeiten, sodass ein übersichtliches Ergebnis entsteht. Dies kann beispielsweise über die Zusammenstellung von einzelnen Punkten des Auswertungsassistenten mit einer Verknüpfung zu Kosten geschehen.

Mit dem Auswertungsassistenten lässt sich somit der Datenbestand des Gebäudes ganzheitlich gebäudeweit und nicht nur raumgebunden auswerten. Durch diese Auswertung lassen sich Daten individuell dynamisch zusammenfassen und dementsprechend weiterverarbeiten. Die Gebäudedaten bleiben somit an einer zentralen Stelle vorgehalten, können aber selektiv, unabhängig von der Raumbuchstruktur ausgewertet, umsortiert und dementsprechend weiterverarbeitet werden.

5.2.3 Pflegehinweise

Zur Anbindung externer Werkzeuge wurde, wie in Kapitel 4.2.8 erläutert, die „Gebrauchsanleitung für ein Mietshaus" angebunden. Lässt sich der Anwender im Prototyp Bauteile anzeigen, wird im Hintergrund überprüft, ob hierzu Pflegehinweise, welche aus dem externen Werkzeug abgerufen werden, vorliegen. Wenn dies der Fall ist, wird, wie in Abbildung 82 dargestellt, eine Informationsbox über der Bauteilbeschreibung mit dem Namen „Pflegehinweise" angezeigt, in der die gefunden Titel zu dem jeweiligen Bauteil und dessen Material als direkte Links zu den Pflegehinweisen erscheinen. Durch Anwählen dieser Links wird in einem neuen, separaten Fenster die Originalanwendung der Pflegehinweise angezeigt. Das Anwählen des Links „Reinigung und Pflege" wird eine Übersichtsseite geöffnet, weil in dem Beispielfall ein Unterkapitel zur Reinigung und Pflege von Linoleum existiert.

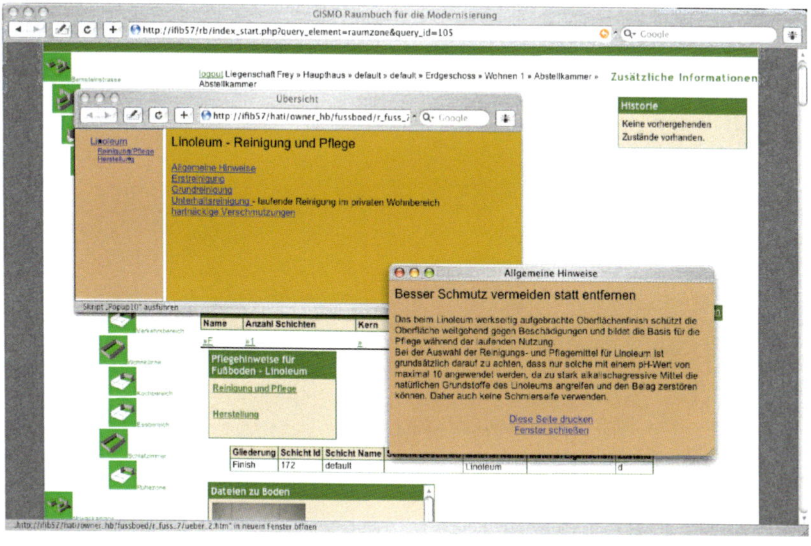

Abbildung 82: Prototyp Bildschirmphoto mit der Informationsbox für die Pflegehinweise und die geöffneten Fenster der externen Anwendung

Somit muss der Benutzer nicht aufwändig Bauteil- oder Materiallisten durchsuchen um die für seine Wohnung relevanten produkt- und nutzerspezifischen Fachinformationen zu erhalten. Aus der Kenntnis der in der Wohnung/dem Raum installierten/montierten Bauteile ergeben sich für das Raumbuch bestimmte Algorithmen, die die jeweiligen objekt- und nutzerspezifischen Dokumente vorselektieren. Ein Zusatznutzen hierbei ist, falls sich Teile der Raum-/Wohnungsausstattung ändern, muss dies nicht in den Pflegehinweisen nachgeführt werden. Die Verknüpfung mit den Pflegehinweisen funktioniert so, dass immer mit dem tatsächlich vorhandenen Raumbuchdatenbestand die Sammlung der Pflegehinweise selektiert wird. Des Weiteren wäre es als Ausblick möglich, auch direkt über das Raumbuch als Basis für eine Wohnung alle relevanten Pflegehinweise in einem Art „Benutzerpflegehandbuch" dem Bewohner automatisiert zur Verfügung zu stellen. Dies könnte ähnlich des „klassischen Raumbuchausdruckes" im Auswertungsassistenten[472] in Form einer individuellen PDF-Datei je Wohnung stattfinden und somit eine „Gebrauchsanleitung für eine Mietwohnung" darstellen. Ähnlich wäre dies auch für Hausmeister und Handwerker im Sinne einer „Wartungsanleitung" denkbar.

5.2.4 IFC-Import

Verschiedene Dateien wurden über den ifcXML-Import in den Prototyp eingelesen. Dies funktioniert sehr schnell, trotz der drei- bis fünffach größeren Dateigröße von *.ifcXML gegenüber *.ifc, und liefert eine vorhandene Gebäudegliederung. Durch eine importierte Gebäudegliederung ließe sich eine Bauaufnahme deutlich komfortabler gestalten, da diese nicht händisch erstellt werden muss. Würden die Informationen des ifcXML-Imports über die Gebäudehierarchie hinausgehen, ließe sich beispielsweise nach Abschluss der Planung das komplette Gebäudedatenrepositorium mit den Daten füllen und könnte dann ein digitales Bautagebuch darstellen. Gerade durch die vorhandene Historienerstellung und somit der zeitlichen Nachverfolgbarkeit würde sich diese Anwendung anbieten. Nach Abschluss der Arbeiten und bei Übergabe des Objektes in die Nutzung ließe sich auch ein Auslieferungsdokument, beispielsweise in Form des „klassischen Raumbuchausdruckes" in PDF-Form an den Eigentümer, beziehungsweise Betreiber aushändigen.

5.3 Ideen zur Fortführung

Das Gebäudedatenrepositorium könnte noch um den Portalgedanken erweitert werden. Dadurch würden verschiedenen Benutzergruppen individuelle Ansichten und Zusammenfassungen der für sie relevanten Inhalte bekommen. Des Weiteren könnte durch einen RSS-Feed dem Benutzer unaufdringlich die neuesten Erweiterungen und Veränderungen zeitnah zur Verfügung gestellt werden. Dies würde eine schnelle Übersicht geben, die gegebenenfalls detailliert abgefragt werden können.

Gerade die Anbindung an PDM-Systeme wäre eine gute Fortführung, die objektorientierten Daten um den Prozessgedanken zu erweitern. Hierfür würde sich die im Masterstudiengang Altbauinstandsetzung der Universität Karlsruhe (TH) benutzte MyMAI-Plattform[473], welche ebenfalls auf MySQL und php basiert, anbieten. Die Funktionalitäten des Gebäudedatenrepositoriums entsprechen den Anforderungen für die abzubildenden Inhalte der studentischen Lernplattform und die technischen Rahmenbedingungen mit einer Benutzeridentifikation über LDAP lassen sich einfach umsetzten.

Über eine, möglicherweise sogar standardisierte, Schnittstelle für die Anbindung von externen Werkzeugen und Informationen ließe sich somit ein Mehrwert an Informationen durch das

[472] Vergleiche Kapitel 5.2.2
[473] Pilz 2007, S. 63.

Internet erzeugen und direkt in dem Prototyp abrufen. Dies würde dem Gedanken des Web 2.0 mit einer Nutzung von verschiedenen verteilten Services entsprechen. Gerade für Herstellerdatenblätter, Lebensdauern, Bauteilkataloge mit ökologischen Werten und ähnliches wären hierbei denkbar.

6 Fazit

6.1 ZUSAMMENFASSUNG

Die Anwendung des Raumbuches als lebenszyklusorientiertes Managementinstrument, das als integrales Werkzeug verwendet werden kann, wird erkannt, aber nur begrenzt umgesetzt.

Im hier vorgestellten Konzept einer lebenszyklusorientierten Integrationsplattform werden Ziele, Ansätze und Anforderungen an ein Gebäudedatenrepositorium aufgestellt. Diese werden inhaltlich in einem Systementwurf umgesetzt. Dem folgt eine technische Umsetzung. Im Anwendungsbeispiel wird ein Raumbuch für den Einsatz in der Gebäudesanierung entwickelt, welches die bisherigen Nachteile der Verwendung von Raumbüchern dezimiert und als Web-Datenbank-Applikation die Vorteile eines Internet gestützten Datenbankmanagementsystems nutzt.

Um dieses Ziel zu erreichen wird erst die Grundstruktur des Raumbuches beschrieben. Bei dem Raumbuch handelt es sich um eine Objektabbildung, die sich aus der räumlichen Struktur des Gebäudes herleitet. Die Inhalte des Raumbuches werden entsprechend den Anforderungen der verschiedenen Nutzergruppen, der Lebenszyklusphase des Gebäudes und die Sicht auf den Raum generiert. Der methodische Einsatz des analytischen Raumbuches lässt dieses zu einem integralen Managementinstrument werden.

Neben der Vorstellung der Raumbucharten in den einzelnen Lebenszyklusphasen des Gebäudes werden verschiedene Wege zur Erstellung eines Raumbuches aufgewiesen. Eine Auswahl an Raumbuchsystemen, die in den unterschiedlichen Lebenszyklusphasen eingesetzt werden, weist auf die Unterschiede und Spezialisierungen bestehender Raumbuchsysteme hin.

Dabei ist es häufig notwendig, das Raumbuch mit objekt- oder projektorientierten Zusatzinformationen auszustatten, um es zielgerichtet einsetzen zu können. Die Anwendung der bestehenden Raumbuchsysteme für den gesamten Lebenszyklus und im speziellen in der Gebäudesanierung ist aufgrund ihrer Spezialisierung nur bedingt möglich und es werden entsprechende Anforderungen formuliert. Aus diesen Anforderungen wird nach Berücksichtigung der bisherigen Vorteile der Raumbuchanwendung ein Modell, das zudem prototypisch umgesetzt wird, entwickelt. Die Vorteile der Raumbuchmethode stellen sich wie folgt dar:

- » Das Raumbuch als Managementinstrument ist flexibel und während unterschiedlicher Gebäudelebenszyklusphasen von verschiedenen Anwendern benutzbar.
- » Die Darstellung von Bauteilen, Maßnahmen, Kosten und Wartung wird in einem einheitlichen, raumorientierten System verwaltet.
- » Bei laufender Aktualisierung spiegelt das Raumbuch immer den augenblicklichen Zustand des Gebäudes wieder.
- » Das Raumbuch ist Dokumentationsinstrument vor, während und nach Maßnahmen.
- » Das Raumbuch ist Managementinstrument für objektorientierte und prozessorientierte Informationen.

Um diese Vorteile zu nutzen und die Nachteile bisher bestehender Ansätze auszugleichen, wird ein entsprechendes Konzept für ein integriertes Raumbuchsystem entwickelt. Die modulare Struktur eignet sich, um die an das Raumbuch gestellten Anforderungen zu erfüllen. Dabei wird bei der technischen Umsetzung des Prototyps als Web-Datenbank-Applikation die Aufmerksamkeit auf die Praktikabilität und Funktionalität des Systems gerichtet. Dabei können folgende Verbesserungen festgestellt werden:

- » Durch die direkte Eingabemöglichkeit vor Ort findet ein zeitnahes Arbeiten statt.
- » Informationen können direkt gespeichert und ergänzt werden, die Aktualisierung des Raumbuches wird vereinfacht und erleichtert.

- » Die Unabhängigkeit von der papiergebundenen Form ermöglicht die Aufnahme, Verwaltung und Sichtung von größeren Daten- und Informationsmengen (zum Beispiel Digitalphotos sowie die Einbindung von Multimedia-Informationen)
- » Es ist nicht nur, wie bisher üblich, eine raumweise Ansammlung an Informationen, sondern ein Gesamtmodell das über das Objektstrukturmodell Raumbuch eingepflegt wird. Die Auswertung und Weiterverarbeitung der Daten ist auch raumübergeordnet möglich. Es lässt sich somit ein schneller Gesamtüberblick gewährleisten.
- » Die Daten des Raumbuches lassen sich exportieren und können ohne Informationsverlust weitergehend verwendet werden.
- » Der Zugriff auf das Raumbuch über das Internet ermöglicht verschiedensten Nutzergruppen die Inhalte abzufragen, bearbeiten und auszuwerten.
- » Die erhöhte Funktionalität und bessere Verfügbarkeit steigert den Nutzen des Raumbuches für die Anwender und verbessert den Einsatz des Raumbuches als integrales Managementsystem.

Der Prototyp unterscheidet sich von am Markt befindlicher Software durch folgende Merkmale:

- » Verwendung von Open Source Software (MySQL-Datenbank und Skriptsprache php): frei verfügbar und plattformunabhängig
- » Schlanker Client: handelsüblicher Browser mit JavaScript
- » Sehr tiefe Detaillierung: Detaillierungsgrad auf Raumniveau ist ausreichend für Anwendungen in der Denkmalpflege
- » Konfigurationsmanagement: Erstellung einer Gebäudehistorie und Rückgriff auf vorherige Zustände
- » Interoperabilität

Die Validierung des Prototypen erfolgt durch das Einpflegen eines exemplarischen Präsensobjektes. Dadurch wird der Bezug zur Praxis hergestellt und die Anwendbarkeit des Programms für verschiedene Anwendungsbeispiele verdeutlicht. Die Vorteile des Raumbucheinsatzes können durch den Prototyp weiter gesteigert werden, so dass eine vermehrte Anwendung der Raumbuchmethode als integrales Managementsystem möglich ist.

Die raumorientierte Sichtweise erweist sich insbesondere bei der Verwendung für bestehende Gebäude als tragfähige Bezugsstruktur. Das Raumbuch vermag es, durch seinen sowohl verbalen als auch visuellen Informationsgehalt, ein wirklichkeitsnahes Bild des Raumes zu präsentieren. Als Mittel der Bestandsaufnahme im Vorfeld von Sanierungs- und Modernisierungsmaßnahmen ist es im Betätigungsfeld der Denkmalpflege nicht mehr wegzudenken.

Wird der Aufwand der Raumbucherstellung durch neue Techniken reduziert und zusätzlich der Nutzen erhöht, ergeben sich neue Anwendungsfelder für die Raumbuchmethode. Auch für Sanierungs- und Modernisierungsmaßnahmen im Bestand könnte das Raumbuch eine noch breitere Anwendung finden. Der Einsatz könnte von den höherwertigen, denkmalgeschützten Objekten auch auf Sanierungsmaßnahmen von neueren Bauwerken der zweiten Hälfte des 20. Jahrhunderts übertragen werden.

Der Einsatz des Raumbuches unterstützt die nachhaltige Sanierungspraxis. Denn deren Grundlage ist eine umfassende Bestandsaufnahme des Objektes, da hier die Bauteile genau erfasst und in ihrem Zustand beurteilt werden können. Dies hat eine Einsparung von Ressourcen und Kosten bei der Sanierung zur Folge.

Durch den Einsatz des Prototyps können deutliche Vorteile gegenüber der bisherigen Raumbuchführung verbucht werden. Das Raumbuch kann damit als ein Werkzeug der Gebäudesanierung angewandt werden, nicht zuletzt, weil neue Techniken der Datenverwaltung und -

aufbereitung den Nutzen des Raumbuches vergrößern. Gerade der Rückgriff auf frühere Daten über die Gebäudehistorie stellt hierbei einen entscheidenden Aspekt dar.

Von daher ist es ein entscheidender Aspekt des Prototyps, eine lebenszyklusphasenüberspannende Speicherung der Daten zu gewährleisten. Dies umfasst auch eine Erweiterung der Akteure: nicht nur die an den Maßnahmen Beteiligte, sondern auch Eigentümer, Nutzer und Bewohner hier mit zu integrieren. Gerade in der sich anschließenden Nutzungsphase kann durch eine breite Integration von Nutzern der Mehrwert entstehen und die Aktualität der vorgehaltenen Gebäudedaten steigen.

6.2 Ausblick

Mit einer verstärkten Bautätigkeit im Bestand und höherer Gewichtung von Aspekten der Nachhaltigkeit und integralen Planung wird der Einsatz des Raumbuches als Managementsystem an Bedeutung gewinnen. Gerade das Wissen, um den tatsächlichen Zustand des Objektes, seiner Historie und der daraus abgeleiteten Situation für anstehende Instandhaltungen ist hierbei von Vorteil. So kann das Gebäude effizienter im Hinblick auf den Aspekt der Nachhaltigkeit instand gesetzt beziehungsweise modernisiert werden.

Eine Erweiterung des Gebäudedatenrepositoriums könnte es sein, die Anwendung in einem stärkeren Maße projektorientiert auszurichten, so dass sich aus Auswertungen Maßnahmen und Prioritäten ableiten lassen, aus welchen dann Ablaufplanungen und Drehbücher entwickelt werden könnten. Dies könnte auf dem Auswertungsassistenten in modularer Weise aufsetzen. Dadurch könnte die Kette von Bestandserfassung, Zustandsbeschreibung und Bewertung um die Zusammenstellung der Maßnahmen, Leistungsverzeichnisse, Kostenkalkulationen und Ablaufplanung fortgeführt werden.

Durch die Nachverfolgbarkeit der Veränderungen über das zugrunde liegende Konfigurationsmanagement könnte der Prototyp als raumorientiertes digitales Bautagebuch genutzt werden. Gerade bei Instandsetzungs- und Modernisierungsmaßnahmen wäre dies eine mögliche Anwendung für die innenräumliche Dokumentation.

Um für alle Phasen und den Anforderungen der Akteure eine „lebenszyklusorientierten Objektplattform“[474] bereitzustellen, müssten standardisierte Schnittstellen zu den Lebenszyklusphasen-spezifischen Prozesswerkzeugen geschaffen werden. Damit würde dieselbe Datenbasis in allen Phasen gepflegt und die Akteure würden mit dieser über gewohnte, prozessorientierte Software interagieren. Des Weiteren könnte das Gebäudedatenrepositorium in eine Projektraumumgebung eingebunden werden. Durch die Erweiterung des IFC-Im- und Exportes könnte es hier als IFC-Gebäudemodellverwaltung mit der Möglichkeit der Interaktion über die Weboberfläche dienen.

[474] Both 2004a, S. 416.

7 Literaturverzeichnis

ABELN 1995 — ABELN, Olaf (Hrsg.): *CAD - Referenzmodell : zur arbeitsgerechten Gestaltung zukünftiger computergestützter Konstruktionsarbeit.* 1. Auflage. Stuttgart : B. G. Teubner, 1995. - ISBN 3-519-06356-5

AHERN 2001 — AHERN, Dennis M.; CLOUSE, Aaron; TURNER, Richard: *CMMI Distilled : A Practical Introduction to Integrated Process Improvement.* 1. Auflage. Boston : Addison-Wesley, 2001. - ISBN 0-201-73500-8

ALZOOBI 2003 — ALZOOBI, Abed: *Objektorientierte Modellierung der Kosten in Hochbauprojekten.* Cottbus, Brandenburgische Technische Universität, Architektur, Bauingenieurwesen und Stadtplanung, Diss., 2003

ARLOW 2005 — ARLOW, Jim; NEUSTADT, Ila: *UML 2 and the unified process : practical object-oriented analysis and design.* 2. Auflage. Upper Saddle River : Addison-Wesley, 2005

BABICH 1986 — BABICH, Wayne A.: *Software configuration management.* 1. Auflage. Reading, Mass. : Addison-Wesley, 1986. - ISBN 0-201-10161-0

BAUMANN 1991 — BAUMANN, Elke: *Zur Problematik des architektonischen Entwerfens : Ein Konzept zur Aufbereitung von Gegenstand und Methoden und zur Nutzung von Arbeitsmitteln.* Weimar, Hochschule für Architektur und Bauwesen Weimar, Architektur, Diss., 1991

BBR 2004 — BUNDESAMT FÜR BAUWESEN UND RAUMORDNUNG: *Dokumentationsrichtlinie.* 03-2004

BECKER 2003 — BECKER, Martin: Integration neuer Energie- und Gebäudetechnologien in der Gebäudeautomation. In: VDI-GESELLSCHAFT TECHNISCHE GEBÄUDEAUSRÜSTUNG: *Gebäudeautomation - Voraussetzung für das Gebäudemanagement : Tagung Karlsruhe, 13. Februar 2003 /.* - Nichtred. Manuskriptdr.. - Düsseldorf : VDI-Verlag, 2003. - ISBN: 3-18-091740-7. S. 99-115

BEHL 2002 — BEHL, Jörg: *Analyse und Vergleich von semistrukturierten und objektorientierten Datenmodellen.* Stuttgart, Universität, Informatik, Institut für Parallele und Verteilte Hochleistungsrechner, Studienarbeit Nr. 1844, 2002.

BÖHNING 2002 — BÖHNING, Jörg: *Altbaumodernisierung im Detail : Konstruktionsempfehlungen.* 4. Auflage. Köln : Rudolf Müller, 2002. - vollst. überarb. Aufl.. - ISBN 3-481-01684-0

BOTH 2004a — BOTH, Petra von: *Ein systemisches Projektmodell für eine kooperative Planung komplexer Unikate.* Karlsruhe, Universität Karlsruhe (TH), Fakultät für Architektur, Diss., 2004

BOTH 2004b — BOTH, Petra von; KOHLER, Niklaus; GESSMANN, Robin: A virtual life cycle structured platform for building applications. In: INTERNATIONAL CONFERENCE ON COMPUTING AND BUILDING ENGINEERING (ICCCBE)

(Hrsg.): *X. International Conference on Computing and Building Engineering*. Weimar : Bauhaus-Universität, 2004

BOTH 2004c — BOTH, Petra von; KOHLER, Niklaus: Eine virtuelle Lebenszyklusplattform für den Baubereich. In: *Thesis - Wissenschaftliche Zeitschrift der Bauhaus-Universität Weimar , Beiträge der Bau- und Architektur-informatik zum Planen und Bauen im Bestand - Argumentationen für einen Kompromiss* (2004), Nr. 1, S. 42-49. - ISSN 1433-5735

BRAUN 2004 — BRAUN, Hans-Peter; OESTERLE, Eberhard; HALLER, Peter: *Facility Management : Erfolg in der Immobilienbewirtschaftung*. 4. Auflage. Berlin : Springer, 2004. - ISBN 3-540-67606-6

BRAUNES 2006 — BRAUNES, Jörg; DONATH, Dirk: Computergestützte Planung im Bestand : von der digitalen Bestandserfassung zur Planungsunterstützung im CAAD. In: GÜRLEBECK, Klaus (Hrsg.); KÖNKE, Carsten (Hrsg.): *17. Internationales Kolloquium über Anwendungen der Informatik und Mathematik in Architektur und Bauwesen*. Weimar, 2006. - CD-ROM Ausgabe. - ISSN 1611-4086

BRY 2001 — BRY, François; KRAUS, Michael; OLTEANU, Dan; SCHAFFERT, Sebastian: *Informatiklexikon Detailansicht : Semistrukturierte Daten*. URL http://www.gi-ev.de/service/informatiklexikon/informatiklexikon-detailansicht/meldung/77/. - Aktualisierungsdatum: 2001. - Gesellschaft für Informatik e.V.

BÜRKNER 2001 — BÜRKNER, Stefan: *Internetbasierter Service im Lebenszyklus komplexer Produkte*. Hannover, Universität, Maschinenbau, Diss., 2001

BUSSE 2003a — BUSSE, Susanne: *Klassische Datenmodelle – Folien zur Vorlesung Datenbanksysteme WS 03/04*. URL http://cis.cs.tu-berlin.de/Lehre/WS-0304/Sonstiges/db-pages/Inhalt/datenmodell/klassisch/skript-2.pdf. - Aktualisierungsdatum: 20.10.2003. - Dateigröße: 92kB. - mailto:sbusse@cs.tu-berlin.de. - Computergestützte InformationsSysteme (CIS) Technische Universität Berlin

BUSSE 2003b — BUSSE, Susanne: *Postrelationale Datenbanksysteme Teil 2 – Folien zur Vorlesung Datenbanksysteme WS 03/04*. URL http://cis.cs.tu-berlin.de/Lehre/WS-0304/Sonstiges/db-pages/Inhalt/datenmodell/postrelational/skript2-2.pdf. - Aktualisierungsdatum: 20.10.2003. - Dateigröße: 72kB. - mailto:sbusse@cs.tu-berlin.de. - Computergestützte InformationsSysteme (CIS) Technische Universität Berlin

CODD 1980 — CODD, Edgar Frank: Data models in database management. In: BRODIE, Michael L. (Hrsg.); ZILLES, Stephen N. (Hrsg.): *Proceedings of the Workshop on Data Abstraction, Databases and Conceptual Modelling, Pingree Park, Colorado, June 23-26, 1980*. Band 11, Teilband 2. 1. Auflage : ACM Press, 1980. - S. 112-114

DAYAL 2004 — DAYAL, Martin: *Analyse des 3D-Datenaustausches via IFC-Modell am Beispiel komplexer Objektdokumentation in der Automobilindustrie mit dem Ziel der Optimierung von Planungsprozessen*. München, Technische Universität, Architektur, Dipl.-Arb., 2004

DEKRA 2001 DEKRA (Hrsg.): *Sanierung von Wohnbauten. Leitfaden zum ImmoPass für die nachhaltige Sanierung von Wohnbauten*. Stuttgart: DEKRA, 2001

DIN 276 NORM DIN 276 Juni 1993. *Kosten im Hochbau*

DIN 277 NORM DIN 277 Februar 2005. *Grundflächen und Rauminhalte von Bauwerken im Hochbau*

DIN 1356-6 NORM DIN 1356-6 Mai 2006. *Technische Produktdokumentation – Bauzeichnungen – Teil 6: Bauaufnahmezeichnungen*

DIN 6779-12 NORM DIN 6779-12 Juli 2003. *Kennzeichnungssystematik für technische Produkte und technische Produktdokumentation – Teil 12: Bauwerke und technische Gebäudeausrüstung.*

DIN 15221 NORM DIN EN 15221-1 Januar 2006. *Facility Management – Teil 1: Begriffe.*

DIN 18960 NORM E DIN 18960 März 2007 (Entwurf). *Nutzungskosten im Hochbau.*

DIN 19226 NORM DIN 19226 Teil 1 Februar 1994. *Leittechnik; Regelungstechnik und Steuertechnik – Allgemeine Grundbegriffe*

DIN 31051 NORM DIN 31051 Juni 2003. *Grundlagen der Instandhaltung*

DIN 32736 NORM DIN 32736 August 2000. *Gebäudemanagement – Begriffe und Leistungen*

DIN 40150 NORM DIN 40150 Oktober 1979. *Begriffe zur Ordnung von Funktions- und Baueinheiten*

DIN EN 13306 NORM EN DIN 13306 September 2001. *Begriffe der Instandhaltung – Dreisprachige Fassung EN 13306:2001*

DIN ISO 10007 NORM DIN EN ISO 10007 Dezember 2004. *Qualitätsmanagement – Leitfaden für das Konfigurationsmanagement*

DINGLER 1998 DINGLER, Florian: *Das Raumbuch als Vademekum des Gebäudes*. Karlsruhe, Universität Karlsruhe (TH), Architektur, Dipl.-Arb., 1998

E-SOFT 2006 E-SOFT INC.: *Internet Research Reports*. URL http://www.securityspace.com/de/s_survey/data/index.html. - Aktualisierungsdatum: 01.12.2006. - mailto:general@securityspace.com.

EASTMAN 1999 EASTMAN, Charles M.: *Building product models : computer environments supporting design and construction*. 1. Auflage. Boca Raton : CRC Press, 1999. - ISBN 0-8493-0259-5

ECKSTEIN 1999 | ECKSTEIN, Günter: *Empfehlungen für Baudokumentationen : Bauaufnahme - Bauuntersuchung.* 1. Auflage. Stuttgart : Konrad Theiss Verlag GmbH, 1999. - Arbeitsheft / Landesdenkmalamt Baden-Württemberg: 7. - ISBN 3-8062-1475-1

ENGESSER 1988 | ENGESSER, Hermann (Hrsg.); CLAUS, Volker (Bearb.); SCHWILL, Andreas (Bearb.): *Duden »Informatik« : Ein Sachlexikon für Studium und Praxis.* 1. Auflage. Mannheim : Dudenverlag, 1988. - ISBN 3-411-02421-6

FÜHRER 1997 | FÜHRER, Hansjakob; GRIEF, Marc; TECHNISCHE HOCHSCHULE DARMSTADT FACHGEBIET ENTWERFEN, INDUSTRIALISIERTES BAUEN UND PLANUNG VON INDUSTRIEBAUTEN (Hrsg.): *Gebäudemanagement für Architekten und Ingenieure : Grundlagen, Organisation und Dokumentation, Qualitäten und Quantitäten, Kosten und Finanzierung, Termine und Kapazitäten.* 1. Auflage. Darmstadt : d|b Verlag Das Beispiel, 1997. - ISBN 3-92397-61-2

FREY 2006 | FREY, Thomas: *Denk- und Vorgehensprozess für die Bauerneuerung : Exemplarische Anwendung an einem Beispiel unter Einsatz der Datenbankanwendung ph-one und G-Rep.* Karlsruhe, Universität Karlsruhe (TH), Architektur, Dipl.-Arb., 2006

GEFMA 100-1 | GEFMA 100-1 Juli 2004. *Facility Management – Grundlagen.*

GEFMA 200 | GEFMA 200 Juli 2004. *Kosten im Facility Management – Kostengliederung zur GEFMA 100.*

GEFMA 240 | GEFMA 240 Februar 2006. *Prozessnummernsystem im Facility Management – Grundlagen, Aufbau und Anwendung.*

GEFMA 400 | GEFMA 400 April 2002. *Computer Aided Facility Management CAFM – Begriffsbestimmungen, Leistungsmerkmale.*

GEFMA 430 | GEFMA 430 Dezember 2004. *Datenbasis und Datenmanagement – in CAFM-Systemen.*

GESSMANN 2003 | GESSMANN, Robin; PETER, Markus: Eine lebenszyklusorientierte Planungsplattform zur Unterstützung partizipativer Wohnbauprojekte. In: KAAPKE, Kai (Hrsg.); WULF, Alexander (Hrsg.): *Forum Bauinformatik 2003 : Junge Wissenschaftler forschen.* 1. Auflage. Aachen : Shaker Verlag, 2003. - Forumbeitrag. - ISBN 3-8322-2022-4

GESSMANN 2005 | GESSMANN, Robin: Ein internetbasiertes, digitales Gebäudebuch als Datenrepositorium. In: SCHLEY, Frank (Hrsg.); WEBER, Lars (Hrsg.): *Forum Bauinformatik 2005 : Junge Wissenschaftler forschen.* 1. Auflage. Cottbus : Lehrstuhl Bauinformatik Brandenburgische Technische Universität Cottbus, 2005. - ISBN 3-934934-11-0

GESSMANN 2006 | GESSMANN, Robin: A virtual roombook as an internet based building data repository. In: MARTÍNEZ, Manuel (Hrsg.); SCHERER, Raimar (Hrsg.) ECPPM - EUROPEAN CONFERENCES ON PRODUCT AND PROCESS

MODELLING IN THE BUILDING INDUSTRY (Hrsg.): *ECPPM 2006 : eWork and eBusiness in Architecture, Engineering and Construction.* 1. Auflage. London : Taylor & Francis, 2006. - ISBN 0-415-41622-1

GIESELMANN 1994 GIESELMANN, Reinhard.; STERN, Anna.; ZEYER, Franz: *Sanierungshandbuch Wohnbau : Probleme Lösungen Kosten.* 1. Auflage. Düsseldorf : Werner-Verlag GmbH, 1994. - ISBN 3-8041-1792-9

GRABOWSKI 1993 GRABOWSKI, Hans; ANDERL, Rainer; POLLY, Adam; WARNECKE, Hans-Jürgen (Hrsg.); SCHUSTER, Richard (Hrsg.): *Integriertes Produktmodell.* 1. Auflage. Berlin; Wien; Zürich : Beuth, 1993. - ISBN 3-410-12920-0

GROBER 1999 GROBER, Ulrich: Der Erfinder der Nachhaltigkeit. In: *Die Zeit* (1999), Nr. 48, S. 98

GSA 2006 U.S. GENERAL SERVICES ADMINISTRATION - PUBLIC BUILDINGS SERVICE : *3D-4D Building Information Modeling.* URL http://www.gsa.gov/bim. - Aktualisierungsdatum: 17.11.2006. - mailto:charles.matta@gsa.gov.

HÄDLER 1991 HÄDLER, Emil: Das analytische Raumbuch als Arbeitsmittel für Bestandsaufnahme und Projektsteuerung in der Denkmalpflege. In: *Burgen und Schlösser* (1991), Nr. 1991, S. 18-26

HÄDLER 1998 HÄDLER, Emil: Das Raumbuch als analytisches und planerisches Instrument. In: THOMAS, Horst (Hrsg.): *Denkmalpflege für Architekten - vom Grundwissen zur Gesamtleitung.* 1. Auflage. Köln : Verlagsgesellschaft Rudolf Müller, 1998. - ISBN 3-481-01241-1

HALBHUBER 1981 HALBHUBER, Dieter: Übers Raumbuch - zur Q-Verfolgung : Kritik und Anregung in 13 Kapiteln zu einem Thema der Projektkoordination. In: *DBZ (Deutsche Bauzeitschrift)* 11 (1981), Nr. 57, S. 1685-1691

HEILIGER 2005 HEILIGER, Ralph: Aufmaßtechnik gestern und heute : Vom Schnurgerüst und Lot zu digitalen Messverfahren. In: *DAB Deutsches Architektenblatt , Ausgabe Baden-Württemberg* 37 (2005), Nr. 2, S. 62-63. - ISSN 0012-1215

HEIMATFREUNDE EPPINGEN E.V. 1979 RÖCKER, Bernd; KIEHNLE, Edmund; PFEFFERLE, Manfred; ZITTEL, Kurt; GEHRING, Franz; TÜRCK, Karl; LUTZ, Fritz; HEIMATFREUNDE EPPINGEN E.V HISTORISCHER VEREIN DER STADT EPPINGEN (Hrsg.): *Rund um den Ottilienberg 1 : Beiträge zur Geschichte der Stadt Eppingen und Umgebung.* 1. Auflage. Eppingen : Heimatfreunde Eppingen e.V., 1979. - ISBN 3-93017-200-3

HEPPERMANN 1994 HEPPERMANN, Heinrich: Vom Projektstart zum Pflichtenheft : Das Raumbuch als durchgängige Struktur. In: *congena Texte* (1994), Nr. 1/2, S. 15-19

HOAI HOAI (idF. v. 21.10.1995)

IAI 2006a LIEBICH, Thomas; HOFFELLER, Tim; INDUSTRIEALLIANZ FÜR INTEROPERABILITÄT E.V. IAI (Hrsg.): *Anwenderhandbuch Datenaustausch BIM/IFC*. 1. Auflage. München, 2006

IAI 2006b INDUSTRIEALLIANZ FÜR INTEROPERABILITÄT E. V. – IAI : *buildingSMART*. URL http://www.buildingsmart.de. - Aktualisierungsdatum: 29.11.2006.

ILS 2005 INSTITUT FÜR LANDES- UND STADTENTWICKLUNGSFORSCHUNG UND BAUWESEN DES LANDES NORDRHEIN-WESTFALEN (ILS NRW) (Hrsg.): *Handbuch Altbaumodernisierung : Methoden für die Energie sparende und nachhaltige Entwicklung von Baubeständen* / MEISEL, Ulli (Bearb.); SCHULDT, Martin (Bearb.); GRAP, Martin (Bearb.); OVERDIEK, Sabine (Bearb.). 1. Auflage. Dortmund : Institut für Landes- und Stadtentwicklungsforschung und Bauwesen des Landes Nordrhein-Westfalen (ILS NRW), 2005. - ISBN 3-8176-6195-9

IP BAU 1992 IP BAU: *Unterhaltsheft für die periodische Gebäudezustandsermittlung*. Bern: Impulsprogramm IP Bau – Erhaltung und Erneuerung von Gebäuden - Bundesamt für Konjunkturfragen, 1992

IP BAU 1993 IP BAU: *Grobdiagnose – Zustandserfassung und Kostenschätzung von Gebäuden*. Bern: Impulsprogramm IP Bau – Erhaltung und Erneuerung von Gebäuden - Bundesamt für Konjunkturfragen, 1993

ISO10303 ISO DIS 10303: *Industrial Automation Systems, Product Representation and Exchange*. International Organization of Standardization, Genf 1992 ff.

ISO/IEC 19501 ISO/IEC 19501:2005(E) Januar 2005. *Unified Modeling Language Specification*

JEHLE 1989 JEHLE, Peter: *Ein Instandhaltungsmodell für Hochbauten*. Essen, Universität, Bauwesen, Diss., 1989

JUISTER 2004 JUISTER, Niels: *Raumbuchkonzepte für die Gebäudesanierung und Denkmalpflege : Aufnahme - Dokumentation – Auswertung*. Karlsruhe, Technische Universität, Fakultät für Architektur, Dipl.-Arb., 2004

KÖHLSCHEID 1999 KÖHLSCHEID, Wilfried: *Methodik zur lebenszyklusorientierten Produktgestaltung : Ein Beitrag zum Life Cycle Design*. Aachen, Technische Hochschule, Fakultät für Maschinenwesen, Diss., 1999

KOHLER 2002 KOHLER, Niklaus; LÜTZKENDORF, Thomas: Integrated life-cycle analysis. In: *Building Research & Information* 30 (2002), Nr. 5, S. 338-348

KOHLER 2003 KOHLER, Niklaus: Lebenszyklusanalyse im Planungsprozess von Gebäuden. In: DARMSTÄDTER NACHHALTIGKEITSSYMPOSIUM, FACHGEBIET MASSIVBAU (Hrsg.): *Ökologische und ökonomische Lebenszyklusbetrachtung von Gebäuden : Darmstädter Nachhaltigkeitssymposium, 17.-18. Juli 2003*. 1. Auflage. Darmstadt : Technische Universität, Fachgebiet Massivbau, 2003

KOHLER 2004 KOHLER, Niklaus: Life Cycle Analysis of buildings, groups of buildings and urban fragments. In: DEAKIN, Mark (Hrsg.); MITCHELL, Gordon (Hrsg.); NIJKAMP, Peter (Hrsg.); VREKEER, Ron (Hrsg.): *Sustainable Urban Development : The Environmental Assessment Methods* . Band 2. 1. Auflage. London : Spon, 2004

KOHLER 2006 KOHLER, Niklaus: *Integrale Planung.* URL http://www.ifib.uni-karlsruhe.de/web/ifib_lehre/download/ip/IP_Vorlesung_28_32.pdf. - Aktualisierungsdatum: 18.12.2006.- Dateigröße: 84,3 MB. - Karlsruhe, Technische Universität, Fakultät für Architektur

KrW-/AbfG (idF. v. 27. 9. 1994) § 4 (1)

IEMB 2004 KOMPETENZZENTRUM "KOSTENGÜNSTIG QUALITÄTSBEWUßT BAUEN" IM INSTITUT FÜR ERHALTUNG UND MODERNISIERUNG VON BAUWERKEN E. V. (IEMB) (Hrsg.): *Lebensdauer von Bauteilen und Bauteilschichten.* - Losebl.-Ausg., Lfg. 9.9. Stand: September 2004. 1-6

IEMB 2006 KOMPETENZZENTRUM "KOSTENGÜNSTIG QUALITÄTSBEWUßT BAUEN" IM INSTITUT FÜR ERHALTUNG UND MODERNISIERUNG VON BAUWERKEN E. V. (IEMB) (Hrsg.): *Wohngebäudebestand und Nutzungsperspektiven.* - Losebl.-Ausg., Lfg. 7.1. Stand: September 2006. 1-43

LANDESBAUABTEILUNG HANNOVER 2006 LANDESBAUABTEILUNG DER OBERFINANZDIREKTION HANNOVER (Hrsg.): *Facility Management (FM) Handbuch : Integrierte Planung und FM-gerechte Bestandsdokumentation von Gebäuden und baulichen Anlagen.* 2. Auflage. Hannover, 2006

LEE 2002 LEE, Angela; BETTS, Martin; GHASSAN, Aouad; COOPER, Rachel; WU, Song; UNDERWOOD, Jason: Developing a vision for an nD modelling tool. In: INTERNATIONAL COUNCIL FOR BUILDING RESEARCH STUDIES AND DOCUMENTATION (CIB) (Hrsg.): *Distributing Knowledge in Building (CIB W78 conference 2002) : Proceedings.* V.2. Aarhus : Linde Tryk ApS, 2002. - Original Beiträge. - ISBN 87-90078-34-9

LERDORF 2002 LERDORF, Rasmus; TATROE, Kevin; KAEHMS, Bob (Mitarb.); MCGREDY, Ric (Mitarb.): *Programming PHP: Creating dynamic web pages.* 1. Auflage. Sebastapol : O'Reilly & Associates, Inc., 2002.

LI 2006 LI, Shutao; ISELE, Jörg; HÄFELE, Karl-Heinz ; GEIGER, Andreas: CAD/CAM integrated building prefabrication based on a product data model. In: ICCCBE (Hrsg.): *Joint International Conference on Computing and Decision Making in Civil and Building Engineering.* Montreal, 2006 (Proceedings of the 11th International Conference on Computing in Civil and Building Engineering (ICCCBE-XI)). - ISBN 2-921145-58-8

LIEBICH 2004 LIEBICH, Thomas; FORESTER, James (Mitarb.); KARSTILA, Kari (Mitarb.); WIX, Jeff (Mitarb.). INTERNATIONAL ALLIANCE FOR INTEROPERABILITY (IAI) (Hrsg.): *IFC 2x Edition 2 : Model Implementation Guide.* 2004.

LÖMKER 2006 LÖMKER, Thorsten Michael: *Plausibilität im Planungsprozess : Umbau und Umnutzung als Optimierungsaufgabe.* Weimar, Bauhaus Universität, Architektur, Diss., 2006

MAISBERGER 2005 MAISBERGER WHITEOAKS/NEMETSCHEK (Hrsg.): *Europaweite Studie : Neue Geschäftspotenziale für Architekten und Ingenieure.* 1. Auflage. München, 2005

MAROHN 2003 MAROHN, Dietmar: Dokumentation von Änderungen und deren kostenseitige Bewertung beim Umbau von Bauwerken. In: *DBZ Deutsche Bauzeitschrift* 1 (2003), S. 128-135. - ISSN 0011-4782

MARTIN 1997 MARTIN, Dieter; VIEBROCK, Jan Nikolaus; BIELFELDT, Carsten: *Denkmalschutz, Denkmalpflege, Archäologie : Rechtsgrundlagen – denkmalfachliche Grundsätze - Organisation - Verfahren - Kosten und Finanzierung.* 1. Auflage. Kronach ; München ; Bonn : Carl Link, 1997. - Losebl.-Ausg.. - ISBN 3-556-32400-8

MATTA 2006 MATTA, Charles; KAM, Calvin; GRAVES, Thomas, HAGAN, Stephen; BRUMLEY, John : *GSA Building Information Modeling Series 02-Spatial Program Validation DRAFT.* URL http://www.gsa.gov/gsa/cm_attachments/GSA_DOCUMENT/GSA_BIM_02_Main_v09_R2C-a3-l_0Z5RDZ-i34K-pR.pdf. - Aktualisierungsdatum: 1.11.2006. - Dateigröße: 3.586 kB. - U.S. General Services Administration - Public Buildings Service

MAY 2004 MAY, Michael (Hrsg.): *IT im Facility-Management erfolgreich einsetzen : Das CAFM-Handbuch.* 1. Auflage. Berlin : Springer, 2004. - ISBN 3-540-04759-X

MOßGRABER 1997 MOßGRABER , Jürgen: *Konzeption, Entwurf und Umsetzung eines Metadatenmodells zur Interpretation und Verwaltung von Informationen mit geographischem Bezug.* Karlsruhe, Universität Karlsruhe (TH), Fakultät für Informatik, Dipl.-Arb., 1997

MRG § 3 Abs. 1 MRG Mietrechtgesetz Österreich § 3 Abs. 1

NABER 2001 NABER, Sabine: *Planung unter Berücksichtigung der Baunutzungskosten als Aufgabe des Architekten im Feld des Facility Management.* Cottbus, Brandenburgische Technische Universität, Architektur, Diss., 2001

NÄVY 2003 NÄVY, Jens; LÖWEN, Wolfgang (Mitarb.): *Facility Management : Grundlagen, Computerunterstützung, Systemeinführung, Anwendungsbeispiele.* 3. Auflage. Berlin ; Heidelberg : Springer, 2003. - ISBN 3-540-44167-0

NEMETSCHEK 2006 NEMETSCHEK (Hrsg.): *Allright 2006 : Paket D2C Baukostenmanagement.* - Losebl.-Ausg.. Stand: 2.11.2006. Seiten: 1-6

NISBET 2005 NISBET, Nick; LIEBICH, Thomas; INTERNATIONAL ALLIANCE FOR INTEROPERABILITY (IAI) (Hrsg.): *ifcXML : Implementation Guide*, 2005

NEUFERT 2000 — NEUFERT, Ernst: *Bauentwurfslehre: Grundlagen, Normen, Vorschriften über Anlage, Bau, Gestaltung, Raumbedarf, Raumbeziehungen, Maße für Gebäude, Räume, Einrichtungen, Geräte – mit dem Mensch als Maß und Ziel. Handbuch für den Baufachmann, Bauherren, Lehrenden und Lernenden*. 36. Auflage. Braunschweig: Vieweg, 2000

O'REILLY 2005 — O'REILLY, Tim: *What is the Web 2.0? : Design Patterns and Business Models for the Next Generation of Software*. URL http://www.oreilly.de /artikel/web20.html. - Aktualisierungsdatum: 30.9.2005. - mailto:tim@ oreilly.com. - O'Reilly Media, Inc.

OMG 2007 — OBJECT MANAGEMENT GROUP (OMG) : *Unified Modeling Language (UML), version 2.1.1*. URL http://www.omg.org/technology/documents/ formal/uml.htm. - Aktualisierungsdatum: 2007 - mailto:info@omg.org.

OZEL 2004 — OZEL, Filiz; KOHLER, Niklaus: Data modeling issues in simulating the dynamic processes in life cycle analysis of buildings. In: *Automation in Construction* 13 (2004), Nr. 2, S. 167-174

PAHL 2000 — PAHL, Peter Jan; DAMRATH, Rudolf: *Mathematische Grundlagen der Ingenieurinformatik*. 1. Auflage. Berlin : Springer, 2000. - ISBN 3-540-60501-0

PÄTZOLD 1991 — PÄTZOLD, Bernhard: *Integration rechnerunterstützter Verfahren für die Konstruktion auf Basis eines objektorientierten Produktmodellansatzes*. Karlsruhe, Universität Karlsruhe (TH), Fakultät für Maschinenbau, Diss., 1991

PANTLI 2003 — PANTLI, Heinz; BUNDESAMT FÜR BEVÖLKERUNGSSCHUTZ (Hrsg.): *Gebäudekurzdokumentation : Merkblätter des Bundesamtes für Bevölkerungsschutz Kulturgüterschutz*, Bern, 2003

PETER 2006 — PETER, Markus; GESSMANN, Robin: Supporting participatory settlement development : integrative modular tools for the assessment of sustainable neighbourhood. In: MARTÍNEZ, Manuel (Hrsg.); SCHERER, Raimar (Hrsg.) ECPPM - EUROPEAN CONFERENCES ON PRODUCT AND PROCESS MODELLING IN THE BUILDING INDUSTRY (Hrsg.): *ECPPM 2006 : eWork and eBusiness in Architecture, Engineering and Construction*. 1. Auflage. London : Taylor & Francis, 2006. - ISBN 0-415-41622-1

PETZET 1993 — PETZET, Michael; MADER, Gert: *Praktische Denkmalpflege*. 1. Auflage. Stuttgart : Kohlhammer, 1993. - ISBN 3-17-009007-0

PETZOLD 2001 — PETZOLD, Frank: *Computergestützte Bauaufnahme als Grundlage für die Planung im Bestand : Untersuchungen zur digitalen Erfassung und Modellbildung*. Weimar, Bauhaus-Universität, Fakultät für Architektur, Diss., 2001

PILZ 2007 — Pilz, Achim: Wissen vernetzen. In: *Metarmorphose - Bauen im Bestand* (2007), Nr. 02/07, S. 62-63

POTRECK 2002 POTRECK, Hartmut: Planungsbegleitendes Raumbuch : Projektbericht für den Neubau "Innere Medizin" der Universitätsklinik in Würzburg. In: *Facility Management* (2002), Nr. 7, S. 62-67

RAPP 1999 RAPP, Thomas: *Produktstrukturierung.* St. Gallen, Hochschule für Wirtschafts-, Rechts- und Sozialwissenschaften (HSG), Wirtschaftswissenschaften, Diss., 1999

REISCHBÖCK 2004 REISCHBÖCK, Johannes: *Graphisoft NEWS : Architektur und Bauen in einer vernetzten Welt.* URL http://www.graphisoft.de/ graphisoft_anwender/gs_news/GS_News_0304.pdf. – Aktualisierungsdatum: 06.12.2004. – Dateigröße: 896 KByte. - mailto:derl@ graphisoft.de. - Graphisoft Deutschland GmbH

RENTZ 1997 RENTZ, Otto; SCHULTMANN, Frank; RUCH, Marc; SINDT, Valérie: *Demontage und Recycling von Gebäuden : Entwicklung von Demontage- und Verwertungskonzepten unter besonderer Berücksichtigung der Umweltverträglichkeit.* 1. Auflage. Landsberg : ecomed, 1997. - ISBN 3-609-69310-X

RICHTER 1988 RICHTER, Peter: *Entwicklung einer integrierten Informationsstruktur für relationale Datenbanken im Bauwesen.* Kassel, Gesamthochschule, Fachbereich für Architektur, Diss., 1988

RICHTER 1997 RICHTER, Peter: *Objekt Management : altes, neues Aufgabenfeld für Architekten.* Karlsruhe, Technische Hochschule, Fakultät für Architektur, Scriptum – Materialien zur Vorlesung, 1997

RISCHMOLLER 2000 RISCHMOLLER, Leonardo; FISCHER, Martin; FOX, Robert; ALARCÓN, Luis: 4D planning and scheduling (4D-PS): grounding construction IT research in industry practice. In: INTERNATIONAL COUNCIL FOR BUILDING RESEARCH STUDIES AND DOCUMENTATION (CIB) (Hrsg.): *Construction Information Technology 2000. : Taking the construction industry into the 21st century : Proceedings.* Reykjavik : Icelandic Building Research, 2000. - Original Beiträge. - ISBN 9979-9174-3-1

RÖSCH 1996 RÖSCH, Wolfgang: *Bauleitung und Projektmanagement für Architekten und Ingenieure : Aktuelles Arbeitsheft- und Kontrollhandbuch nach HOAI und VOB/BGB mit Fallbeispielen, Prüflisten, Vertrags- und Organisationsmustern.* Augsburg : WEKA Baufachverlage. . Loseblatt Ausgabe, 16. Aktualisierungs- und Ergänzungslieferung April 1996

RUDE 1998 RUDE, Stefan: *Wissensbasiertes Konstruieren.* Karlsruhe, Universität Karlsruhe (TH), Maschinenbau, Habilitationsschrift, 1998

POLLY 1996 POLLY, Adam: *Methodische Entwicklung und Integration von Produktmodellen.* Karlsruhe, Universität Karlsruhe (TH), Maschinenbau, Diss., 1996

SAYNISCH 1984 SAYNISCH, Manfred: Konfigurationsmanagement : fachl.-inh. Entwurfssteuerung, Dokumentation u. Änderungswesen im ganzheitl. Projektmanagement. In: SCHELLE, Heinz (Hrsg.): *Schriftenreihe der*

Gesellschaft für Projektmanagement. 1. Auflage. Köln : TÜV Rheinland, 1984. - ISBN 3-88585-178-4

SAYNISCH 1994 SAYNISCH, Manfred: Konfigurationsmanagement : Konzepte, Methoden, Anwendungen und Trends. In: SCHELLE, Heinz (Hrsg.): *Projekte erfolgreich managen*. 1. Auflage. Köln : TÜV Rheinland, 1994. - ISBN 3-8249-0185-4

SCHMIDT 1993 SCHMIDT, Wolf; PETZET, Michael (Hrsg.): *Das Raumbuch als Instrument denkmalpflegerischer Bestandsaufnahme und Sanierungsplanung*. 2. Auflage. München: Bayerisches Landesamt für Denkmalpflege, 1993 (Arbeitshefte des Bayerischen Landesamtes für Denkmalpflege; 44). – ISBN 3-87490-303-2

SCHNARR 2003 SCHNARR, Wolfram: Durch sinnvolle Strukturierung Planung und Nutzung optimieren : Baubegleitende Datenerfassung im Facility Management, Teilband 1. In: *industrieBAU* (2003), Nr. 6, S. 51-54. - ISSN 0935-202

SCHNEIDER 2001 SCHNEIDER, Hermann: *Facility Management : planen - einführen - nutzen*. 1. Auflage. Stuttgart : Schäffer-Poeschel, 2001. - ISBN 3-7910-1743-8

SIEMON 2004 SIEMON, Klaus Dieter: *HOAI-Praxis bei Architektenleistungen : Anleitungen zur Anwendung der Honorarrechnung für Architekten*. 7. Auflage. Wiesbaden : Vieweg, 2004. - ISBN 3-528-11668-4

STACHOWIAK 1973 STACHOWIAK, Herbert: *Allgemeine Modelltheorie*. 1. Auflage. Wien : Springer, 1973. - ISBN 3-211-81106-0

STÄDTETAG NORDRHEIN-WESTFALEN 2000 STÄDTETAG NORDRHEIN-WESTFALEN (Hrsg.): *Arbeiten am Denkmal : Arbeitshilfe für die Praxis*. 1. Auflage. Köln : Städtetag Nordrhein-Westfalen, 2000. - in Zusammenarbeit mit Nordrhein-Westfälischer Städte- und Gemeindebund, Landschaftsverband Rheinland, Landschaftsverband Westfalen-Lippe

SUHM 1993 SUHM, Alexander: *Produktmodellierung in wissensbasierten Konstruktionssystemen auf der Basis von Lösungsmustern*. Karlsruhe, Universität (TH), Fakultät für Maschinenbau, Diss., 1993

THUROW 2004 THUROW, Torsten: *Digitaler Architekturbestand : Untersuchungen zur computergestützten, schrittweisen Erfassung und Abbildung der Geometrie von Gebäuden im Kontext der planungsrelevanten Bauaufnahme*. Weimar, Bauhaus-Universität Weimar, Architektur, Diss., 2004

VDI 2222 VDI 2222 Blatt 1 Juni 1997. *Konstruktionsmethodik; Methodisches Entwickeln von Lösungsprinzipien*. VDI Richtlinien

VDI 2243 VDI 2243 Juli 2002. *Recyclingorientierte Produktentwicklung*. VDI Richtlinien

VDI 3813 VDI 3813 Entwurf Mai 2006. *Raumautomation – Grundlagen*. VDI Richtlinien

VERSTEEGEN 2003 VERSTEEGEN, Gerhard (Hrsg.): *Konfigurationsmanagement*. 1. Auflage. Berlin ; Heidelberg : Springer, 2003. - ISBN 3-540-43622-7

VOLKMANN 2002 VOLKMANN, Walter: One Page Management - am Beispiel Raumbuch. In: *Deutsches Architektenblatt: DAB* 10 (2002), Nr. 34, S. 44-45. - ISSN 0012-1215

WEEBER 2007 WEEBER, Hannes; BOSCH, Simone; BUNDESAMT FÜR BAUWESEN UND RAUMORDNUNG (Hrsg.): *Planung plus Ausführung? : Zunehmende Vermischung von Planungs- und Ausführungsleistungen im Wohnungsbau*. Berlin, 2007. - Kurzbericht-Nr. 2488

WGG §§ 14a, 14b WGG Wohnungsgemeinnützigkeitsgesetz Österreich §§ 14a, 14b

WIDENIUS 2002 WIDENIUS, Michael "Monty"; AXMARK, David; MYSQL AB: *MySQL Reference Manual: Documentation from the Source*. 1. Auflage. Sebastapol : O'Reilly & Associates, Inc., 2002.

WIEDEMANN 2004 WIEDEMANN, Albert: *Handbuch Bauwerksvermessung : Geodäsie - Photogrammetrie - Laserscanning*. 1. Auflage. Basel : Birkhäuser, 2004. - ISBN 3-7643-6722-9

WILLIAMS 2002 WILLIAMS, Hugh E.; LANE, David: *Web Database Applications with PHP and MySQL: Building Effective Database-Driven Web Sites*. 1. Auflage. Sebastapol : O'Reilly & Associates, Inc., 2002.

WITTE 2005 WITTE, René; GERLACH, Petra; JOACHIM, Markus; KAPPLER, Thomas; KRESTEL, Ralf; PERERA, Praharshana: Engineering a Semantic Desktop for Building Historians and Architects. In: INTERNATIONAL SEMANTIC WEB CONFERENCE (Hrsg.): *1st Workshop on The Semantic Desktop - Next Generation Personal Information Management and Collaboration Infrastructure*. Galway (Ireland), 2005. - CEUR Workshop Proceedings. - ISSN 1613-0073

ZANGEMEISTER 1976 ZANGEMEISTER, Christof: *Nutzerwertanalyse in der Systemtechnik : Eine Methodik zur multidimensionalen Bewertung und Auswahl von Projektalternativen*. 4. Auflage. München : Wittemannsche Buchhandlung, 1976

ZDB 2007 ZENTRALVERBAND DES DEUTSCHEN BAUGEWERBES E.V. (ZDB) (Hrsg.): Analyse & Prognose : Bauwirtschaftlicher Bericht 2006/2007. 1. Auflage. Berlin : Ludwig Austermeier Offsetdruck, 2006. - ISBN 0342-7943

ZWEIFEL 1998 ZWEIFEL, Gerhard: Programm für die Bedarfsermittlung nach SIA V 382/3. In: *Schweizer Ingenieur und Architekt* (1998), Nr.8, S. 104-107

8 Glossar

AEC engl. Akronym: **A**rchitecture, **E**ngineering and **C**onstruction. AEC steht als Überbegriff für computergestützte Anwendungen in Architektur, Bauingenieurwesen (Hoch- und Tiefbau), Energietechnik, Stahl- und Anlagenbau sowie Fabrik- und Büroplanung. Allerdings ist der Fokus meist auf CAD-Anwendungen.

AJAX engl. Akronym: **A**synchronous **Ja**vaScript and **X**ML. Mit dieser Technik lässt sich innerhalb einer HTML-Seite eine HTTP-Anfrage durchführen und Inhalte abrufen ohne die komplette Seite neu zu laden.

API engl. Akronym: **A**pplication **P**rogramming **I**nterface. Deutsch: Schnittstelle zur Anwendungsprogrammierung.

AVA dt. Akronym: **A**usschreibung, **V**ergabe und **A**brechnung. Mit AVA-Programmen sind Softwareprodukte gemeint, die diese Prozesse unterstützen.

BIM engl. Akronym: **B**uilding **I**nformation **M**odell. BIM steht für ein „Gebäudeinformationsmodell" welches eine Software-gestützte Repräsentation von gebäudebeschreibenden Informationen im Sinne eines bauspezifischen Produktmodells ist.

Blog engl. Abkürzung von We**blog**. Deutsch: Web-Tagebuch. Dies ist eine Webseite, die periodisch neue Einträge erhält.

Browser engl. „Stöberer" (auch „Webbrowser" genannt). Computerprogramm zur Darstellung von HTML-Inhalten des Internets.

CA(A)D engl. Akronym: **C**omputer **A**ided (**A**rchitectural) **D**esign. CAAD bezeichnet computergestütztes Entwerfen im Architekturbereich.

CAE engl. Akronym: **C**omputer **A**ided **E**ngineering. Dieser Begriff fasst die Rechnerunterstützung von Arbeitsprozessen für Ingenieure in der Entwicklung zusammen.

CAFM engl. Akronym: **C**omputer **A**ided **F**acility **M**anagement. Nach GEFMA 400, S. 1 sind CAFM-Systeme „Software-Werkzeuge, welche die spezifischen Prozesse des Facility Managements und die daran direkt oder indirekt (zum Beispiel als Informationsnachfrager) beteiligten Personen unterstützen".

CAM engl. Akronym: **C**omputer **A**ided **M**anufacturing. Der Ausdruck des CAM (rechnerunterstützte Fertigung) bezieht auf die direkte Steuerung von Produktionsanlagen (und unterstützender Transport- und Lagersysteme).

CAx engl. Akronym: **C**omputer **A**ided **x**. Das x steht als Platzhalter für computergestützte Werkzeuge wie beispielsweise CAD, CAE und CAM. CAx fasst alle diese Begriffe zusammen.

Constraint Constraints (engl.: Einschränkung) werden in Programmiersprachen und Datenbanksystemen verwendet, um den Wertebereich einer Variablen einzuschränken. Bei Datenbanksystemen stellen diese Integritätsbedingungen dar und dienen zur Verifikation.

CSS engl. Akronym: „**C**ascading **S**tyle **S**heets“. CSS ist eine deklarative Stylesheet-Sprache für strukturierte Dokumente wie HTML und XML. Eine CSS-Datei legt zentral fest, wie ausgezeichneter Inhalt dargestellt werden soll. Webseite: http://www.w3.org/Style/CSS/

EDV Abkürzung für **e**lektronische **D**aten**v**erarbeitung (auch DV genannt). EDV stellt die Erfassung und Verarbeitung von Daten mit elektronischen Maschinen (meistens Computer) dar.

Facility engl. Einrichtung. Materieller Vermögenswert, der eine Organisation unterstützt (DIN 15221, S. 6).

Facility Management (FM) „Integration von Prozessen innerhalb einer Organisation zur Erbringung und Entwicklung der vereinbarten Leistungen, welche zur Unterstützung und Verbesserung der Effektivität der Hauptaktivitäten der Organisation dienen.“ (DIN 15221, S. 6).

Feature engl. Eigenschaft beziehungsweise Merkmal. Features sind geometrieorientierte Objekte welche als Trägerobjekte semantischer beziehungsweise alphanumerischer Daten zur Modellierung von nicht geometrischen Daten betrachtet werden.

Frames Frames (Objekte) können als spezialisiertes Objektorinetiertes Programmieren (OOP, engl. Akronym: **o**bject **o**riented **p**rogramming) gesehen werden. Daten und Prozeduren sind hier in Objekten in einer Zelle zusammengefasst (RUDE 1988, S. 72).

GEFMA engl. Akronym: **GE**rman **F**acility **M**anagement **A**ssociation - Deutscher Verband für Facility Management e.V. Die GEFMA bietet Richtlinien für das Facility Management an.

GUID engl. Akronym: **G**lobal **U**nique **ID**entifier. Weltweit eindeutige Identifizierungsnummer. Diese wird für jedes Objekte, welches bei einem Gebäudemodell in IFC vorkommt, vergeben.

HTML engl. Akronym: „**H**yper**T**ext **M**arkup **L**anguage“. HTML ist eine textbasierte Auszeichnungssprache zur Darstellung von Inhalten wie Texten, Bildern und Hyperlinks in Dokumenten. HTML ist die Grundlage für die Darstellung von Inhalten im Internet und wird mit Browsern dargestellt. Es wurde durch das „World Wide Web Consortium“ (W3C) bis Version 4.01 weiterentwickelt und soll nun durch XHTML ersetzt werden. Webseite: http://www.w3.org/MarkUp/

IAI dt. Akronym: „**I**ndustrie **A**llianz für **I**nteroperabilität e.V.“. Die IAI ist eine internationale nichtstaatliche Organisation von Baufirmen, Planern und Softwarehäusern die mit der gemeinsamen Sprache IFC ein digitales

Gebäudemodell zum Datenaustausch im Bauwesen entwickeln. Webseite des deutschen Vereins: http://www.iai-international.org/

IFC engl. Akronym: „**I**ndustry **F**oundation **C**lasses". Standard, der unter der ISO16739 registriert ist, zur digitalen Beschreibung von Gebäudemodellen und ein nicht proprietäres Austauschformat darstellt.

ifcXML IFC-Austauschformat, welches XML als Datenmodellierung benutzt. Siehe IFC und XML.

Informationsintegration Informationsintegration bezeichnet die Aufgabe der Zusammenführung von Daten und Inhalten aus verschiedenen Quellen zu einer einheitlichen Menge von Informationen.

IT Akronym für Informationstechnik (engl.: information technology), Oberbegriff für die Informations- und Datenverarbeitung.

lamp engl. Akronym: **L**inux, **A**pache, **M**ySQL, **p**hp. Dies steht für eine Kombination aus Betriebssystem, Webserver, Datenbank und Skriptsprache welche sich großer Beliebtheit erfreut.

LCA engl. Akronym: **L**ife **C**ycle **A**nalysis. Simulation der lebenszyklusbezogenen ökologischen, ökonomischen, sozialen und kulturellen Auswirkungen eines Objektes in der Planungsphase. Vergleiche LCC.

LCC engl. Akronym: **L**ife **C**ycle **C**osting. Simulation des lebenszyklusbezogenen Kostenmanagements eines Objektes in der Planungsphase. Vergleiche LCA.

MySQL Open Source Datenbanksystem. Webseite: http://www.mysql.com

Obsoleszenz Veralterung eines Objektes auf natürliche oder künstliche Weise.

ODMG Die Standardisierung der objektorientierten Datenmodellierung wurde durch die ODMG (engl. Akronym: **O**bject **D**ata **M**anagement **G**roup) 1991 begonnen und 1993 die endgültige Version des ODMG-Datenmodells verabschiedet (BEHL 2002, S. 17).

Ökobilanzierung Bilanzierung von Energie- und Stoffflüssen über den Lebenszyklus eines Objektes.

OMT engl. Akronym: **O**bject-**M**odeling **T**echnique. OMT ist Objekt-Modelierungs-sprache zum modellieren und entwerfen von Software. OMT ist ein Vorgänger von UML.

PDF engl. Akronym: **P**ortable **D**ocument **F**ormat. PDF ist ein kommerzielles, aber offengelegtes plattformübergreifendes Dateiformat für Dokumente, das von der Firma Adobe Systems entwickelt und 1993 mit Acrobat 1 veröffentlicht wurde und erleichtert den Datenaustausch in der Druckvorstufe.

php engl. rekursives Akronym: „**h**ypertext **p**re **p**rocessor" (WILLIAMS 2002, S. 28). Open Source, plattformunabhängige Skriptsprache die serverseitig

	interpretiert wird und in HTML-, beziehungsweise XHTML-Dokumente eingebettet werden kann. Webseite: http://www.php.net
Pointer	engl. für Referenz- oder Zeigervariable auf Programmierebene.
Portal	Webseiten, welche den Nutzern relevante Inhalte in aufbereiteter Form präsentieren (BÜRKNER 2001, S. 40).
Repositorium	(von lateinisch: repositum): Ist ein Speicherplatz der Daten inklusive aller Änderungen (oder die Methoden, um die Daten in geänderte zu überführen beziehungsweise transformieren) beinhaltet und für eine spätere Wiederbenutzung bereithält.
RSS	engl. Akronym: „**R**eally **S**imple **S**yndication". Mit dieser Technik können Nutzer Webseiteninhalte, oder Teile davon, abonnieren.
SaaS	engl. Akronym: „**S**oftware **a**s **a** **S**ervice". Software wird direkt über das Internet als ein Service dem Endkunden bereitgestellt.
SADT	engl. Akronym: „**S**tructured **A**nalysis and **D**esign **T**echnique". SADT ist eine Methode der Softwaretechnik mit welcher sich anhand von hierarchisch angeordneten Funktionen ein System beschreiben lässt. Es können sowohl die Ergebnisse der Informationsbedarfsanalyse formuliert und zusammengefasst werden als auch das Verhalten des zukünftigen Systems in der nachfolgenden Entwurfsphase spezifiziert werden (ENGESSER 1988, S. 504).
Session	engl. „Sitzung". Eine Session beschreibt in der Client-Servertechnik die zeitweise bestehende Verbindung eines Clients mit einem Server. Die Session-Variablen (Sitzungsdaten) werden bei HTTP-Anwendungen serverseitig gespeichert.
STEP	engl. Akronym: „**St**andard for **E**xchange of **P**roduct Model Data". STEP ist der frühere Name, unter welchem die Normung ISO 10303 für Produktinformationsmodelle bekannt wurde.
UML	engl. Akronym: „**U**nified **M**odeling **L**anguage". Standardisierte Sprache für die Modellierung von Software und anderen Systemen die von der „Object Management Group" entwickelt wurde. Webseite: http://www.uml.org/
Use Case	engl. für Anwendungsfall. Mit einem Anwendungsfall werden Interaktionen zwischen Akteuren und einem bestimmten System betrachtet um ein fachliches Ziel zu erreichen.
W3C	engl. Akronym: „**W**orld **W**ide **W**eb **C**onsortium". Dies ist das Gremium zur Standardisierung der Techniken, die das World Wide Web betreffen. Webseite: http://www.w3.org/
Wiki	Wikis sind Wissensmanagementtools die über eine Seitensammlung verfügen, die von den Nutzern nicht nur gelesen sondern auch verändert werden können (Wiki bedeutet auf Hawaiianisch schnell).

XHTML engl. Akronym: „ e**X**tensible **H**yper**T**ext **M**arkup **L**anguage“. Hierbei handelt es sich um eine Neuformulierung von HTML 4 in XML 1.0 (vergleiche HTML), der ein W3C-Standard ist. XHTML-Dokumente entsprechen den Syntaxregeln von XML.

XML engl. Akronym: „e**X**tensible **M**arkup **L**anguage“. Bei XML handelt es sich um einen Standard zur Modellierung von halb-strukturierten Daten in Form einer Baumstruktur, der auf der Norm ISO 8879 (auch unter SGML bekannt) basiert und vom „World Wide Web Consortium“ (W3C) definiert wird. Webseite: http://www.w3.org/XML/

Danksagung

Meinen herzlichen Dank möchte ich an die im Folgenden genannten Personen richten, die alle auf ihre Weise zum Gelingen dieser Arbeit beigetragen haben.

Ich danke Herrn Prof. Dr. ès. sc. techn. N. Kohler, Leiter des Instituts für industrielle Bauproduktion, für die Unterstützung bei der Themenfindung, für seine Diskussions- und Kritikbereitschaft sowie für die Übernahme der Doktorvaterschaft.

Herrn Prof. Dr.-Ing. Dipl.-Wi.-Ing. Kunibert Lennerts, Institut für Technologie und Management im Baubetrieb der Universität Karlsruhe (TH) | Facility Management, danke ich für die Übernahme des Beisitzes, die konstruktive inhaltliche Kritik und Betreuung.

Mein besonderer Dank gilt meiner Partnerin Dr.-Ing. Petra von Both für die Unterstützung, Diskussions- und Kritikbereitschaft sowie die inhaltliche Unterstützung die zum Gelingen dieser Arbeit entscheidend beigetragen hat.

Meiner Mutter Gisela Gessmann-Braun und meinem Stiefvater Thomas Braun möchte ich für die jahrelange Unterstützung und Motivation danken.

Herrn Cand.-Elec.-Ing. Justus Minx möchte ich für die engagierte Unterstützung meiner Arbeit in technischer wie auch inhaltlicher Hinsicht danken.

Herrn Dipl.-Ing. Joachim Rix, Lehrstuhl Ökonomie und Ökonomie des Wohnungsbaus, danke ich für Hinweise zum Thema Raumbuch und Konfigurationsmanagement.

Herrn Cand.-Ing. Stephan Rochow und Cand.-Inf. Dominik Englert danke ich für die Hilfe bei der technischen Umsetzung dieser Arbeit.

Herrn Dipl.-Ing. Ulf-Thore Kröher danke ich für die grafische Unterstützung bei der Umsetzung der Inhalte dieser Arbeit.

Anhang I Auflistung Datenbanktabellenstruktur

Im Folgenden sind die erstellten Datenbanktabellen des Prototyps in alphabetischer Reihenfolge aufgelistet. Die einzelnen Tabellen weisen den Domänennamen auf und gliedern sich in zwei Teilbereiche. Im oberen Bereich werden die einzelnen Tabellenspalten erläutert. Dem schließt sich eine Auflistung der Indexe der Primär- und Fremdschlüssel an.

benutzer

ColumnName	DataType	PrimaryKey	NotNull	Flags	Default Value	Comment	AutoInc
benutzer_id	**INTEGER**	PK	NN	UNSIGNED			AI
benutzer_gruppe_id	INTEGER		NN	UNSIGNED			
benutzer_nachname	VARCHAR(45)						
benutzer_vorname	VARCHAR(45)						
benutzer_email	VARCHAR(80)						

IndexName	IndexType	Columns
PRIMARY	PRIMARY	benutzer_id
benutzer_FKIndex1	Index	benutzer_gruppe_id

benutzer_gruppe

ColumnName	DataType	PrimaryKey	NotNull	Flags	Default Value	Comment	AutoInc
benutzer_gruppe_id	**INTEGER**	PK	NN	UNSIGNED			AI
benutzer_gruppe_name	VARCHAR(20)						

IndexName	IndexType	Columns
PRIMARY	PRIMARY	benutzer_gruppe_id

benutzer_pw

ColumnName	DataType	PrimaryKey	NotNull	Flags	Default Value	Comment	AutoInc
benutzer_id	**INTEGER**	PK	NN	UNSIGNED			
benutzer_name	VARCHAR(20)						
benutzer_passwort	VARCHAR(20)						

IndexName	IndexType	Columns
PRIMARY	PRIMARY	benutzer_id
benutzer_pw_FKIndex1	Index	benutzer_id

dach

ColumnName	DataType	PrimaryKey	NotNull	Flags	Default Value	Comment	AutoInc
dach_id	**INTEGER**	PK	NN	UNSIGNED			AI
gebaeudeabschnitt_id	INTEGER		NN	UNSIGNED			
dach_name	VARCHAR(45)						
erstellungszeitpunkt	TIMESTAMP		NN				

IndexName	IndexType	Columns
PRIMARY	PRIMARY	dach_id
dach_FKIndex1	Index	gebaeudeabschnitt_id

dachbekleidung

ColumnName	DataType	PrimaryKey	NotNull	Flags	Default Value	Comment	AutoInc
dachbekleidung_id	**INTEGER**	PK	NN	UNSIGNED			AI
dach_id	INTEGER		NN	UNSIGNED			
dachbekleidung_name	VARCHAR(45)						
erstellungszeitpunkt	TIMESTAMP		NN				

IndexName	IndexType	Columns
PRIMARY	PRIMARY	dachbekleidung_id
dachbekleidung_FKIndex1	Index	dach_id

dateien

ColumnName	DataType	PrimaryKey	NotNull	Flags	Default Value	Comment	AutoInc
dateien_id	**INTEGER**	PK	NN	UNSIGNED			AI
benutzer_id	INTEGER		NN	UNSIGNED			
dateityp_id	INTEGER		NN	UNSIGNED			
dateien_name	VARCHAR(45)						
dateien_beschrieb	VARCHAR(255)						
dateien_uploadzeit	TIMESTAMP						

IndexName	IndexType	Columns
PRIMARY	PRIMARY	dateien_id
dateien_FKIndex1	Index	dateityp_id
dateien_FKIndex2	Index	benutzer_id

dateityp

ColumnName	DataType	PrimaryKey	NotNull	Flags	Default Value	Comment	AutoInc
dateityp_id	**INTEGER**	PK	NN	UNSIGNED			AI
programm_id	INTEGER		NN	UNSIGNED			
dateityp_kurz	VARCHAR(4)						
dateityp_name	VARCHAR(45)						
dateityp_grafik	VARCHAR(20)						

IndexName	IndexType	Columns
PRIMARY	PRIMARY	dateityp_id
dateityp_FKIndex1	Index	programm_id

din277_nutzungsart

ColumnName	DataType	PrimaryKey	NotNull	Flags	Default Value	Comment	AutoInc
din277_nutzungsart_id	**INTEGER**	PK	NN	UNSIGNED			AI
din277_nutzungsart_name	VARCHAR(45)		NN				
din277_nutzungsart_codierung	VARCHAR(3)		NN				

IndexName	IndexType	Columns
PRIMARY	PRIMARY	din277_nutzungsart_id

din277_raumart

ColumnName	DataType	PrimaryKey	NotNull	Flags	Default Value	Comment	AutoInc
din277_raumart_id	**INTEGER**	PK	NN	UNSIGNED			AI
din277_nutzungsart_id	INTEGER		NN	UNSIGNED			
din277_raumart_name	VARCHAR(255)		NN				

IndexName	IndexType	Columns
PRIMARY	PRIMARY	din277_raumart_id
din277_raumart_FKIndex1	Index	din277_nutzungsart_id

ebene

ColumnName	DataType	PrimaryKey	NotNull	Flags	Default Value	Comment	AutoInc
ebene_id	**INTEGER**	PK	NN	UNSIGNED			AI
stockwerk_id	INTEGER		NN	UNSIGNED			
gebaeudebereich_id	INTEGER		NN	UNSIGNED			
ebene_name	VARCHAR(45)						
ebene_globalid	VARCHAR(45)						
erstellungszeitpunkt	TIMESTAMP		NN				

IndexName	IndexType	Columns
PRIMARY	PRIMARY	ebene_id
ebene_FKIndex1	Index	gebaeudebereich_id
ebene_FKIndex2	Index	stockwerk_id

elektroausstattung

ColumnName	DataType	PrimaryKey	NotNull	Flags	Default Value	Comment	AutoInc
elektroausstattung_id	**INTEGER**	PK	NN	UNSIGNED			AI
oberflaeche_id	INTEGER		NN	UNSIGNED			
zustand_id	INTEGER		NN	UNSIGNED			
elektroausstattungstyp_id	INTEGER		NN	UNSIGNED			
stromkreis_id	INTEGER		NN	UNSIGNED			
elektroausstattung_beschrieb	VARCHAR(255)						
elektroausstattung_einbaudatum	DATE						
erstellungszeitpunkt	TIMESTAMP		NN				

IndexName	IndexType	Columns
PRIMARY	PRIMARY	elektroausstattung_id
elektroausstattung_FKIndex1	Index	stromkreis_id
elektroausstattung_FKIndex2	Index	elektroausstattungstyp_id
elektroausstattung_FKIndex3	Index	zustand_id
elektroausstattung_FKIndex4	Index	oberflaeche_id

elektroausstattungstyp

ColumnName	DataType	PrimaryKey	NotNull	Flags	Default Value	Comment	AutoInc
elektroausstattungstyp_id	**INTEGER**	PK	NN	UNSIGNED			AI
elektroausstattungstyp_name	VARCHAR(45)						

IndexName	IndexType	Columns
PRIMARY	PRIMARY	elektroausstattungstyp_id

fassade

ColumnName	DataType	PrimaryKey	NotNull	Flags	Default Value	Comment	AutoInc
fassade_id	**INTEGER**	PK	NN	UNSIGNED			AI
orientierung_id	INTEGER		NN	UNSIGNED			
fassade_name	VARCHAR(45)						
fassade_beschrieb	TEXT						
erstellungszeitpunkt	TIMESTAMP		NN				

IndexName	IndexType	Columns
PRIMARY	PRIMARY	fassade_id
fassade_FKIndex1	Index	orientierung_id

fenster

ColumnName	DataType	PrimaryKey	NotNull	Flags	Default Value	Comment	AutoInc
fenster_id	**INTEGER**	PK	NN	UNSIGNED			AI
material_id	INTEGER		NN	UNSIGNED			
zustand_id	INTEGER		NN	UNSIGNED			
fenster_name	VARCHAR(45)						
fenster_code	VARCHAR(5)						
fenster_beschrieb	TEXT						
fenster_innen	VARCHAR(255)						
fenster_aussen	VARCHAR(255)						
fenster_einbaudatum	DATE						
erstellungszeitpunkt	TIMESTAMP		NN				

IndexName	IndexType	Columns
PRIMARY	PRIMARY	fenster_id
fenster_FKIndex1	Index	zustand_id
fenster_FKIndex2	Index	material_id

gebaeude

ColumnName	DataType	PrimaryKey	NotNull	Flags	Default Value	Comment	AutoInc
gebaeude_id	**INTEGER**	PK	NN	UNSIGNED			AI
liegenschaft_id	INTEGER		NN	UNSIGNED			
gebaeude_code	VARCHAR(10)						
gebaeude_name	VARCHAR(45)						
gebaeude_baujahr	INTEGER			UNSIGNED			
gebaeude_globalid	VARCHAR(45)						
erstellungszeitpunkt	TIMESTAMP		NN				

IndexName	IndexType	Columns
PRIMARY	PRIMARY	gebaeude_id
gebaeude_FKIndex1	Index	liegenschaft_id

gebaeudeabschnitt

ColumnName	DataType	PrimaryKey	NotNull	Flags	Default Value	Comment	AutoInc
gebaeudeabschnitt_id	**INTEGER**	PK	NN	UNSIGNED			AI
gebaeude_id	INTEGER		NN	UNSIGNED			
gebaeudeabschnitt_code	VARCHAR(10)						
gebaeudeabschnitt_name	VARCHAR(45)						
gebaeudeabschnitt_alter	INTEGER			UNSIGNED			
erstellungszeitpunkt	TIMESTAMP		NN				

IndexName	IndexType	Columns
PRIMARY	PRIMARY	gebaeudeabschnitt_id
gebaeudeabschnitt_FKIndex1	Index	gebaeude_id

gebaeudebereich

ColumnName	DataType	PrimaryKey	NotNull	Flags	Default Value	Comment	AutoInc
gebaeudebereich_id	**INTEGER**	PK	NN	UNSIGNED			AI
gebaeudeabschnitt_id	INTEGER		NN	UNSIGNED			
gebaeudebereich_code	VARCHAR(10)						
gebaeudebereich_name	VARCHAR(45)						
erstellungszeitpunkt	TIMESTAMP		NN				

IndexName	IndexType	Columns
PRIMARY	PRIMARY	gebaeudebereich_id
gebaeudebereich_FKIndex1	Index	gebaeudeabschnitt_id

history

ColumnName	DataType	PrimaryKey	NotNull	Flags	Default Value	Comment	AutoInc
history_id	**INTEGER**	PK	NN	UNSIGNED			AI
history_active_id	INTEGER		NN	UNSIGNED			
benutzer_id	INTEGER		NN	UNSIGNED			
table_name	VARCHAR(45)						
table_key_id	INTEGER			UNSIGNED			
info	VARCHAR(255)						
xml	MEDIUMTEXT						
alte_erstellungszeit	TIMESTAMP						

IndexName	IndexType	Columns
PRIMARY	PRIMARY	history_id
history_FKIndex1	Index	benutzer_id
history_FKIndex2	Index	history_active_id

history_active

ColumnName	DataType	PrimaryKey	NotNull	Flags	Default Value	Comment	AutoInc
history_active_id	**INTEGER**	PK	NN	UNSIGNED			AI
history_active_name	VARCHAR(20)						

IndexName	IndexType	Columns
PRIMARY	PRIMARY	history_active_id

ifc_import

ColumnName	DataType	PrimaryKey	NotNull	Flags	Default Value	Comment	AutoInc
ifc_import_id	**INTEGER**	PK	NN	UNSIGNED			AI
benutzer_id	INTEGER		NN	UNSIGNED			
ifc_import_dateiname	VARCHAR(45)						
ifc_import_beschrieb	TEXT						
erstellungszeitpunkt	TIMESTAMP		NN				

IndexName	IndexType	Columns
PRIMARY	PRIMARY	ifc_import_id
ifc_import_FKIndex1	Index	benutzer_id

kern

ColumnName	DataType	PrimaryKey	NotNull	Flags	Default Value	Comment	AutoInc
kern_id	**INTEGER**	PK	NN	UNSIGNED			AI
kern_orientierung_id	INTEGER		NN	UNSIGNED			
gebaeude_id	INTEGER		NN	UNSIGNED			
material_id	INTEGER		NN	UNSIGNED			
kern_name	VARCHAR(45)						
erstellungszeitpunkt	TIMESTAMP		NN				

IndexName	IndexType	Columns
PRIMARY	PRIMARY	kern_id
kern_FKIndex1	Index	material_id
kern_FKIndex2	Index	gebaeude_id
kern_FKIndex3	Index	kern_orientierung_id

kern_orientierung

ColumnName	DataType	PrimaryKey	NotNull	Flags	Default Value	Comment	AutoInc
kern_orientierung_id	**INTEGER**	PK	NN	UNSIGNED			AI
kern_orientierung_name	VARCHAR(20)						

IndexName	IndexType	Columns
PRIMARY	PRIMARY	kern_orientierung_id

lebensdauern

ColumnName	DataType	PrimaryKey	NotNull	Flags	Default Value	Comment	AutoInc
lebensdauern_id	**INTEGER**	PK	NN	UNSIGNED			AI
quellen_id	INTEGER		NN	UNSIGNED			
lebensdauern_typ_id	INTEGER		NN	UNSIGNED			
lebensdauern_name	VARCHAR(45)						
lebensdauern_erwartung_min	INTEGER			UNSIGNED			
lebensdauern_erwartung_max	INTEGER			UNSIGNED			
lebensdauern_erwartung_mittel	INTEGER			UNSIGNED			

IndexName	IndexType	Columns
PRIMARY	PRIMARY	lebensdauern_id
lebensdauern_FKIndex1	Index	lebensdauern_typ_id
lebensdauern_FKIndex2	Index	quellen_id

lebensdauern_bereich

ColumnName	DataType	PrimaryKey	NotNull	Flags	Default Value	Comment	AutoInc
lebensdauern_bereich_id	**INTEGER**	PK	NN	UNSIGNED			AI
lebensdauern_bereich_name	VARCHAR(255)						

IndexName	IndexType	Columns
PRIMARY	PRIMARY	lebensdauern_bereich_id

lebensdauern_typ

ColumnName	DataType	PrimaryKey	NotNull	Flags	Default Value	Comment	AutoInc
lebensdauern_typ_id	**INTEGER**	PK	NN	UNSIGNED			AI
lebensdauern_bereich_id	INTEGER		NN	UNSIGNED			
lebensdauern_typ_name	VARCHAR(255)						

IndexName	IndexType	Columns
PRIMARY	PRIMARY	lebensdauern_typ_id
lebensdauern_typ_FKIndex1	Index	lebensdauern_bereich_id

liegenschaft

ColumnName	DataType	PrimaryKey	NotNull	Flags	Default Value	Comment	AutoInc
liegenschaft_id	**INTEGER**	PK	NN	UNSIGNED			AI
liegenschaft_code	VARCHAR(10)						
liegenschaft_name	VARCHAR(45)						
liegenschaft_adresse	VARCHAR(255)						
liegenschaft_globalid	VARCHAR(45)						
erstellungszeitpunkt	TIMESTAMP		NN				

IndexName	IndexType	Columns
PRIMARY	PRIMARY	liegenschaft_id

material

ColumnName	DataType	PrimaryKey	NotNull	Flags	Default Value	Comment	AutoInc
material_id	**INTEGER**	PK	NN	UNSIGNED			AI
material_kontext_id	INTEGER		NN	UNSIGNED			
material_name	VARCHAR(45)		NN				
material_menge	CHAR(2)						
material_menge_beschreibung	VARCHAR(45)						
material_hinweis	TEXT						
material_beschreibung	TEXT						
material_kostengruppe	CHAR(4)						

IndexName	IndexType	Columns
PRIMARY	PRIMARY	material_id
material_FKIndex1	Index	material_kontext_id

material_kontext

ColumnName	DataType	PrimaryKey	NotNull	Flags	Default Value	Comment	AutoInc
material_kontext_id	**INTEGER**	PK	NN	UNSIGNED			AI
material_kontext_name	VARCHAR(45)		NN				

IndexName	IndexType	Columns
PRIMARY	PRIMARY	material_kontext_id

oberflaeche

ColumnName	DataType	PrimaryKey	NotNull	Flags	Default Value	Comment	AutoInc
oberflaeche_id	**INTEGER**	PK	NN	UNSIGNED			AI
kern_id	INTEGER		NN	UNSIGNED			
oberflaeche_typ_id	INTEGER		NN	UNSIGNED			
raumzone_id	INTEGER		NN	UNSIGNED			
oberflaeche_name	CHAR(1)		NN				
oberflaeche_laenge	DOUBLE(5,2)		NN				
erstellungszeitpunkt	TIMESTAMP		NN				

IndexName	IndexType	Columns
PRIMARY	PRIMARY	oberflaeche_id
oberflaeche_FKIndex1	Index	raumzone_id
oberflaeche_FKIndex2	Index	oberflaeche_typ_id
oberflaeche_FKIndex3	Index	kern_id

oberflaeche_fassade

ColumnName	DataType	PrimaryKey	NotNull	Flags	Default Value	Comment	AutoInc
oberflaeche_fassade_id	**INTEGER**	PK	NN	UNSIGNED			AI
oberflaeche_id	INTEGER		NN	UNSIGNED			
fassade_id	INTEGER		NN	UNSIGNED			

IndexName	IndexType	Columns
PRIMARY	PRIMARY	oberflaeche_fassade_id
oberflaeche_fassade_FKIndex1	Index	fassade_id
oberflaeche_fassade_FKIndex2	Index	oberflaeche_id

oberflaeche_fenster

ColumnName	DataType	PrimaryKey	NotNull	Flags	Default Value	Comment	AutoInc
oberflaeche_fenster_id	**INTEGER**	PK	NN	UNSIGNED			AI
oberflaeche_id	INTEGER		NN	UNSIGNED			
fenster_id	INTEGER		NN	UNSIGNED			

IndexName	IndexType	Columns
PRIMARY	PRIMARY	oberflaeche_fenster_id
oberflaeche_fenster_FKIndex1	Index	fenster_id
oberflaeche_fenster_FKIndex2	Index	oberflaeche_id

oberflaeche_schicht

ColumnName	DataType	PrimaryKey	NotNull	Flags	Default Value	Comment	AutoInc
oberflaeche_schicht_id	**INTEGER**	PK	NN	UNSIGNED			AI
material_id	INTEGER		NN	UNSIGNED			
zustand_id	INTEGER		NN	UNSIGNED			
oberflaeche_schicht_reihenfolge_id	INTEGER		NN	UNSIGNED			
oberflaeche_schicht_name	VARCHAR(20)						
oberflaeche_schicht_beschrieb	TEXT						
oberflaeche_schicht_einbaudatum	DATE						
erstellungszeitpunkt	TIMESTAMP		NN				

IndexName	IndexType	Columns
PRIMARY	PRIMARY	oberflaeche_schicht_id
oberflaeche_schicht_FKIndex1	Index	oberflaeche_schicht_reihenfolge_id
oberflaeche_schicht_FKIndex2	Index	zustand_id
oberflaeche_schicht_FKIndex3	Index	material_id

oberflaeche_schicht_reihenfolge

ColumnName	DataType	PrimaryKey	NotNull	Flags	Default Value	Comment	AutoInc
oberflaeche_schicht_reihenfolge_id	**INTEGER**	PK	NN	UNSIGNED			AI
oberflaeche_schicht_reihenfolge_name	VARCHAR(20)						

IndexName	IndexType	Columns
PRIMARY	PRIMARY	oberflaeche_schicht_reihenfolge_id

oberflaeche_tuer

ColumnName	DataType	PrimaryKey	NotNull	Flags	Default Value	Comment	AutoInc
oberflaeche_tuer_id	**INTEGER**	PK	NN	UNSIGNED			AI
oberflaeche_id	INTEGER		NN	UNSIGNED			
tuer_id	INTEGER		NN	UNSIGNED			
oberflaeche_tuer_beschrieb	TEXT						

IndexName	IndexType	Columns
PRIMARY	PRIMARY	oberflaeche_tuer_id
tueroberflaeche_FKIndex1	Index	tuer_id
tueroberflaeche_FKIndex2	Index	oberflaeche_id

oberflaeche_typ

ColumnName	DataType	PrimaryKey	NotNull	Flags	Default Value	Comment	AutoInc
oberflaeche_typ_id	**INTEGER**	PK	NN	UNSIGNED			AI
oberflaeche_typ_name	VARCHAR(45)		NN				

IndexName	IndexType	Columns
PRIMARY	PRIMARY	oberflaeche_typ_id

oberflaeche_zone

ColumnName	DataType	PrimaryKey	NotNull	Flags	Default Value	Comment	AutoInc
oberflaeche_zone_id	**INTEGER**	PK	NN	UNSIGNED			AI
oberflaeche_id	INTEGER		NN	UNSIGNED			
oberflaeche_schicht_id	INTEGER		NN	UNSIGNED			
oberflaeche_zone_name	VARCHAR(45)						
oberflaeche_zone_hoehe	DOUBLE(5,2)						
erstellungszeitpunkt	TIMESTAMP		NN				

IndexName	IndexType	Columns
PRIMARY	PRIMARY	oberflaeche_zone_id
oberflaeche_zone_FKIndex1	Index	oberflaeche_schicht_id
oberflaeche_zone_FKIndex2	Index	oberflaeche_id

orientierung

ColumnName	DataType	PrimaryKey	NotNull	Flags	Default Value	Comment	AutoInc
orientierung_id	**INTEGER**	PK	NN	UNSIGNED			AI
orientierung_name	VARCHAR(20)						

IndexName	IndexType	Columns
PRIMARY	PRIMARY	orientierung_id

programm

ColumnName	DataType	PrimaryKey	NotNull	Flags	Default Value	Comment	AutoInc
programm_id	**INTEGER**	PK	NN	UNSIGNED			AI
programm_name	VARCHAR(45)						
programm_information	VARCHAR(255)						

IndexName	IndexType	Columns
PRIMARY	PRIMARY	programm_id

projekt

ColumnName	DataType	PrimaryKey	NotNull	Flags	Default Value	Comment	AutoInc
projekt_id	**INTEGER**	PK	NN	UNSIGNED			AI
gebaeude_id	INTEGER		NN	UNSIGNED			
projektart_id	INTEGER		NN	UNSIGNED			
projekt_name	VARCHAR(45)						
projekt_beschreibung	TEXT						
projekt_dauer	VARCHAR(20)						
projekt_globalid	VARCHAR(45)						
erstellungszeitpunkt	TIMESTAMP		NN				

IndexName	IndexType	Columns
PRIMARY	PRIMARY	projekt_id
projekt_FKIndex1	Index	projektart_id
projekt_FKIndex2	Index	gebaeude_id

projektart

ColumnName	DataType	PrimaryKey	NotNull	Flags	Default Value	Comment	AutoInc
projektart_id	**INTEGER**	PK	NN	UNSIGNED			AI
projektart_name	VARCHAR(20)						

IndexName	IndexType	Columns
PRIMARY	PRIMARY	projektart_id

quellen

ColumnName	DataType	PrimaryKey	NotNull	Flags	Default Value	Comment	AutoInc
quellen_id	**INTEGER**	PK	NN	UNSIGNED			AI
quellen_name	VARCHAR(45)						
quellen_beschrieb	TEXT						

IndexName	IndexType	Columns
PRIMARY	PRIMARY	quellen_id

raum

ColumnName	DataType	PrimaryKey	NotNull	Flags	Default Value	Comment	AutoInc
raum_id	**INTEGER(10)**	PK	NN	UNSIGNED			
raumgruppe_id	INTEGER		NN	UNSIGNED			
raum_code	VARCHAR(10)		NN				
raum_name	VARCHAR(45)		NN				
raum_beschreibung	VARCHAR(255)						
raum_globalid	VARCHAR(45)						
erstellungszeitpunkt	TIMESTAMP		NN				

IndexName	IndexType	Columns
PRIMARY	PRIMARY	raum_id
raum_FKIndex1	Index	raumgruppe_id

raumgruppe

ColumnName	DataType	PrimaryKey	NotNull	Flags	Default Value	Comment	AutoInc
raumgruppe_id	**INTEGER**	PK	NN	UNSIGNED			AI
ebene_id	INTEGER		NN	UNSIGNED			
raumgruppe_code	VARCHAR(10)						
raumgruppe_name	VARCHAR(45)						
erstellungszeitpunkt	TIMESTAMP		NN				

IndexName	IndexType	Columns
PRIMARY	PRIMARY	raumgruppe_id
raumgruppe_FKIndex1	Index	ebene_id

raumzone

ColumnName	DataType	PrimaryKey	NotNull	Flags	Default Value	Comment	AutoInc
raumzone_id	**INTEGER**	PK	NN	UNSIGNED			AI
din277_raumart_id	INTEGER		NN	UNSIGNED			
raum_funktion_id	INTEGER		NN	UNSIGNED			
raum_id	INTEGER(10)		NN	UNSIGNED			
raumzone_code	VARCHAR(10)						
raumzone_name	VARCHAR(45)						
raumzone_hoehe	DOUBLE(5,2)		NN				
erstellungszeitpunkt	TIMESTAMP		NN				

IndexName	IndexType	Columns
PRIMARY	PRIMARY	raumzone_id
raumzone_FKIndex1	Index	raum_id
raumzone_FKIndex2	Index	raum_funktion_id
raumzone_FKIndex3	Index	din277_raumart_id

raum_funktion

ColumnName	DataType	PrimaryKey	NotNull	Flags	Default Value	Comment	AutoInc
raum_funktion_id	**INTEGER**	PK	NN	UNSIGNED			AI
raum_funktion_name	VARCHAR(45)						

IndexName	IndexType	Columns
PRIMARY	PRIMARY	raum_funktion_id

rel_ebene_dateien

ColumnName	DataType	PrimaryKey	NotNull	Flags	Default Value	Comment	AutoInc
rel_ebene_dateien_id	**INTEGER**	PK	NN	UNSIGNED			AI
dateien_id	INTEGER		NN	UNSIGNED			
ebene_id	INTEGER		NN	UNSIGNED			

IndexName	IndexType	Columns
PRIMARY	PRIMARY	rel_ebene_dateien_id
rel_ebene_dateien_FKIndex1	Index	ebene_id
rel_ebene_dateien_FKIndex2	Index	dateien_id

rel_gebaeudeabschnitt_dateien

ColumnName	DataType	PrimaryKey	NotNull	Flags	Default Value	Comment	AutoInc
rel_gebaeudeabschnitt_dateien_id	**INTEGER**	PK	NN	UNSIGNED			AI
dateien_id	INTEGER		NN	UNSIGNED			
gebaeudeabschnitt_id	INTEGER		NN	UNSIGNED			

IndexName	IndexType	Columns
PRIMARY	PRIMARY	rel_gebaeudeabschnitt_dateien_id
rel_gebaeudeabschnitt_dateien_FKIndex1	Index	gebaeudeabschnitt_id
rel_gebaeudeabschnitt_dateien_FKIndex2	Index	dateien_id

rel_gebaeudebereich_dateien

ColumnName	DataType	PrimaryKey	NotNull	Flags	Default Value	Comment	AutoInc
rel_gebaeudebereich_dateien_id	**INTEGER**	PK	NN	UNSIGNED			AI
dateien_id	INTEGER		NN	UNSIGNED			
gebaeudebereich_id	INTEGER		NN	UNSIGNED			

IndexName	IndexType	Columns
PRIMARY	PRIMARY	rel_gebaeudebereich_dateien_id
rel_gebaeudebereich_dateien_FKIndex1	Index	gebaeudebereich_id
rel_gebaeudebereich_dateien_FKIndex2	Index	dateien_id

rel_gebaeude_dateien

ColumnName	DataType	PrimaryKey	NotNull	Flags	Default Value	Comment	AutoInc
rel_gebaeude_dateien_id	**INTEGER**	PK	NN	UNSIGNED			AI
dateien_id	INTEGER		NN	UNSIGNED			
gebaeude_id	INTEGER		NN	UNSIGNED			

IndexName	IndexType	Columns
PRIMARY	PRIMARY	rel_gebaeude_dateien_id
rel_gebaeude_dateien_FKIndex1	Index	gebaeude_id
rel_gebaeude_dateien_FKIndex2	Index	dateien_id

rel_liegenschaft_dateien

ColumnName	DataType	PrimaryKey	NotNull	Flags	Default Value	Comment	AutoInc
rel_liegenschaft_dateien_id	**INTEGER**	PK	NN	UNSIGNED			AI
dateien_id	INTEGER		NN	UNSIGNED			
liegenschaft_id	INTEGER		NN	UNSIGNED			

IndexName	IndexType	Columns
PRIMARY	PRIMARY	rel_liegenschaft_dateien_id
rel_liegenschaft_dateien_FKIndex1	Index	liegenschaft_id
rel_liegenschaft_dateien_FKIndex2	Index	dateien_id

rel_oberflaeche_dateien

ColumnName	DataType	PrimaryKey	NotNull	Flags	Default Value	Comment	AutoInc
rel_oberflaeche_dateien_id	**INTEGER**	PK	NN	UNSIGNED			AI
dateien_id	INTEGER		NN	UNSIGNED			
oberflaeche_id	INTEGER		NN	UNSIGNED			

IndexName	IndexType	Columns
PRIMARY	PRIMARY	rel_oberflaeche_dateien_id
rel_oberflaeche_dateien_FKIndex1	Index	oberflaeche_id
rel_oberflaeche_dateien_FKIndex2	Index	dateien_id

rel_raumgruppe_dateien

ColumnName	DataType	PrimaryKey	NotNull	Flags	Default Value	Comment	AutoInc
rel_raumgruppe_dateien_id	**INTEGER**	PK	NN	UNSIGNED			AI
dateien_id	INTEGER		NN	UNSIGNED			
raumgruppe_id	INTEGER		NN	UNSIGNED			

IndexName	IndexType	Columns
PRIMARY	PRIMARY	rel_raumgruppe_dateien_id
rel_raumgruppe_dateien_FKIndex1	Index	raumgruppe_id
rel_raumgruppe_dateien_FKIndex2	Index	dateien_id

rel_raumzone_dateien

ColumnName	DataType	PrimaryKey	NotNull	Flags	Default Value	Comment	AutoInc
rel_raumzone_dateien_id	**INTEGER**	PK	NN	UNSIGNED			AI
dateien_id	INTEGER		NN	UNSIGNED			
raumzone_id	INTEGER		NN	UNSIGNED			

IndexName	IndexType	Columns
PRIMARY	PRIMARY	rel_raumzone_dateien_id
rel_raumzone_dateien_FKIndex1	Index	raumzone_id
rel_raumzone_dateien_FKIndex2	Index	dateien_id

rel_raum_dateien

ColumnName	DataType	PrimaryKey	NotNull	Flags	Default Value	Comment	AutoInc
rel_raum_dateien_id	**INTEGER**	PK	NN	UNSIGNED			AI
dateien_id	INTEGER		NN	UNSIGNED			
raum_id	INTEGER(10)		NN	UNSIGNED			

IndexName	IndexType	Columns
PRIMARY	PRIMARY	rel_raum_dateien_id
rel_raum_dateien_FKIndex1	Index	raum_id
rel_raum_dateien_FKIndex2	Index	dateien_id

stockwerk

ColumnName	DataType	PrimaryKey	NotNull	Flags	Default Value	Comment	AutoInc
stockwerk_id	**INTEGER**	PK	NN	UNSIGNED			AI
stockwerk_name	VARCHAR(45)						
stockwerk_code	VARCHAR(3)						

IndexName	IndexType	Columns
PRIMARY	PRIMARY	stockwerk_id

stromkreis

ColumnName	DataType	PrimaryKey	NotNull	Flags	Default Value	Comment	AutoInc
stromkreis_id	**INTEGER**	PK	NN	UNSIGNED			AI
gebaeude_id	INTEGER		NN	UNSIGNED			
stromkreis_sicherung	VARCHAR(20)						
stromkreis_beschrieb	TEXT						
stromkreis_einbaudatum	DATE						
erstellungszeitpunkt	TIMESTAMP		NN				

IndexName	IndexType	Columns
PRIMARY	PRIMARY	stromkreis_id
stromkreis_FKIndex1	Index	gebaeude_id

tuer

ColumnName	DataType	PrimaryKey	NotNull	Flags	Default Value	Comment	AutoInc
tuer_id	**INTEGER**	PK	NN	UNSIGNED			AI
material_id	INTEGER		NN	UNSIGNED			
zustand_id	INTEGER		NN	UNSIGNED			
tuer_name	VARCHAR(45)		NN				
tuer_code	VARCHAR(5)						
tuer_beschrieb	TEXT						
tuer_einbaudatum	DATE						
erstellungszeitpunkt	TIMESTAMP		NN				

IndexName	IndexType	Columns
PRIMARY	PRIMARY	tuer_id
tuer_FKIndex1	Index	zustand_id
tuer_FKIndex2	Index	material_id

wandfeste_objekte

ColumnName	DataType	PrimaryKey	NotNull	Flags	Default Value	Comment	AutoInc
wandfeste_objekte_id	**INTEGER**	PK	NN	UNSIGNED			AI
oberflaeche_id	INTEGER		NN	UNSIGNED			
material_id	INTEGER		NN	UNSIGNED			
zustand_id	INTEGER		NN	UNSIGNED			
wandfeste_objekte_beschrieb	TEXT						
wandfeste_objekte_einbaudatum	DATE						
erstellungszeitpunkt	TIMESTAMP		NN				

IndexName	IndexType	Columns
PRIMARY	PRIMARY	wandfeste_objekte_id
wandfeste_objekte_FKIndex1	Index	zustand_id
wandfeste_objekte_FKIndex2	Index	material_id
wandfeste_objekte_FKIndex3	Index	oberflaeche_id

zustand

ColumnName	DataType	PrimaryKey	NotNull	Flags	Default Value	Comment	AutoInc
zustand_id	**INTEGER**	PK	NN	UNSIGNED			AI
zustand_name	CHAR(1)						
zustand_beschrieb	VARCHAR(45)						

IndexName	IndexType	Columns
PRIMARY	PRIMARY	zustand_id

Anhang II XML-Struktur zur Abbildung der Bauwerkshistorie

Im Folgenden ist exemplarisch, wie in Kapitel 4.2.4 erläutert, eine automatisch generierte XML-Darstellung als Historie eines editierten Datenbankeintrages wie dieser abgespeichert wird, am Beispiel eines veränderten Kerns dargestellt.


```
<?xml version="1.0" encoding="latin1"?>
<!-- XML Tabellenzeile - Robin Gessmann - ifib - Institut fuer industrielle
      Bauproduktion
 Struktur von jeweiliger Tabelle wird abgebildet -->
<table>kern
      <column field="kern_id" type="int(10) unsigned" null="NO" key="PRI"
      default="" extra="auto_increment">346
      </column>
      <column field="kern_orientierung_id" type="int(10) unsigned"
      null="NO" key="MUL" default="0" extra="">1
      </column>
      <column field="gebaeude_id" type="int(10) unsigned" null="NO"
      key="MUL" default="0" extra="">108
      </column>
      <column field="material_id" type="int(10) unsigned" null="NO"
      key="MUL" default="0" extra="">346490
      </column>
      <column field="kern_name" type="varchar(45)" null="YES" key="" de-
      fault="" extra="">Sandsteinwand Ostfassade
      </column>
      <column field="erstellungszeitpunkt" type="timestamp" null="NO"
      key="" default="CURRENT_TIMESTAMP" extra="">2007-03-28 20:48:40
      </column>
</table>
<!-- Ende der Datei -->
```

MIX

Papier | Fördert gute Waldnutzung

FSC® C083411

Kolibri 360 GmbH
Ferdinand-Jühlke-Straße 7
99095 Erfurt, Deutschland
produktsicherheit@kolibri360.de